메이커스페이스 구축에서 운영을 위한 바이블

메이커스페이스 메이커에서 스타트업까지

박준홍, 최환준, 강경호, 김홍윤 지음

BM (주)도서출판 성안당

메이커스페이스 구축에서 운영을 위한 바이블

메이커스페이스
메이커에서 스타트업까지

2022. 11. 10. 초 판 1쇄 인쇄
2022. 11. 16. 초 판 1쇄 발행

저자와의 협의하에 검인생략

지은이 | 박준홍, 최환준, 강경호, 김홍윤
펴낸이 | 이종춘
펴낸곳 | BM (주)도서출판 성안당
주소 | 04032 서울시 마포구 양화로 127 첨단빌딩 3층(출판기획 R&D 센터)
10881 경기도 파주시 문발로 112 파주 출판 문화도시(제작 및 물류)
전화 | 02) 3142-0036
031) 950-6300
팩스 | 031) 955-0510
등록 | 1973. 2. 1. 제406-2005-000046
내용 문의 | jfae2015@gmail.com
출판사 홈페이지 | **www.cyber.co.kr**
ISBN | 978-89-315-5866-1(13590)
정가 | 25,000원

이 책을 만든 사람들
책임 | 최옥현
진행 | 최창동
본문 디자인 | 인투
표지 디자인 | 인투
홍보 | 김계향, 박지연, 유미나, 이준영, 정단비, 임태호
국제부 | 이선민, 조혜란
마케팅 | 구본철, 차정욱, 오영일, 나진호, 장경환, 강호묵
마케팅 지원 | 장상범
제작 | 김유석

머리말

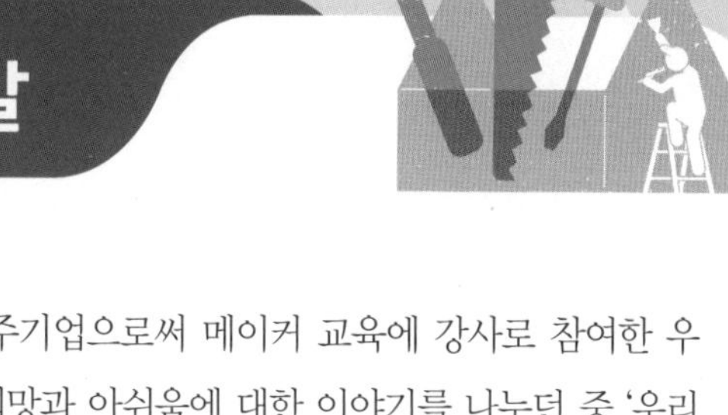

강원도 영월군 창업보육센터 입주기업으로써 메이커 교육에 강사로 참여한 우리는 현재의 메이커 문화에 대한 희망과 아쉬움에 대한 이야기를 나누던 중 '우리가 그래도 한국에서는 메이커 관련 활동을 가장 오래 한 사람들 중 하나인데, 창업보육센터장과 입주기업이 힘을 합쳐서 이제는 메이커와 메이커 스페이스의 역할, 운영 정보를 공유할 수 있는 책을 만들자'라고 너무나도 쉽게 말을 하면서 모두의 경험을 담은 이 책을 준비하게 되었다.

이 책의 목적은 아주 간단하다. 메이커 스페이스가 원래의 기획 의도에 맞게 제대로 운영하는 데 도움을 주는 것이다. MIT미디어랩에서 인증을 받은 팹랩을 운영하고 있고, 한국과학창의재단에서 주관하는 무한상상실에 대한 컨설팅 및 교육에도 참여했고, 중소기업벤처부에서 주관하는 메이커 스페이스 구축사업에도 지자체 및 기관의 지원을 위해서 참여했었다. 창업자로서, 창업보육전문가로서, 그리고 메이커 교육 전문가로 활동하면서 메이커 스페이스가 4차 산업혁명 시대에 패러다임(Paradigm)으로 자리 잡기를 기대하고 노력할 것이다.

개인용 3D프린터가 보급되면서 3D프린터가 가지는 의미는 4차 산업혁명 시대에 '기술의 민주주의'라고 할 수 있다. 누구나 쉽게 아이디어를 실현할 수 있다고 생각해서이다. 물론 현실은 쉽지 않지만, 그래도 전통적인 방식과 비교하여 쉬워졌다고 할 수 있다. 또한 레이저 커터, 탁상용 CNC 등 디지털 공작기계라는 이름으로 우리에게 쉽게 사용할 수 있도록 다가왔다. 기존의 산업용 장비처럼 배우기도 어렵고 가격도 비싸서 쉽게 사용할 수 없던 장비들이 이제는 쉽게 사용할 수 있게 된 것이다.

디지털 공작기계가 있고 누구나 배우고 사용할 수 있는 곳이 메이커 스페이스이다. 메이커 스페이스는 취미공간이며 창업공간이고 제작공장이다. 어떻게 보면 평생교육기관이라고 할 수 있다. 요즘은 100세 시대라고 한다. 정년을 앞둔 세대가 인생의 2막을 시작할 수 있는 공간이 될 수 있다. 실제로 평생을 사무직에 근무하고 퇴직한 교육생의 경우 자신은 가족을 위해서 일했고, 이제는 자신이 학창 시절 좋아하던 만들기를 하고 싶어서 교육에 참여했고, 교육을 통해서 새로운 일자리를 찾는 경우도 있었다. 학생들의 경우 진로 선택의 기회로 작용하여 대학 진학에서 자신이 원하는 공부를 할 수 있게 되었거나, 메이커 스페이스의 멘토링 지원을 통해서 대회에 참가하여 우수한 성적을 내기도 했고, 창업교육에서 자신의 아이디어를 구체화하여 창업한 사례도 있다. 또한 처음에는 종이에 손으로 그린 그림으로 제품을 만들고 싶어 하던 할아버지도 교육을 통해서 3D모델링을 하고 3D프린터로 시제품을 제작하여 시니어 창업 지원 사업에 선정되기도 하였다. 이처럼 메이커 스페이스는 이야기가 있고 가능성을 꽃피울 수 있는 공간 중 하나이다.

메이커 스페이스 구축 초기에는 외국의 유명한 시설을 참고하여 구축하는 경우가 많았다. 그리고 카페처럼 꾸미는 경우도 많았다. 실제 제작할 수 있는 공간보다 회의 및 행사를 할 수 있는 공간이 더 큰 곳도 있다. 이런 시설의 구성은 잘못된 것이 아니다. 다만 메이커 스페이스의 구성에 맞는 콘텐츠가 부족할 뿐이다. 지방 소도시의 지자체와 메이커 스페이스 구축에 대하여 이야기해 보면 자신들이 구축하려고 하는 메이커 스페이스가 지역민의 창업공간이면서도 젊은 층이 유입되어 지방 소멸 시대를 대비하는 한 가지 방법이 되기를 원한다. 그렇다면 그에 맞는 콘텐츠와 시설을 구축해야 하는데 문제는 대도시의 시설처럼 백화점식 구성을 하려고 한다. 지역의 특색보다는 화려한 장비로 채우고 싶어 하는 지자체들도 있었다. 고가의 장비로 구축한 경우에도 운영인력이 없어 방치되어 장비가 고장 나 있는 경우도 있었다. 도시의 메이커 스페이스 중에 자신만의 특색을 가지고 선정되어 운영되고 있는 시설도 있지만, 일반적인 장비로 구성하고 콘텐츠도 없어서 운영에 어려움을 겪는 시설도 많다. 이러한 문제들이 메이커 문화가 트랜드가 되는 데 영

향을 끼치고 있다고 볼 수 있다. 유행은 지나면 언젠가는 돌아오지만 언제 돌아올지 모른다는 것이 문제이다.

한국형 메이커 스페이스가 필요한 시점이 되었기에 이 책을 통해서 알리고 싶었다. 10년 가까운 기간 동안 메이커와 관련된 일을 하며 많은 시설을 방문하고 교육하면서 우리의 현실에 맞는 메이커 스페이스가 하나라도 나오고 많은 사람에게 소개되어 성공 사례로 알려진다면, 메이커 스페이스가 다시 부흥하여 사람들에게 꼭 필요한 공간이 될 수 있다고 생각한다. 우리는 대도시에 큰 자본이 투입되는 메이커 스페이스보다 자신만의 특색을 가지고 있는 소형 메이커 스페이스가 늘어나길 기대한다. 이런 기대가 실현되려면 현재 활동하고 있는 메이커들과 미래의 메이커들이 연결되어야 하고 메이커 스페이스는 메이커들을 연결해 주는 공간이 되어야 한다.

창업자이면서 메이커로 10년의 세월을 보내면서 이 책을 통해서 많은 사람이 메이커가 되고 메이커에서 창업자가 되기를 기대한다. 물론 창업하지 않더라도 창직의 기회가 될 수 있다. 이 책을 통해서 메이커 스페이스의 역할과 가능성에 대한 정의를 통해 메이커 스페이스의 2막이 시작되었으면 한다. 그리고 다시는 책을 만들자는 말을 쉽게 하지 말자고 우리는 다짐한다. 알고 있는 것과 알고 있는 것을 정리하고 소개하기 위한 글로 만드는 것은 생각보다 힘든 일이기 때문이다.

"다시 한번 메이커 스페이스에 대한 관심으로 이 책을 읽을 당신에게 감사드리며 선배 메이커로서, 선배 창업자로서 만들기 천국 또는 지옥에 오신 걸 환영합니다."

저자 일동

추천사

"메이커 활동을 통한 예비 창업자의 창업 활성화 기대"

아이디어를 실현하는 중요한 플랫폼인 메이커스페이스가 우리나라에 도입된 지 10여 년이 지났습니다. 2000년대 초반 미국 실리콘밸리의 스탠퍼드 대학 건물 건너편에 있던 기계 제작용 선반이 가득 찬 창고 건물을 아직 기억하고 있습니다. 이러한 메이커스페이스가 우리나라에서도 주변에 찾기 쉬울 만큼 일반화되었습니다. 그동안 메이커스페이스는 다양한 도구를 활용한 창의적인 활동을 통해 자신의 아이디어를 실현할 수 있도록 도와주었고, 그 결과물을 사업화하는 창업으로 자연스럽게 연결해 주는 기반이 되었습니다.

누구나 창작할 수 있는 기회를 제공하는 메이커스페이스는 메이커 입문 교육 및 창작활동 체험을 지원하고 시제품 제작과 창업 지원 인프라를 연계하여 아이디어를 사업화할 수 있도록 지원하고 있습니다.

스타트업의 메이커 경험과 창업보육센터장의 전문 역량을 바탕으로 집필한 "메이커스페이스 메이커부터 스타트업까지"는 아이디어는 가지고 있지만, 이를 실행할 수 있는 기술과 노하우가 부족한 예비 창업자에게 메이커스페이스를 활용하여 창업을 현실이 되도록 안내하는 내비게이션 역할을 할 것으로 기대합니다. 정말 열심히 노력한 BI센터장인 저자에게 박수를 보냅니다.

(사)한국창업보육협회 이광근 회장

미국의 공격적인 금리 인상과 이로 인한 글로벌 경기의 침체가 우리나라의 경기 전망을 어둡게 하고 있습니다. 세계 경기의 위축은 수출 중심의 경제구조를 가지고 있는 우리나라에도 미래 전망이 그리 밝은 편이 아닙니다. 따라서 우리나라도 글로벌 경기 전망에 대비하기 위한 여러 가지 대안들이 필요한 상황임에는 분명합니다.

IT 강국이라는 명성에 걸맞게 최근 10년 사이에 우리나라도 기술혁신 창업이 많이 나타났고 더 나아가 우리나라 미래 성장의 한 축을 담당하고 있습니다. 이제는 기술혁신 창업을 통한 새로운 일자리 창출을 통하여 수출 중심의 과도한 경제 비중을 조정하고 내수 경기에도 새로운 활력이 필요한 시점입니다.

이러한 중요한 시점에 창업자들에게 필요한 전문 서적이 출판되어 스타트업 시장에서의 마중물 역할을 기대하게 합니다. 메이커스페이스는 어느 정도 국내 스타트업의 사업화에 필요한 징검다리 역할을 해왔습니다. 따라서 이번에 출판하는 "메이커스페이스 메이커부터 스타트업까지"는 H/W는 물론 S/W 스타트업에게도 상당히 중요한 지침서가 될 것으로 확신합니다. 불확실한 미래에 도전하는 창업자들에게 중요한 가이드 역할을 기대합니다.

고려대학교 세종캠퍼스 창업경영대학원 지상철 교수

전국 주요 메이커 스페이스

※ 메이커올(makeall.com) 검색을 통해 장비 및 교육 콘텐츠를 기반으로 선정하였습니다. (홈페이지가 없는 경우 제외)

① 전문랩

시설명	연락처	소개
고려대학교 KU-3DS	https://piville.kr (02-3290-5388)	고려대학교 KU-3DS는 민간협업형 전문랩으로서 VR studio, VR 기기를 활용하여 제조 창업자들에게 버추얼 Mock-up을 지원하고 있습니다. 가상현실에서 Mock-up 시뮬레이션을 거쳐서 생산한 시제품은 높은 완성도를 갖추게 되며 제작에 드는 비용과 시간을 혁신적으로 단축시킬 수 있습니다.
소담상회 아이디어스 크래프트랩	https://www.iduscraftlab.com (02-1668-3653)	'소담상회 아이디어스 크래프트랩'은 수공예 및 창작 활동을 이어가는 소상공인을 위해 개인/공용 작업 공간, 교육, 커뮤니티 등 유/무형의 폭넓은 프로그램을 지원하는 인큐베이팅 공유공방입니다.
Hardware accelerator N15	https://www.n15.asia (1577-4379)	N15는 스타트업을 전문적으로 발굴, 투자, 육성하는 하드웨어 액셀러레이터입니다. 시제품 제작 전문 서비스 PROTO X와 스타트업과 대기업 간의 혁신을 가속화하는 OPEN INNOVATION PLATFORM을 통해 창업과 제품 개발에 대한 모든 부분을 지원하고 있습니다.
G.Camp	https://www.g.camp (02-2135-5280)	메이커 스페이스 G·CAMP는 메이커들이 글로벌 경쟁력을 갖춘 하드웨어 스타트업으로까지 성장할 수 있도록 전문 장비와 인력을 보유하여 다양한 메이킹 프로그램을 운영하는 전문 시설입니다.
홍익메이커랜드	http://www.himakerland.com (044-860-2313)	세종시 지역 최초의 메이커 스페이스 전문랩 "홍익메이커랜드"입니다.
부산대학교 PNU V-space	vspace.ac (051-510-3261)	아이디어 구체화부터 시제품 제작/초도물량 생산까지 남녀노소 전공 구분 없이 서로의 아이디어와 능력이 융합되어 더욱 발전된 제품을 제작할 수 있는 공간입니다.
충북Pro 메이커센터	https://cbpm.cbnu.ac.kr (043-249-1158)	충북 최초 메이커 스페이스 전문랩으로서 충북대학교 학생과 교직원 그리고 지역 주민에게 시제품 제작 및 창업의 기회를 제공하고, 글로벌 브랜드 육성과 메이커 문화의 저변 확대를 위한 교육과 체험의 거점 역할을 수행하고 있습니다.

시설명	연락처	소개
지테크샵 (G-Tech#)	http://gstartup.geri.re.kr (054-479-2073)	• 혁신 스타트업 제품 제작 거점 구축 및 제조기업 연계 시너지 창출 • 커넥티드 창업 지원 설루션 체계 확립 및 맞춤형 패키지 지원 • 창업기업 성장 모니터링을 통한 성과 관리 및 지역 확산 유도
뚝딱365	http://www.maker365.kr/ (063-219-3596)	전북 메이커 스페이스 전문 랩 뚝딱 365는 전북지역 내 우수한 전문 기술 인력 및 인프라와 기업 집적도가 높은 탄소 융복합 소재를 활용한 전문 메이커 육성과 메이커 문화 확산을 위한 체계적인 지원과 거점 기관 역할을 할 메이커 스페이스 전문 랩입니다.
공유팩토리 루트	https://route-k.kr/front/main/ (051-622-0515)	공유 팩토리 루트는 내 아이디어를 실현할 수 있는 다양한 기술과 장비를 제공하며 제조 공장들과 연계하여 제품의 생산과 상품화를 지원하는 O2O 기반 아이디어 사업화 플랫폼입니다.
에스큐브 (S-cube/scube)	https://www.scube.or.kr/ (055-259-3495)	S-cube(에스큐브)는 창업을 목표로 하는 예비 창업자와 기업을 위한 제조혁신형 전문 메이커 스페이스입니다. 누구나 창의적이고 자유롭게 만들 수 있는 환경과 인프라를 제공합니다.
가천 메이커 스페이스	https://gmct.co.kr/ (031-724-4533)	가천메이커시티는 혁신적인 창작 · 창업 활동을 지원하기 위한 공간입니다. 2019년 '바이오 · 헬스케어' 특화 전문랩으로 선정되어 바이오헬스 전문 장비 교육, 인허가 교육 등을 실시하고, 시제품 제작부터 양산 전까지 모든 단계를 지원하고 있습니다.
DID기술융합 공작소	http://didmakerspace.kr/ (042-385-4200)	DID기술융합공작소는 한국전자통신연구원이 대전광역시와 함께 스마트 제조 혁신 플랫폼으로 구축하는 전문 메이커 스페이스입니다.
만들마루	http://www.mandulmaru.net (062-530-5081)	지역의 메이커 문화 저변 확대 및 메이커의 전문 역량 강화를 위하여'세상을 변화시키는 메이커'를 비전으로, '메이커 창업문화로 세상을 밝히자'를 미션으로써 지역에 메이커 문화 확산과 고도화를 위한 전문 메이커 스페이스를 목표로 하고 있습니다.

② 특화랩

시설명	연락처	소개
디자인메이커스	designmakers.kr (033-653-3363)	내안의 손재주, 창의성을 발견하는 메이커 스페이스로 청년제조창업자들의 디자인, 시제품 제작을 지원하는 리빙소품 특화랩입니다.
주식회사 청춘목공소	http://woodmakers.kr/ (070-7798-8355)	대전광역시 청년들의 창의적 아이디어를 목공을 활용하여 자유롭게 구현할 수 있도록 메이커 공간을 조성하였습니다. 목공 기술에 필요한 장비의 장비 교육 및 안전교육, 구독 서비스, 수시 교육 등을 통하여 일상생활 속 목공의 접근성을 높일 수 있는 다양한 프로그램을 구성하였습니다.
전북시제품제작터	http://k-maker.kr/ (063-714-2620)	언제나, 누구나, 무엇이든지 아이디어를 가진 많은 메이커들이 메이커 문화를 실현할 수 있도록 지원하는 공간입니다.
키움 메이커 스페이스	http://kiumaker.kiu.ac.kr/ (053-600-5877)	• 생각을 키우는 스페이스 • 꿈을 현실화시키는 스페이스 • 미래의 인재를 키우는 스페이스
코끼리 메이커 스페이스	https://blog.naver.com/co77iri (062-513-2014)	• 디지털 제작 기기와 ICT 기반으로 다양한 제품 및 콘텐츠를 제조함과 동시에 메이커스 무브먼트 문화 확산을 위한 공간 • 지역 내 메이커스 클러스터 구축을 위한 창의적 허브 역할 • 3D 모델링/프린팅 및 레이저 커팅 기술 교육을 바탕으로 단순 모형 제작이 아닌 ICT와 관련된 교육/워크숍을 진행하고 제조형 창업의 기반을 다지는 프로토타입 제작 지원 공간 • 전문적 설계 지식 없이도 저비용으로 제품을 만들 수 있으며, 예술인 · 엔지니어 · 학자 등의 다양한 분야에서의 활동가들과 협력생산이 가능한 공간

목차

PART 01 메이커란?

PART 02 메이커 스페이스 구축

PART 03 메이커 스페이스 도구와 장비

메이커란?

히스토리 및 동향

1 메이커(Maker) 정의

① 데일 도허티(Dale Dougherty, Maker Media CEO)는 "만드는 활동은 인간의 본성이라는 관점에서 제작 방식에 관계없이 우리는 모두 만드는 사람"이라고 정의

② 크리스 앤더슨(Chris Anderson, Makers 저자)은 "다가올 새로운 산업혁명을 주도하며, 제품 제작 및 판매의 디지털화를 이끄는 사람, 기업"이라고 정의

③ 데이비드 랭(David Lang, Zero to Maker 저자)은 "메이커는 어디에나 존재함, 물리적인 방식으로 자신의 세계에 영향을 미치고 변화를 초래하는 모든 사람"이라고 정의

④ 마크 해치(Mark Hatch, Techshop CEO)는 "발명가, 공예가, 기술자 등 기존의 제작자 카테고리에 구속받지 않으며, 손쉬워진 제작 기술을 응용해서 폭넓은 만들기 활동을 하는 대중"이라고 정의

메이커에 대한 공통된 정의는 "디지털 기기와 다양한 도구를 사용한 창의적인 만들기 활동을 통해 자신의 아이디어를 실현하는 사람으로서 함께 만드는 활동에 적극적으로 참여하고, 만든 결과물과 지식, 경험을 공유하는 사람들"이다.

메이커를 일본 및 유럽에서는 'Fabber'라고도 한다. 메이커 활동을 하는 사람을 메이커(Maker), 패버(Fabber)라고 부르는데, 둘 다 만드는 사람을 뜻한다. 큰 차이가 없지만 구분해 보자면, 미국 등 자신의 차고에서 메이커 활동을 하는 지역에서는 메이커라고 부르고 이런 개인 시설이 없고 팹랩, 메이커 스페이스를 이용하여 메이커 활동을 하는 사람을 패버(스)라고 한다. 그래서 일본에서는 패버스(Fabbers)라고 부르고 있다.

▲ 그림 1 차고문화

어떤 명칭이 되었든지 메이커 활동을 하는 사람을 표현한 것이다. 메이커는 취미 또는 관심에서 출발한다. 이러한 활동을 시작으로 창업 아이템을 가지게 되고 창업에 대한 확신이 생겼을 때 메이커가 창업가로 변하게 된다. 그렇기 때문에 메이커를 창업가로 단정 짓는다면 메이커 문화를 기반으로 하는 제조업 창업은 불가능할지 모른다. 창업은 창업자가 모든 책임을 져야 하기 때문에 쉽게 권할 수 없다. 다만 좋은 아이템이라면 메이커 스페이스 운영자 또는 전문가들이 창업에 대한 교육 또는 멘토링을 통해서 자신감을 가지게 한 후 창업으로 유도해야 한다.

메이커 스페이스를 창업공간으로만 활용해야 한다는 주장도 있다. 이런 주장이 틀리다고 할 수는 없지만, 모든 메이커가 창업을 하는 것도 아니며 창업을 한다고 하더라도 제조 기반 창업에 치우치게 될 수 있다. 왜냐하면 현재의 메이커 스페이스에 구비된 장비들은 3D프린터, 레이저 커터 등 디지털 공작기계가 대부분이기 때문이다. 또한 장비의 용도가 산업용보다는 개인용이나 교육용에 가깝기 때문에 시제품 또는 소량 생산에 적합하지 않는 경우가 많고, 산업용 장비를 보유하고 있다고 하더라도 재료 및 이용료 부분에서 큰 차이를 보이기 때문에 쉽지 않다. 물론 기존의 제작 과정에서 발생하는 비용을 생각하면 저렴하지만, 재원이 부족한 창업자들에게는 크게 느껴질 수 있는 부분이다. 메이커 스페이스가 창업공간으로만 사용해야 한다는 주장을 한다면 메이커 활동을 하지 않았거나 메이커 스페이스를 이용해 보지 않고 해외 사례만 보고 주장하는 것일 수도 있다.

2 메이커 스페이스

메이커 스페이스는 디지털 기술 기반 공작기계를 유·무료로 사용할 수 있는 공간이면서 자유롭게 창작, 개조 등 작업을 할 수 있는 곳이다. 메이커 스페이스의 모델은 해커스페이스와 MIT 미디어랩의 팹랩이라고 말한다. 국내에서는 메이커 스페이스, 무한상상실로 부르고 있다. 한국과학창의재단의 무한상상실 사업에서 메이커 스페이스가 시작되었다고 할 수 있다. 물론 민간 메이커 스페이스가 있었지만 이름이 알려지게 된 것은 '무한상상실'이다. 이들 공간의 특징은 비슷한 관심사를 가진 사람들이 모여 커뮤니티 공간 겸 팀을 이루어 제작할 수 있다는 것이다. 국내의 경우 2014년부터 무한상상실 사업을 시작하여 메이커 문화 확산을 목표로 운영되었기에 무료 프로그램으로 진행되어 많은 사람이 이용할 수 있도록 하였다. 무한상상실이 메이커 문화의 이해 및 활동에 큰 영향을 주었다.

▲ 그림 2 무한상상실 로고(출처 : ideaall.net)

중소벤처기업부에서 메이커 스페이스 구축 사업을 하면서 일반 랩, 특화 랩, 전문 랩으로 구분하여 구축하였다. 메이커 스페이스 구축 사업에서 일반 랩은 메이커 문화 확산, 전문 랩은 시제품 제작 및 창업 지원으로 역할을 분담하고 있고 정부 지원 사업으로 관리 및 평가를 받아야 하며, 평가에 따라서 매년 지원 금액이 달라질 수 있다. 정부 주도형 메이커 스페이스는 초기 시설 구축에는 좋지만, 지원 기간이 정해져 있기 때문에 지속하기 위해서는 현실적인 자립방안을 모색해야 한다.

지방자치단체에서 운영하는 메이커 스페이스 중 대표적으로 서울시의 디지털대장간이 있다. 이 시설의 경우 금속 관련 작업 및 산업용 CNC 등의 대형 장비를 가지고 있다. 또한 하드웨어 액셀러레이터인 'N15'와 연계하여 투자, 제조, 유통 서비스를 통하여 창업자와 스타트업을 지원하고 있다.

▲ 그림 3 서울디지털 대장간

지방자치단체에서 지원하는 메이커 스페이스는 중앙정부에서 지원하는 시설보다는 오랫동안 시설을 유지하고 있는데, 모든 자치단체가 고민하고 있는 지역 경제 활성화, 주민복지 등의 사업에 메이커 스페이스를 활용할 수 있기 때문이다.

민간에서 운영하는 메이커 스페이스는 DIY 문화 기반의 시설에서 출발한 경우가 많아서 전국에 많이 있다. 이러한 시설들도 경제적인 어려움을 겪기는 마찬가지이다. 그래서 기업의 사회 공헌 프로그램으로 운영되는 메이커 스페이스를 소개한다. 대표적인 시설이 동일고무벨트(DRB)의 '캠퍼스D'이다. 서울과 부산에 시설을 가지고 있는데, 서울은 메이커 및 창업 지원을 하고 있고 부산의 경우 전시, 공연장의 기능과 지역 대학과 연계하여 메이커 문화 확산에 도움을 주고 있다.

▲ 그림 4 캠퍼스 D 선유도(출처 : culture.go.kr)

다양한 메이커 스페이스가 있는 일본의 경우 2021년부터 지방자치단체, 지역 기업과 연계한 메이커 스페이스 구축이 늘어나고 있다고 한다. 이러한 현상은 지역 기업의 사회 공헌적인 요소가 크지 않을까 생각한다. 지역 기업의 후원을 받는 메이커 스페이스가 늘어나서 주민 및 직원의 취미활동을 지원할 수 있고 해당 기업 직원들의 복지 시설로 사용하면서 창의적 아이디어를 구현하여 산업현장에 적용할 수 있는 제품을 직접 개발하는 단계로 연결할 수 있다. 주민 대상 제조 기반 프로그램을 운영하여 경제적 활동에 참여할 수 있는 기회를 제공할 수도 있다.

메이커 스페이스가 도시에 집중되어 있기에 소도시 또는 농촌 등 혜택을 받지 못하는 경우가 많다. 이러한 문제를 해결하기 위해서 찾아가는 메이커 스페이스, 팹트럭이라는 이름으로 이동형 메이커 스페이스를 만들었는데, 대부분 1~2.5톤 윙보디 트럭에 장비를 설치하거나 소형버스 형태로 만들었다. 이러한 이동형 메이커 스페이스의 경우 행사를 위해서는 좋지만 실제 교육을 위해서는 의문을 가지게 된다. 대부분의 지역을 방문해 보면 공간이 없는 것이 아니라 장비가 없고 이러한 장비를 1일 체험 프로그램으로 진행하다 보니 이용자 입장에서는 많은 체험을 할 수 없다. 이러한 문제를 해결하기 위해서 포스텍 무한상상실에서는 트레일러형으로 만들었다. 이 트레일러는 KT와 한국초록우산재단의 지원을 빋아서 만들었는데 장비를 보관하고 이동하는 데 초점이 맞춰져 있다. 그래서 대부분의 장비 및 재료를 포장상태로 보관할 수 있고, 트레일러 형태로 되어 있어서 단기간 장비 대여도 가능하다.

▲ 그림 5 포스텍 메이커 캠퍼스 트레일러

트레일러형 메이커 스페이스로 많은 지역에 방문하여 메이커 문화 확산에 기여하였는데, 특히 시골 분교 등 큰 차량이 접근하기 어려운 곳에서는 트레일러를 차량에서 분리 후 밀어서 이동이 가능한 것도 장점이다. 이 트레일러는 기획 때부터 접근이 어려운 곳을 타깃으로 하였고 메이커 교육 활동을 전국적으로 하는 전문 메이커들에게 자문을 구하여 기획되었기에 효율이 높다고 할 수 있다.

메이커 스페이스는 보유하고 있는 디지털 공작기계 등 다양한 장비에 대한 사용자 교육과 이러한 교육을 이수한 사용자에게 장비 및 시설을 빌려주고 창작 및 창업을 독려하고 있다. 메이커 스페이스가 모든 장비를 가지고 있지 않기 때문에 이용하려는 장비에 따라서 메이커 스페이스를 찾아야 한다. 또한 장비가 있다고 하더라도 이용자 입장에서는 익숙하지 않기 때문에 장비 사용을 지원해 줄 관리자의 도움이 필요하다. 시설 운영이 잘되고 있는 메이커 스페이스의 특징을 보면 시설관리자가 메이커 활동을 하는 경우 이용자에게 많은 도움을 줄 수 있어서 만족도가 높다. 또한 메이커 스페이스가 제작 장비와 공간을 빌려주기도 하지만, 창업 지원을 위한 이해가 높은 경우 취미를 기반으로 한 메이커 활동에서 창업을 위한 메이커 활동으로 변화시킬 수 있다. 메이커 스페이스에서 시설관리자를 고용할 때 위에서 언급한 부분을 고려하여 메이커 실무와 행정실무를 담당할 인원을 이원화하는 것이 좋다. 동의대학교 Link사업단에서 운영하고 있는 Makervill의 경우 관리자가 메이커 활동을 활발히 하는 메이커로, 대학 내 학생들의 제작 활동 지원과 창업보육센터 입주기업의 시제품 제작 지원을 모두 해결하고 있다. 실제 이용률을 보면 같은 지역의 다른 대학과 비교해도 2배 이상의 이용 실적을 보이고 있다.

3 메이커 운동(Maker Movement)

메이커 운동은 '기술의 민주주의'라고 할 수 있다. 데일 도허티가 "메이커 운동은 오픈소스 제조 운동을 뜻한다."라고 정의하고, 기술자를 뜻하는 것이 아닌 발전한 기술을 누구나 응용하여 시제품 제작과 창업이 용이해지면서 개인 제조 창업이 확산되는 활동을 이야기한다. 이와 같이 자신이 필요로 하는 제품을 디지털 장비를 이용하여 일반적인 소비자가 아닌 제작자 또는 창작자로 만들어 내는 자기 주도적으로 나아가는 메이커 활동을 뜻하는 것이다.

기존 방식에서 새로운 변화를 추구하는 모든 사람들과 같이 창의성, 자발성, 공유와 협업으로 하는 모든 활동을 메이커 운동이라 할 수 있다. 이로써 가치를 이루기 위한 융합적인 사고와 아이디어가 사회 전반에 다가서는 의미를 가진다고 말할 수 있다. 메이커 운동은 자신의 가치를 필요로 하는 모든 사람에게 나누어 다른 이들에게도 자신의 가치를 창출할 수 있는 운동이라 할 수 있을 것이다.

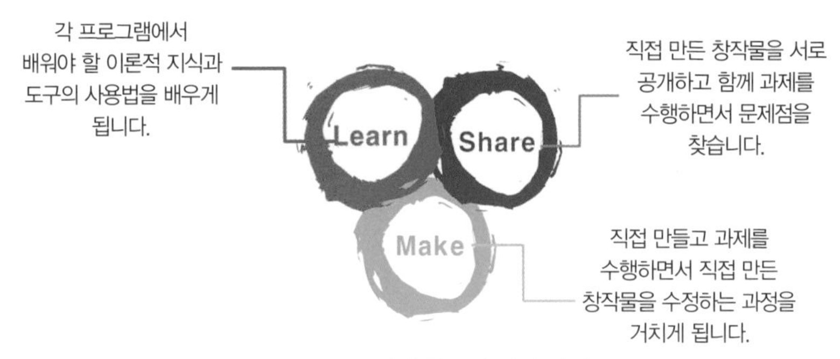

▲ 그림 6 메이커 활동의 핵심 키워드

메이커 활동을 한다는 것은 개인장비와 공간을 보유하고 할 수도 있고, 그렇지 않다면 메이커 스페이스를 이용하여 활동할 수 있다. 메이커 스페이스가 교육 및 (예비) 창업자만 지원한다면 실제 이용자는 많지 않을 것이다. 메이커 스페이스가 성장하려면 취미활동을 하는 메이커도 지원해야 한다. 미국 Techshop의 창업 지원 사례를 보더라도 취미로 제작 활동을 하는 이용자에게 창업 관련 정보를 제공하여 실제 창업 사례로 이어졌기 때문이다.

메이커 운동을 창업이라는 관점에서만 본다면 유행처럼 지나갈 것이다. 그러나 다양한 관점에서 본다면 새로운 패러다임이 될 수 있다. 디지털 공작기계를 주로 다루다 보니 제조창업이 주를 이루고 있지만 커뮤니티 기능을 확대한다면 주민복지 기능을 더할 수 있다.

4 향후 방향

메이커 스페이스의 주 이용자는 프로슈머, 크리슈머 그리고 MZ세대가 주축이라고 할 수 있다. 그렇기 때문에 그들에 대한 이해가 필요하며, 이들이 메이커 스페이스를 활용하여 성공한 사례가 알려져야 메이커 스페이스가 더욱 성장할 수 있다.

Prosumer(프로슈머)는 앨빈 토플러가 『제3의 물결』에서 Producer(생산자) 또는 Professional(전문가)에 Consumer(소비자)가 합성해서 만든 단어이다. 생산자와 소비자가 결합되는 경우는 소비자가 제품 생산에도 기여한다는 것이며, 전문가와 소비자가 결합되는 경우는 비전문가이지만 다른 전문가 분야에 기여한다는 것이다. 프로슈머는 기존 소비자와 달리 생산 활동 일부에 직접 참여하는데, DIY(Do It Yourself)에서 볼 수 있다. 현대에는 인터넷이 활발해지면서 정보의 양이 크게 확대되어 자신이 새로 구매한 물건의 장단점, 구매 가격 등을 다른 사람들과 비교, 분석함으로써 제품 개발과 유통과정에 직·간접적으로 참여할 수 있다.

MZ세대는 1980~2004년생을 지칭하며, M세대(밀레니얼 세대)와 Z세대를 합성한 새로운 단어로 모바일, 커머스, SNS 등 인터넷으로 주도하는 특징을 가지고 있는 세대라고 볼 수 있다. 지금은 스마트폰의 보급과 인터넷의 발달로 정보를 쉽게 얻을 수 있는 시대이며, 상품을 구매하기 위해서 인터넷을 검색하고, 맛집과 여행지를 인터넷으로 검색하고, 스마트폰으로 실시간 갱신된 정보를 얻을 수 있는 시대이다. 이러한 시대를 살아가는 세대는 자신이 좋아하고 관심 있는 것에 많은 투자를 하면서 가성비, 가심비라고 하면서 만족을 얻는다. 이러한 세대가 메이커로 성장하고 개인이 가지고 있는 취미, 관심 분야에서 다양한 능력을 발현하게 된다면 메이커 문화가 지금보다 폭발적으로 성장할 것이다. 메이커 활동에 관심 있는 개인 또는 동호회(단체)에 대한 지원이 이루어질수록 개방성과 공유에 대한 거부감이 없는 MZ세대가 메이커 문화 확산에 최적화되어 있기 때문이다.

중소벤처기업부의 메이커 스페이스 확산사업과 한국과학창의재단에서 운영하는 무한상상실 등 외국과 비교해도 부족하지 않은 시설을 보급하였지만 운영성과에서 보면 양질의 결과물이 부족한 것도 사실이다. 우리는 메이커 스페이스 운영의 목표를 '창업', '고용' 등으로 한정 지어서 운영하고 있다. 쉽게 말하면 창업을 준비 중인 사람이 아니라면 메이커 스페이스를 이용하기 어렵다는 것이다. 물론 메이커 스페이스에서 메이커 문화 확산을 위해서 체험 프로그램과 교육 프로그램을 운영하고 있지만, 단기간 진행되는 프로그램으로 이용자의 만족도를 높이기 어렵고 장비를 사용하려고 하면 안전 및 관리를 이유로 제한되는 경우가 많다. 또한 제작 활동이 단시간에 끝나는 것이 아니라 며칠 또는 몇 개월이 필요할 수 있다. 이런 경우 제작자가 메이커 스페이스의 공간을 점유해야 하는 문제가 발생한다. 그렇기 때문에 개인 이용자가 메이커로 시작하여 창업자로 성장하기 어렵다고 볼 수 있다.

우리나라와 비슷한 환경의 일본의 시설을 확인해 보자. Fablab 시부야의 경우 공유 오피스와 제작 공간으로 나뉘어 있다. 또한 사용자를 위한 락커를 제공하여 지속적인 방문을 유도하고 있다.

▲ 그림 7 팹랩 시부야 락커

▲ 그림 8 팹랩 시부야 공유 오피스

민간이 운영하는 메이커 스페이스의 경우 각 시설마다 특화된 경우도 있다. 도쿄의 Combrainrobotics의 경우 전자, 로봇 관련 메이커 스페이스로, 이 시설의 경우 공유 오피스의 개념이 더 강하다. 작업 테이블 중 1개만 관리자가 제작 과정에서 사용하고 나머지 작업 테이블에 대하여 월 단위로 빌려주고 있다. 이렇게 운영하는 이유는 관심사가 같은 이용자만 모이게 하여 비싼 사무실 임대 비용을 보충하기 위해서라고 한다. 실제 운영자의 주 수입원은 전자부품을 개발하여 통신판매를 하고 있다.

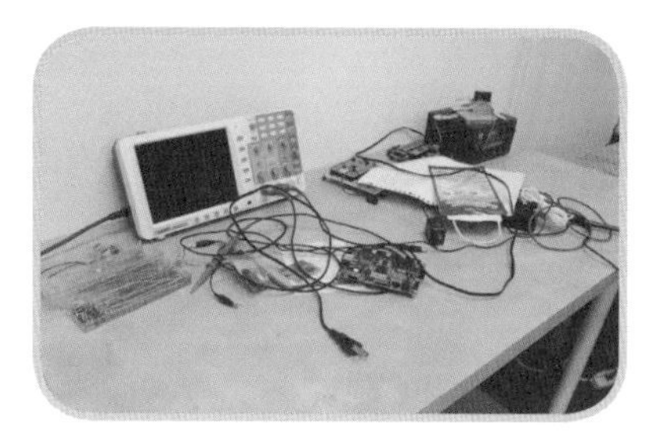

▲ 그림 9 Combrainrobotics 내부

신주쿠에 있는 Coromoza의 경우 패션 관련 메이커 스페이스로, 디자이너를 위한 텍스타일 출력 장비와 제작할 수 있는 공간을 제공하고 있다. 의상 제작을 위한 디자인과 원하는 컬러, 패턴을 출력할 수 있는 프린터로 구성되어 있는데, 사용자들이 자신만의 의상을 만들고 서로 의견을 교류하는 곳이다.

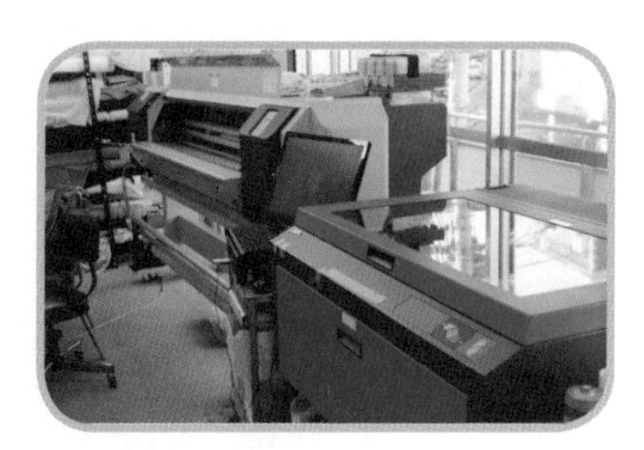

▲ 그림 10 Coromoza 내부

메이커 스페이스를 운영하는 것과 지속 가능한 것은 아주 중요한 문제로, 메이커 문화가 트렌드가 되느냐 패러다임이 되느냐의 문제라고 할 수 있다. 하나의 유행처럼 되어 버린다면 메이커 문화가 지속되지 않고 소수를 위한 취미활동에 지나지 않을 것이다. 그러나 4차 산업혁명 시대를 살아가야 하는 사람들에게는 새로운 기회를 제공할 수 있다. 그러기 위해서 메이커 스페이스는 지속적으로 발전해야 하는 문제를 가지고 있다. 위에서 언급한 것처럼 시설을 특화하고 이용자 친화적인 환경을 만들어야 하지만 이것만으로는 부족하다. 메이커 스페이스가 지속적으로 발전한다는 것에는 '자립'이라는 부분이 중요하다. 우리나라에서 운영 중인 전문 랩 중에서 정부의 지원이 없다면 계속 유지할 수 있는 곳이 몇 곳이나 될까? 별도의 사업수행을 하거나 수행기관에서 자금을 지원하지 않는다면 대부분 폐점한다고 생각해도 무리가 없을 것이다. '별도의 사업수행'도 정부나 기관의 공모사업에 선정되어야 할 수 있다. 물론 시제품 제작, 창업 지원 사업, 노동부 관련 사업 등 할 수 있는 것은 많지만 그만큼 관리 인력이 필요하고 인건비가 발생하는 문제를 가지고 있다.

공공기관과 메이커 스페이스가 상생한 예를 찾아보자. 도쿄의 세타가야구에 있는 IID(Ikejiri Institute of Design)의 사례이다. 이곳은 사용하지 않는 중학교의 한 건물 전체를 메이커 스페이스 겸 창업 인큐베이팅 시설로 사용하고 있다. IID가 세타가야구에 연간 건물임대료를 지불하는 대신 세타가야구에서는 창업 지원, 공유 오피스, 주민 문화활동에 대한 사업을 의뢰하여 건물임대료 이상의 자금을 지원하고 있다. 어떻게 보면 불합리한 구조처럼 보이지만 공적 자원에 대한 임대료를 받고 대신 임대료를 주민들을 위해서 다시 사용한다고 볼 수 있다. IID는 다양한 수익사업을 통해 자립 기반을 가지고 있는 소수의 시설 중 하나이다.

▲ 그림 11 IID 입구

IID 내부 특징 중 하나가 인테리어인데, 특별히 인테리어를 하지 않고 교실을 그대로 사용하고 있다. 교실의 경우 1/2로 나누어 한 교실에 2개 업체가 입주할 수 있도록 하였고, 회의실의 경우에도 새로운 가구가 아니라 학교에서 사용하던 책상과 의자를 그대로 사용하고 있다. 또한 프리랜서를 위한 강의장을 임대하여 수익을 올리고 있다.

▲ 그림 12 임대 회의장

▲ 그림 13 입주업체 소개 팸플릿

▲ 그림 14 IID 내부

메이커 스페이스 운영을 우리나라의 창업보육센터가 하는 것도 바람직하다. 메이커 스페이스 운영의 목적이 창업이라면 시제품 제작을 지원하는 것뿐만 아니라 창업과 관련된 정보를 제공해야 한다. 그러나 대부분의 메이커 스페이스는 제작 관련 정보를 제공할 수 있지만, 창업 관련 정보나 지원 사업에 대한 서류 작성과 관련된 노하우를 전수하는 곳은 많지 않다. 어떻게 보면 당연한 것이라고 할 수 있다. 메이커 스페이스는 제작을 지원하는 전문가들이 대부분이기 때문에 창업에 관련된 지원은 어렵기 때문이다. 실제로 2021년 강원도 영월군 창업보육센터에서 진행한 '메이커 전문가 양성'과정에서 많은 참가자가 창업 관련 문의를 하였다. 실제 제품 제작 및 방법에 대한 정보는 메이커 교육에서 제공하였고 창업 및 보육센터 입주, 지원 사업 서류 작성법 등에 관한 내용은 영월군 창업보육센터에서 제공하여 30시간의 교육과정에서 교육 참가자 7명 중 2명의 (예비) 창업자가 나왔다. 물론 창업에 대한 생각을 가지고 있었지만 실제 창업자의 의견을 들을 수 있었고, 창업보육센터로부터 지원 사업에 대한 정보를 얻고 각 개인이 창업을 결정하였지만, 이들의 공통된 의견은 인터넷 정보로는 창업에 대한 결정을 내리지 못하였는데 현장에서 들을 수 있는 정보를 얻을 수 있어서 좋았다고 한다.

▲ 그림 15 영월군 메이커교육 운용사 자격증 과정(2021년)

메이커 스페이스가 활성화된 일본을 보더라도 초창기 메이커 스페이스가 제작 지원 시설이었다면, 이제는 공유 오피스를 가지고 있으면서 창업기업을 지원하고 창업기업 간 교류를 후원하고 있다. 공유 오피스 이용자들이 개인의 창작 및 창업활동을 하면서 다양한 장비를 이용할 수 있고 기업 간 교류를 할 수 있는 라운지를 개방하여 이용자를 유치하고 있다. 'The C'의 경우 사업 주최는 부동산 회사이지만, 일본 전국에 공유 오피스와 메이커 스페이스를 구축하여 새로운 사업 아이템으로 활용하고 있다.

▲ 그림 16 The C 내부(2018)

'The C'의 경우 메이커 스페이스에 특별한 장비가 없다. 사실 이 시설이 위치한 곳이 아키하바라 인근이라서 장비를 많이 구축한 것이 아니라 사무실과 교류 공간이 주를 이루고 있고 주방, 회의실 등이 있다. 메이커 시설은 지하에 있지만 공유 오피스는 2층부터 있다. 디지털 제작 관련 장비만 가지고 있는 경우도 있지만, 메이커 스페이스의 특징이 디지털 공작기계에만 있는 것이 아니라는 것이다. 획일화된 구성이 아니라 다양한 이용자를 위한 구성이라고 할 수 있다.

▲ 그림 17 IID 입구

지금까지 메이커 스페이스는 구축된 시설에 이용자가 찾아오는 구조였다. 또한 메이커 스페이스는 기본적인 장비 교육과 입문자를 위한 체험교육을 제공하였다. 중소벤처기업부의 메이커 스페이스 구축 및 운영사업을 창업진흥원이 담당하면서 창업과 지속 발전 및 성장에 중점을 두었다. 하지만 대부분의 메이커 스페이스는 메이커가 운영하다 보니 문화 확산 방향으로 기울어진 경향이 있다.

[표 1] 메이커 스페이스 구분

1단계	메이커 스페이스	메이커 문화 확산
2단계	메이커 스페이스+창업	메이커 양성+창업 지원
3단계	메이커 스페이스+창업+공유 오피스	메이커 양성+창업 지원+자립

1단계 메이커 스페이스는 문화 확산을 위해 무한상상실과 메이커 스페이스가 구축되던 시기이다. 무한상상실은 50개 이상의 시설이 구축되어 있었고 메이커 스페이스 구축 사업으로 1년간 60개소 정도 개설되었다. 이때는 메이커 스페이스가 자립을 계획하던 시기가 아니라 주어진 사업비 안에서 메이커 문화 확산을 위한 다양한 프로그램을 진행할 수 있었고, 대부분의 프로그램이 정부 지원금으로 운영되어 무

료였다. 2단계 메이커 스페이스는 창업진흥원이 메이커 스페이스 구축 사업을 주관하면서 구축된 시설이라고 할 수 있다. 메이커 스페이스 운영이 문화를 확산하는 것만 아니라 창업 지원 부분에 관심을 가지게 되었다. 일반 랩과 특화 랩, 전문 랩의 1년간 운영평가에서도 창업 부분이 평가항목으로 들어가 있다. 그런데 재미있는 것은 메이커 스페이스 구축 사업 참여자를 모집할 때 일반 랩에 대해서는 평가요소에 창업이 큰 비중을 차지하지 않는다고 하였지만, 연말평가에서는 중요한 요소가 된다고 한다. 또한 자립을 위한 방안을 제시하고 운영하고 있지만, 1단계 메이커 스페이스를 무료로 이용하다가 이용료를 받기 시작하면서 이용자가 잠시 줄었다. 그러나 2단계 메이커 스페이스부터는 소정의 이용료를 받기 시작하면서 전체적인 이용자 수는 줄었지만, 체험이 아니라 제작을 위한 공간으로 변모하기 시작한다. 전문 랩을 필두로 창업 지원 성과가 나타났지만 자립에 대한 문제는 여전히 남아있다. 고급(심화)교육, 시제품 제작, 경영 컨설팅, 공유 오피스 등이 메이커 스페이스 자립을 위한 최소한의 사업 영역이다. 이러한 부분마저 가지고 있지 않다면 자립이 어려울 수 있다.

[표 2] 메이커 스페이스 선정 현황(출처 : 머니투데이)

구분	제조업	콘텐츠*	ICT	바이오	계
전문 랩	3(75%)	–	1(25%)	–	4
일반 랩	37(60%)	15(24%)	7(11%)	3(5%)	62
합계	40(62%)	15(23%)	8(11%)	3(4%)	66

*애니메이션, 미디어, AR·VR 등 디지털 콘텐츠, 디자인, 디지털공예

현재 메이커 스페이스가 가지고 있는 몇 가지 문제 중에서 가장 기본이 되는 문제점을 선정해 본다면 아래와 같다.

메이커 스페이스의 다양화가 필요하다. 지금까지 구축된 시설을 방문해 보면 대부분 비슷한데 전문 랩과 일반 랩도 분야별로 구성되어 있지만, 실제 구축된 시설의 차이도 시설 규모나 구축된 장비의 종류 정도밖에 없어 보인다. 3단계 메이커 스페이스에서는 분야별 전문화가 되어야 한다. 각 분야별 (준) 전문 장비로 구축하여 해당 분야의 이용자가 모여야 한다.

메이커 스페이스 간 교류가 없다. 전문 랩이 지역의 일반 랩과 교류하도록 유도하

고 있지만, 사실 비슷한 보유 장비와 '자립'이라는 문제를 서로 가지고 있기 때문에 쉽지 않다. 지역에 따라서는 전문 랩과 일반 랩 사이의 보이지 않는 대립 구도로 생각하는 운영자도 있다. 이것은 초기부터 문제가 될 것이라고 예견되었던 부분으로 각 시설마다 다양한 콘텐츠를 보유할 수 있었다면 줄어들 수 있는 문제였지만, 사실 가지고 있는 장비가 비슷하다 보니 콘텐츠의 차별화가 어려웠을 것이다. 또한 자체 개발한 콘텐츠가 아니라면 외부 전문가를 초청하여 운영해야 하는데, 사업운영비에서 지출할 수 있는 한계가 있기 때문에 어렵다. 그렇기 때문에 메이커 스페이스 간 네트워킹이 중요해진다. 메이커 스페이스가 가지고 있는 장비와 콘텐츠 정보를 공유하고 이용자들에게 제공해야 한다. 한국과학창의재단에서 운영하는 Makeall.com 사이트에서는 메이커 스페이스 정보와 메이커 커뮤니티, 메이커 프로젝트 등을 확인할 수 있다. 그러나 정보의 업데이트가 늦고 참여자가 적기 때문에 효율성에서는 의문이 든다. 사실 이러한 사이트는 교육기관, 창업 지원 기관과 연계하여 정보를 제공하는 것이 좋지만, 메이커를 위한 사이트이다 보니 메이커 스페이스를 통해 제작, 교육을 받고 싶은 초보 메이커들이 검색하기에는 어려움이 있다.

▲ 그림 18 메이커 프로젝트(출처 : makeall.com)

메이커 스페이스도 관광자원으로 활용할 수 있다. 2015년 발행된 'Tokyo Fabbers' Map'을 보면 도쿄에 있는 메이커 스페이스의 연락처가 기재되어 있다. 우리나라 메이커 스페이스 전체 지도를 만들기 어렵지만 시, 도 단위의 지도를 제작하여 관광 정보로 공유해도 좋다. 메이커 스페이스의 성장이 팹시티로 연결되어 지역 활성화에 기여할 수 있기 때문이다.

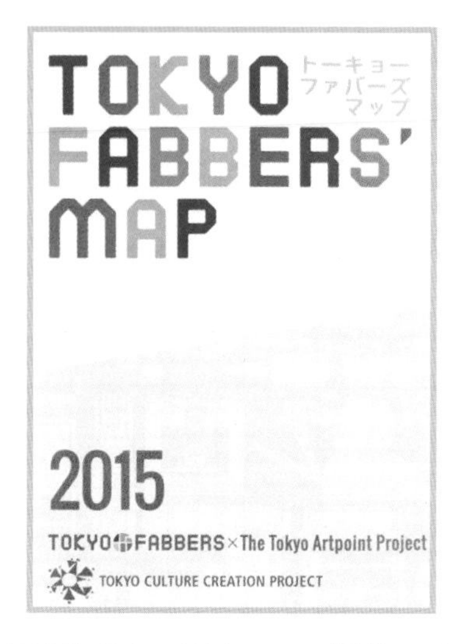

▲ 그림 19 Tokyo Fabbers map(출처 : tarl.jp)

메이커 스페이스가 지속적으로 발전하기 위해서는 자립을 위한 기반이 필요하다. 자립을 위한 방안은 여러 가지가 있겠지만, 기본적으로 고정비가 많이 들어가는 공간에 대한 문제가 해결되어야 한다. 정해진 사업비 내에서 공간을 임대하게 되면 임대료가 차지하는 비중이 높아지고 그다음 인건비가 대부분을 차지한다. 그러나 정부 및 지방자치 단체가 운영하는 창업보육센터나 대학의 시설이 메이커 스페이스가 된다면 임대료에 대한 부담이 줄어들고, 기관이 지원하는 사업과 연계할 수 있어서 사업지원의 성과를 높일 수 있다. 창업보육센터가 메이커 스페이스를 운영하기에 좋은 환경이지만 문제점이 없는 것은 아니다. 가장 큰 문제가 창업보육센터 입주기업에 한정되어 사용될 수 있다는 것이다. 이런 경우 예비 창업자나 취미, 개인 창작자가 창업보육센터에 구축된 메이커 스페이스를 이용하기 어렵다. 이러한 부분을 해결한다면 창업보육센터가 메이커 스페이스 활용 및 자립에 가장 좋은 조건이 될 수 있다.

▲ 그림 20 메이커

메이커 운동이 개인의 제작 활동에서 시작하여 창업까지 연결될 수 있지만, 현재 우리나라의 지방 소멸에 대한 지원과 연결한다면 더욱 확장이 가능하다. 지방 소멸에 대한 방법으로 팹시티가 있다. 팹시티는 '도시의 지속 가능성, 자급자족, 민주적 도시라는 기치 아래 국제적 도시 운동'으로 서울이노베이션팹랩에서 진행하고 있다. 그러나 메이커 기반 팹시티는 대도시보다 구, 군에 적합하다고 본다. 팹시티는 정부나 지방자치단체가 주도하는 것이 아니라 지역민이 자발적으로 참여하여 도시의 문제를 해결하기 위해 목표를 세우고 해결해 나가는 것이다. 지방 소멸이라는 문제는 대도시보다 지방, 구, 군 단위의 주민들이 더 느끼고 문제를 해결하기 위한 방법을 모색하고 있기 때문이다. 각 지역이 가지고 있는 자연, 문화, 산업 관련 장점을 살려서 주민의 자발적 참여로 메이커 활동이 성장한다면 새로운 팹시티 운동과 연결될 수 있다.

▲ 그림 21 팹시티 홈페이지(출처 : fab.city)

중소벤처기업부에서 지원하고 있는 메이커 스페이스 운영사업에서도 사업 지원자들의 자립에 대한 방안을 확인하고 있지만, 지원이 종료되는 시점에서 자립할 수 있는지는 많은 메이커가 물음표를 던지고 있다. 해외 사례를 보더라도 민간시설의 경우 소규모로 운영되는 시설은 지속적인 성장이 이루어지고 있지만, 정부 지원 시설의 경우 폐점하는 경우가 나타나고 있다. 일본의 메이커 스페이스 동향을 보면 잘 알 수 있다. 패버스로프트가 2018년에 공개한 '2015년 vs 2018년 도쿄 메이커 스페이스 비교' 자료에 보면 2015년 대비 폐점한 시설과 2018년에 유지되고 있는 시설의 차이는 각 시설만의 수익구조에 있었다. 또한 2020년 Fabcross에 공개된 자료에도 정부 지원 시설은 지원이 종료된 시점에서 폐업하고 시설의 수가 줄어든 것을 볼 수 있다.

PART 02

메이커 스페이스 구축

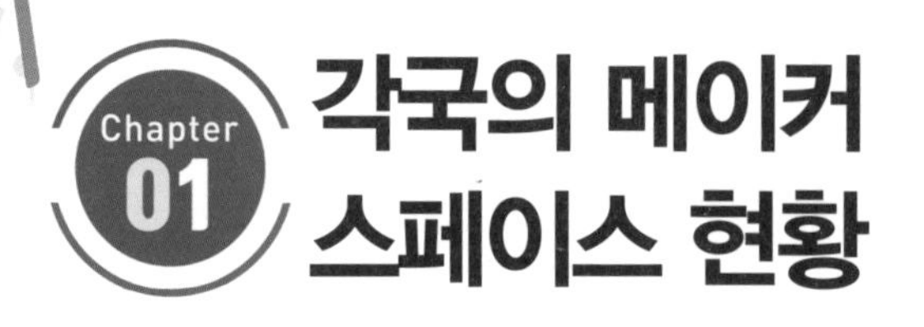

Chapter 01 각국의 메이커 스페이스 현황

메이커 스페이스를 구축하기 전에 '운영 목적', '운영 방식', '구축방법'에 대한 고민이 필요하다. 메이커 활동을 위한 메이커 스페이스이지만 지속적인 운영을 위해서는 기획 단계에서부터 앞에서 이야기한 부분을 정의해야 한다. 그렇지 않으면 메이커 스페이스의 존립에 대한 문제에 직면하게 되고 마지막에는 시설 폐쇄에 이르게 된다.

일본에서는 2015년 팹 시설이 80개소였으나 2018년 191개소로 증가하였으며 2019년에는 163개소로 전년과 비교하여 28곳이 감소하였고 2020년에는 코로나로 메이커 스페이스가 감소하였다. 그러나 2021년에는 2020년 대비 9개소의 시설이 증가하였으나 새롭게 추가되는 시설은 중 · 대형 시설이 아니라 소규모 시설이었다.

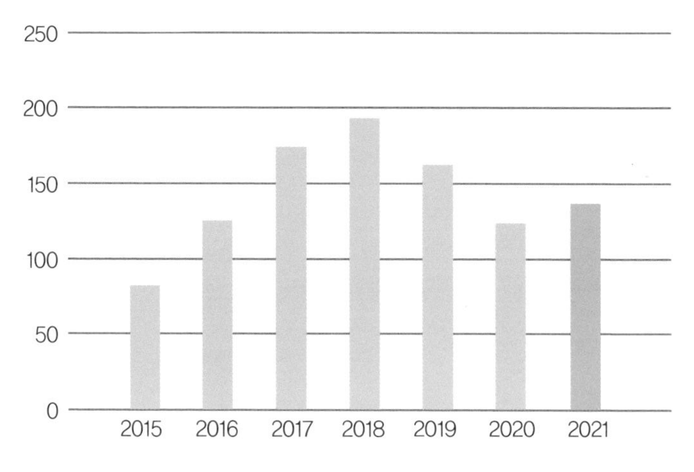

▲ 그림 22 일본 메이커 증감(출처 : www.fabcross.jp)

2019년 도시권 중·대형 규모의 메이커 스페이스의 폐점이 늘었다면 2021년에는 소규모 시설의 메이커 스페이스가 소폭 증가하였다. 2015년~2017년까지 메이커 문화와 커뮤니티의 가능성을 보고 시작한 메이커 스페이스의 이용자 증가가 적었고, 채산성 문제가 나타나면서 정부 과제나 소규모 시설로 바뀌고 있다. 또한 누구나 방문하여 사용할 수 있는 오픈형에서 회원제로 운영하는 폐쇄형으로 운영 방식을 변경하고 있다.

일본 팹랩의 시초인 팹랩 가마쿠라가 홋카이도 가리야마마치와 제휴해 공방 운영이나 인재 육성을 지원하는 협업이 늘어나고, 자치단체와 지역 기업이 중심이 되어 스타트업을 지원하여 공유 오피스와 같은 새로운 형태로 진화하고 있다.

중국의 경우 2015년 중국 제조 2025 전략을 통해 중국 경제를 저비용 노동력에 의한 경제발전에서 혁신 주도 경제성장으로 전환하고, 실업자 대책으로 메이커 스페이스를 통한 스타트업의 요람이 될 수 있다고 보고 정책을 추진하였다.

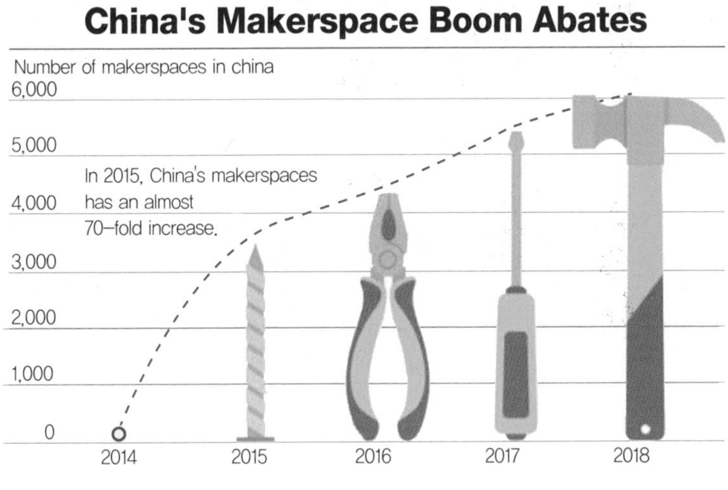

China's Makerspace Boom Abates
Number of makerspaces in china
6,000
5,000
4,000
3,000
2,000
1,000
0
In 2015, China's makerspaces has an almost 70–fold increase.
2014
2015
2016
2017
2018

▲ 그림 23 중국 메이커 스페이스 급증과 둔화를 나타내는 그래프(출처 : SIXTH TONE)

중국 정부의 정책과 보조금으로 메이커 스페이스는 급증하였고 메이커 스페이스를 기반으로 창업 후 성공한 다양한 유니콘 기업이 나타났지만, 실제 창업자를 위한 공동 작업 공간은 별로 없다고 한다. 2018년 8월 공식자료에서 중국의 메이커 스페이스는 5,500개소에서 2021년 11,640개로 늘어날 것으로 예측하고 있지만,

2016년 Britich Council의 보고서에는 메이커 스페이스라고 할 수 있는 공간은 100개소가 되지 않는다고 한다. 중국 정부의 정책과 보조금을 받을 목적으로 세워진 이름만 메이커 스페이스인 곳이 많다는 것이다.

한국 및 일본, 중국에서 성공적으로 운영되고 있는 메이커 스페이스의 경우 정부의 보조금을 활용하여 창업자를 위한 인큐베이팅, 엑셀레이팅, 공유 오피스 등 창업자를 위한 서비스 및 시설을 제공하거나 특화된 제조활동을 할 수 있도록 시설 또는 장비를 구축한 경우가 많다. 일본의 경우 초기 메이커 스페이스는 장비와 작업 공간을 빌려서 사용할 수 있는 메이커 스페이스가 많았다면, 2018년부터 메이커 스페이스의 본래 기능과 수익성과를 올릴 수 있는 공유 오피스가 포함된 시설이 늘어나면서 'Maker to Maker' 개념에서 창업 및 창업 지원의 성격을 가지는 시설이 생겼다.

▲ 그림 24 The C의 라운지 모습(도쿄, 일본)

한국처럼 대부분의 메이커 스페이스가 백화점 방식으로 다양한 지원을 위한 시설 및 장비를 구축한 경우, 다양성을 위한 프로그램 기획, 운영에서부터 어려움을 겪고 시설 운영을 통한 수익성이 높지 않아 운영을 중단하거나 운영 방식을 전환하는 경우가 많다. 한국과학창의재단에서 운영하는 '메이커올(www.makeall.com)'에 소개된 전국의 시설을 보더라도 대부분 비슷한 형태로 구축되어 있다. 이러한 시설들은 보편적인 교육이나 체험활동에는 좋지만 창업, 창작을 위한 이용자들이 매력을 느낄 수 없는 시설이다.

▲ 그림 25 makeall.com 메이커 스페이스 검색 결과

초기 메이커 문화가 DIY 문화의 확장된 개념이었다면, 창업기업에 대한 지원이 확대되면서 메이커 활동은 문화에서 창업으로 변화하게 된다. DMM.make의 총괄 프로듀서인 오가사와라 오사무의 책에서도 메이커 활동이 창업으로 연결되는 사례에 대한 내용들이 설명되어 있다. 마크헤치의 '메이커운동 선언'에서는 Techshop 이용자들의 창업 사례가 나오는 것처럼 자신이 좋아하는 일 또는 활동이 직업이 될 수 있는 곳이 메이커 스페이스이기도 하다.

▲ 그림 26 메이커스 진화론
(오가사와라 오사무作)

▲ 그림 27 메이커 운동 선언
(마크 해치作)

미국의 오바마 정부에서도 열심히 홍보하던 Techshop의 경우 2017년 파산하였다. 각국의 정부에서도 창업과 연계된 메이커 활동과 시설을 지원하는 상황에서 파산은 상당한 충격이었다. Techshop은 시설을 운영하기 위한 수익모델도 확실하게 가지고 있었지만, 보통의 메이커 스페이스가 정부나 자선단체의 지원으로 비영리로 운영되면서 민간기업이 주축이 되어 유료회원제로 운영되는 Techshop은 파산할 수밖에 없었다. 국내뿐만 아니라 해외의 경우에서도 메이커 시설 운영에 필요한 재원을 직접 마련하거나 후원 또는 지원을 받지 못한다면 메이커 스페이스를 유지하기는 어려울 것이다.

Chapter 02 메이커 스페이스 구축 시 필요한 것

1 메이커 스페이스 운영 목적

메이커 스페이스의 운영 목적을 설정하지 않고 메이커 스페이스를 구축한다면 지속적인 운영을 하지 못할 수도 있다. 일단 운영에 필요한 자본을 충당하는 것에서부터 문제가 생긴다. 정부기관이나 지방자치단체, 기업의 후원으로 운영된다 하더라도 지원이 계속되지 않을 수 있기 때문에 메이커 스페이스가 자생할 수 있는 방법을 찾아야 한다. 그렇기 때문에 설립 초기에 운영 목적을 정확하게 설정하는 게 좋다.

[표 3] 메이커 스페이스 운영 목적 분류

메이커 유형	내용
Zero to Maker	메이커 활동에 관심을 가지고 참여
Maker to Maker	메이커 활동을 바탕으로 메이커 간 협력
Maker to Market	메이커 활동과 성과가 사업화로 발전

위의 표에서 알 수 있듯이 메이커 스페이스는 크게 3가지 유형으로 볼 수 있다. 각각의 형태로 운영될 수도 있지만, 2가지 이상의 목적이 중복된 형태로 운영하는 경우도 있다. 중소벤처기업부에서 공모하여 운영하는 메이커 스페이스의 경우 '일반 랩', '특화 랩', '전문 랩'으로 구분하고 있지만, 시설 규모 또는 이용자에 대한 지원 내용에 대한 구분으로 보는 것이 맞다.

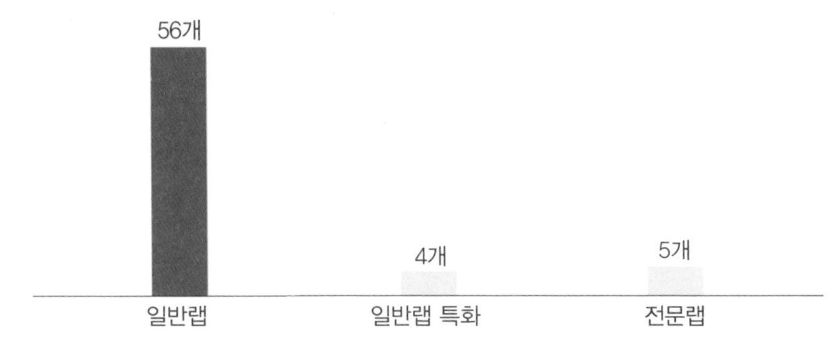

▲ 그림 28 2018년도 설립된 메이커 스페이스 구축 현황
(출처 : 2020 메이커 스페이스 구축·운영사업 성과조사)

메이커 스페이스의 운영 주체가 어떤 곳이 되더라도 지속적인 운영을 위해서는 영리를 추구해야 한다. 그러나 '2020 메이커 스페이스 구축·운영 성과 조사' 결과에서 보듯이 비영리기관이 37개, 영리기관이 28개로 나타났다. 일본의 IID(Ikejiri Institute of Design)의 사례만 보더라도 도쿄 세타가야구와 연계하여 메이커 스페이스의 기능과 함께 공유 오피스, 시설 단기 임대를 통해 수익을 창출하고 지속적으로 운영하고 있다.

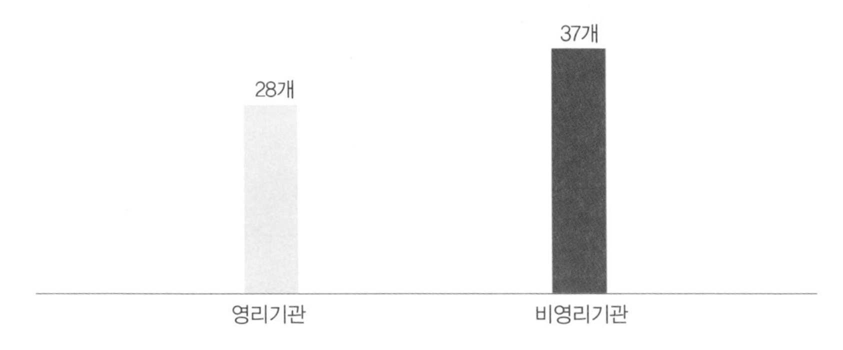

▲ 그림 29 2018년도 설립된 메이커 스페이스 영리 유무별 현황
(출처 : 2020 메이커 스페이스 구축·운영사업 성과조사)

메이커 문화가 하나의 트렌드로 끝나지 않고 새로운 패러다임으로 정착하려면 기본적인 영리를 추구하는 방향으로 운영할 필요가 있다.

1 Zero to Maker

가장 기본이 되는 메이커 스페이스로 1단계 메이커 스페이스라고 할 수 있다. 이전부터 메이킹 활동을 하는 이용자와 인터넷 등을 통하여 관심을 가지고 참가하는 이용자가 주를 이루는데, 기본적인 장비 사용법과 제작 방법을 배울 수 있다. 기본적인 메이커 시설이면서 '메이커 문화 확산'의 전초기지이기도 하다.

'Zero to Maker' 기반 메이커 스페이스는 체험 프로그램을 주로 운영하며 프로그램에 따라서 기간제로 교육을 진행한다. 지속적인 활동을 원하는 메이커에게는 적당하지 않지만, 메이커 활동을 처음 접하는 이용자에게 꼭 필요한 시설이다. 기본적인 장비 체험에서부터 사용법 관련 교육이 많으며, 메이커 문화 확산을 위한 다양한 체험 프로그램도 운영한다.

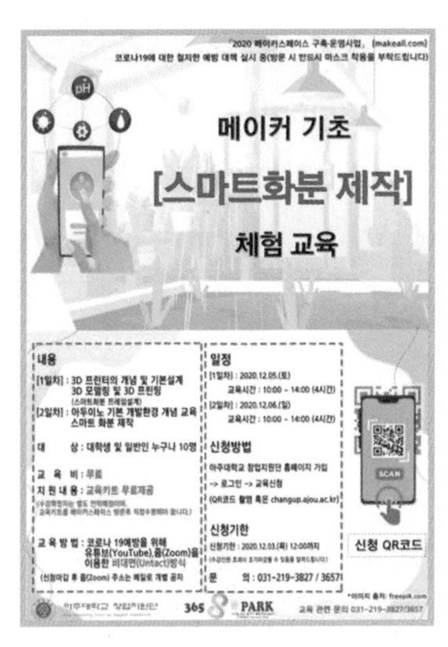

▲ 그림 30 메이커 스페이스 체험 프로그램

(출처 : https://www.google.com)

체험 프로그램의 경우 장비 사용법 교육에서부터 하나의 제품을 만들어 보는 것까지 다양하다. 메이커 스페이스에서 다양한 체험 프로그램을 준비하고 운영하고 있지만, 이용자 측면에서 바라보면 대부분 비슷하게 운영되고 있다. 2020년 이후 도서관에 구축된 메이커 스페이스의 경우 다양한 만들기 체험 프로그램을 진행하면서 콘텐츠의 다양화에 기여하고 있다.

메이커 스페이스를 운영하는 데 있어서 이용자들이 불편하게 생각하는 부분 중 하나가 운영시간이다. 대부분의 메이커 스페이스는 일반적인 업무시간, 즉 오전 9시부터 오후 6시까지 운영하고 신청자가 있을 경우 야간에도 운영하는 경우가 대부분이다. 학생, 가정주부 등의 이용자는 일과시간에 이용이 가능하지만, 직장인의 경우 연차, 휴가 등을 사용하지 않는다면 메이커 스페이스를 이용하기 어렵다. 전문 랩 등에서 야간에도 이용할 수 있게 지원하고 있지만, 이용자 입장에서는 이러한 시설들이 확대되어야 한다.

Zero to Maker 유형의 시설이 지속적으로 발전하려면 각 시설만의 색깔이 필요하다. 모든 분야를 지원할 경우 보편적인 지원은 가능하지만, 타 시설과 비교했을 때 경쟁력을 가지기 어려울 수 있다. 그래서 메이커 스페이스 운영자 또는 운영 주체가 가장 잘 지원할 수 있는 한 가지 이상의 분야에 대한 전문화된 메이커 스페이스(전문 랩과 다른)로 구성하는 게 좋다. 도쿄 미나토구에 있는 'Happy Printers' 메이커 스페이스의 경우 UV 프린팅과 라텍스 프린팅에 특화된 시설이다. 또한 다양한 텍스타일 데이터를 거래할 수 있는 'Happy Fabric' 사이트를 운영하여 메이커의 경제활동을 지원하고 있다. Happy Pritners는 'Zero to Maker'와 'Maker to Market'의 유형을 모두 가지고 있다고 할 수 있다.

▲ 그림 31 Happy Printers(미나토구, 토쿄)

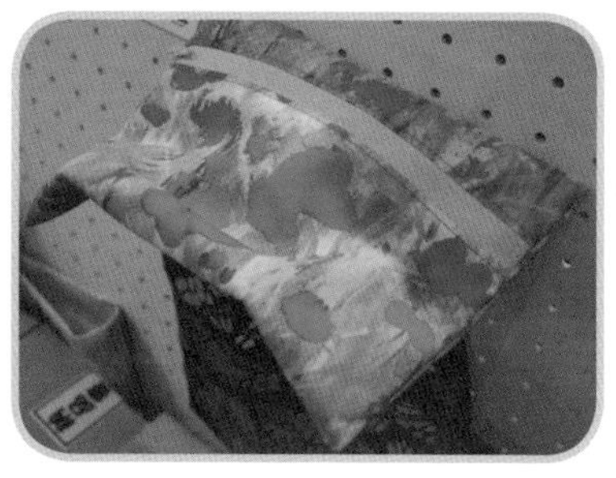

▲ 그림 32 Happy Printers 라텍스 프린팅 제품

▲ 그림 33 Happy Printers UV 프린팅 제품

Zero to Maker 유형의 메이커 스페이스의 수익원은 정부, 지방자치단체의 지원금과 이용자들이 내는 체험비, 장비 이용료 또는 교육비가 대부분이다. 장비 이용료의 경우 메이커 문화 확산을 위하여 초창기부터 무료로 장비와 재료를 지원했기 때문에 유료 전환에서 오는 이용자들의 거부감이 크다. 그렇기 때문에 메이커 스페이스는 시설의 전문화를 통하여 비용에 대한 가치를 인식시켜야 한다.

메이커 스페이스 홍보 및 운영을 위한 비즈니스 모델에는 기본적으로 교육부에서 운영하는 '꿈길' 사이트에 메이커 스페이스에서 진행하는 프그램을 소개하고 모집하는 방법이다. '꿈길' 사이트는 진로체험을 할 수 있는 기관 및 시설에 대한 소개와 수업을 신청할 수 있다. 중학교 자유학기제가 전면 실시되면서 자유학기제 프로그램을 운영해야 하는 교사들과 자녀에게 다양한 체험을 해주고 싶어 하는 부모들이 이용하고 있기 때문에 홍보효과와 프로그램 운영을 통한 수익을 얻을 수 있다.

2 Maker to Maker

메이커 스페이스에서 메이커 간 협력이 이루어지는 단계로, 취미 제작 활동일 수 있고 창업을 위한 제품 개발일 수도 있다. 아직은 대부분의 메이커가 독자적인 제작 활동을 하기 때문에 쉽지는 않다. 그러나 대구 모바일융합센터에서는 교육과정을 운영하면서 교육에 참가한 교육생을 대상으로 동호회를 구성할 수 있도록 지원하였고, 이들 동호회에서 단일 프로젝트를 진행하기도 하였다. 특히 전자 관련 동호회가 유명한데, 교육 종료 후 메이커 스페이스에 정기적으로 모여서 개인 또는 그룹 간 제작 활동을 하고 각 기관에서 진행하는 다양한 대회에 참가하여 우수한 성적을 거두었다. 관심 또는 취미로 시작하여 실력이 쌓이고 아이디어를 발굴하고 만들어 보는 과정에서 창업으로 연결할 수도 있다.

▲ 그림 34 대구 모바일융합센터 해커톤(2018년)

COVID-19로 인하여 행사가 중단되었지만 'Maker Fair 서울' 행사도 메이커 관련 공개 행사 중 가장 큰 행사이다. 전국 각지에서 활동하는 메이커들이 모여서 자신의 창작품들을 소개하는 행사로 많은 참가자와 관람객이 방문하는 행사이다. 이런 행사를 통해 메이커 간 교류와 협업을 할 수 있는 기회가 생긴다.

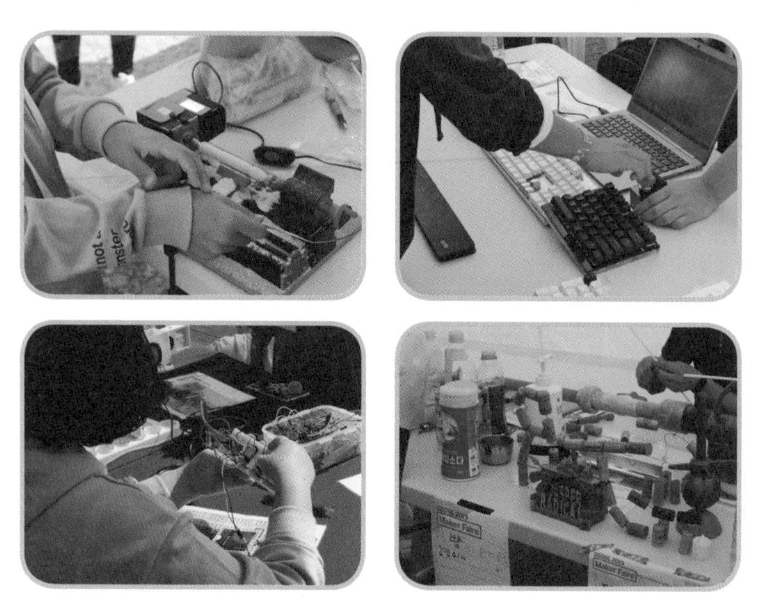

▲ 그림 35 2019년 메이커 페어 서울

부산에서는 팹몬스터(Fab Monster)에서 주관하는 'Hello Maker 부산(이하 헬로 메이커)'도 큰 행사이다. 헬로메이커는 COVID-19 상황에서도 온라인과 오프라인으로 진행하여 많은 메이커들이 참가할 수 있는 교류의 장을 마련하였다.

▲ 그림 36 2019년 헬로 메이커(출처 : ily.co.kr)

▲ 그림 37 헬로메이커 포스터(출처 : hello–maker.org)

그 외 서울시 교육청, 부산시 교육청에서 진행한 학생 메이커 행사들이 있다. 서울시 교육청의 경우 '서울학생 메이커괴짜' 축제를 진행하였다. 메이커는 남녀노소 누구나 될 수 있고 학생들의 경우 창의력 및 탐구력을 향상시킬 수 있고 주도적 진로 탐색 기회를 제공하기 때문에 많은 학교들이 관심을 가지고 있고 학생들의 참여도 활발하다.

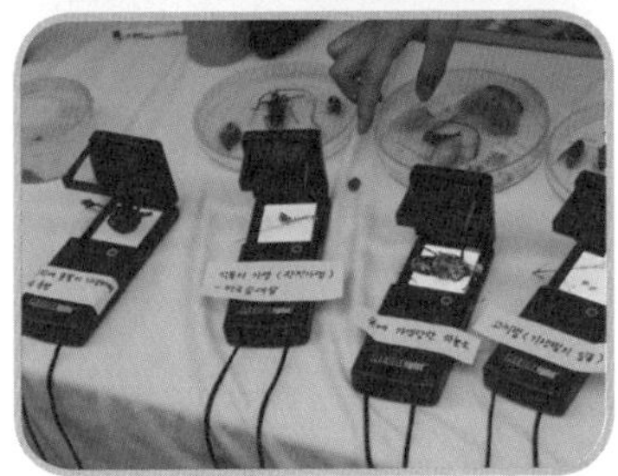

▲ 그림 38 서울학생 메이커괴짜축제(2019년)

부산교육청의 경우 학교 내 무한상상실 보급사업을 통해 약 50%의 초·중·고등학교에 메이커 스페이스를 설치하였다. 다른 지역과 달리 학교 내 메이커 스페이스를 활용하여 학생들의 동아리 활동, 자유학기제, 창·체 활동에 활용하고 있다. 구축된 장비를 보면 학교마다 다양한 구성으로 이루어져 있어 학생들이 주도적으로 할 수 있는 환경이라고 할 수 있다. 또한 매년 '창의·융합 페스타'와 '메이커랑 놀자' 행사를 진행하여 학교별 메이커 스페이스에서 만든 작품들을 소개하고 설명하는 행사를 진행하고 있다. 실제로 이런 행사에 참여하기 위하여 학생들이 제작 활동을 진행하면서 고등학생의 경우 자신의 진로를 주도적으로 선택하여 좋은 결과를 낳았다. '메이커랑 놀자'의 경우 운영집행부가 부산 시내 고등학생으로 이루어져 있어서 학생주도형 행사라는 게 특징이다. 교사와 교육청은 자문 및 자금, 행정업무를 담당하고 학생들이 준비에서부터 진행까지 준비하는 행사이다.

▲ 그림 39 창의·융합 페스타 체험부스(2019년)

메이커 스페이스에서 메이커 사이의 교류가 있어야 하지만 그렇지 못하다. 그나마 일부 메이커 스페이스에서 간헐적으로 교류회를 진행하고 있는데, 이러한 교류회를 기반으로 메이커 간 협업을 통해 창업으로 연결되어야 한다. 메이커 간 협업을 위해서는 메이커 스페이스가 열린 공간이 되어야 한다. 물론 지금도 많은 이용자들에게 열려 있지만, 초보 또는 예비 메이커가 도움과 정보를 얻을 수 있고 제작 활동에 지원을 아끼지 않는 교류회를 정기적으로 개최하여 메이커 문화가 정착될 수 있도록 노력해야 한다. 메이커 간 교류 및 협업을 위해서 메이커 스페이스를 거점으로 하는 동아리 육성이 좋은 방법이다. 메이커 스페이스에서 프로젝트를 제시하고 관심 있는 사람들이 각 프로젝트에 참여할 수 있는 동아리 육성이 필요하다. 실제로 노동부사업을 통해 시니어 대상 메이커 전문가 양성과정을 통해 교육 수료생들이 동아리를 만들었다. 이들은 창업보다는 메이커 활동에 뜻을 두고 다양한 창작품을 만들었고, 이렇게 만들어진 작품을 2018년에 전시회까지 진행하였다.

3 Maker to Market

Maker to Market은 창업 또는 창작과 연관되어 있다. 메이커 스페이스가 모든 제작을 도울 수는 없지만 시제품을 제작하는 데 도움을 줄 수 있다. 기본적으로 3D 프린터가 있다면 개발 단계에서 목업을 만들 때 도움이 된다.

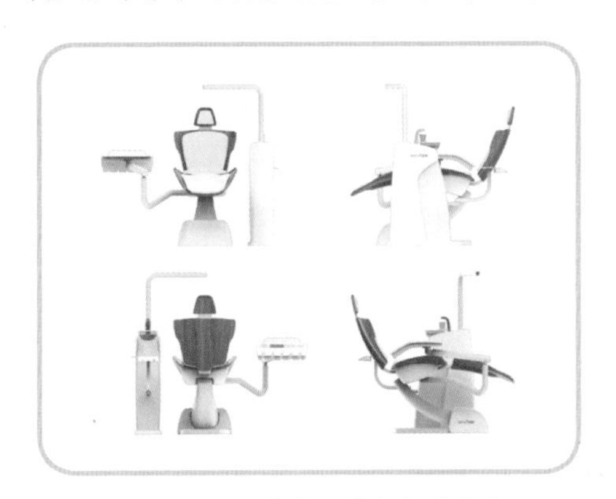

▲ 그림 40 시제품 렌더링 이미지

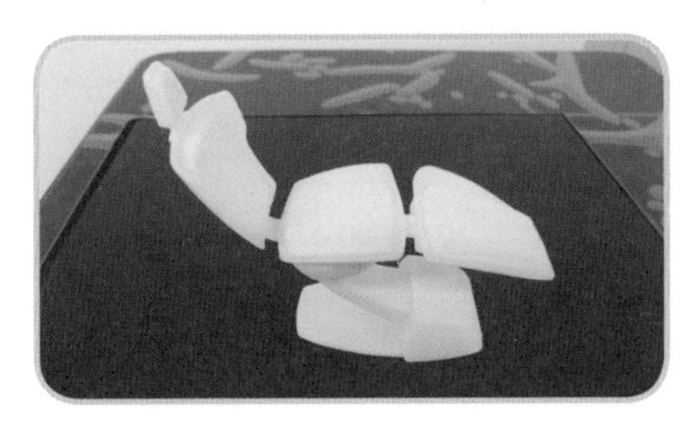

▲ 그림 41 목업(3D프린터 출력)

1:1 크기로 만들 수 없는 경우에도 가능하며, 디자인적인 부분이나 제품의 구조 등을 확인할 수 있다. 이처럼 메이커 스페이스는 이용자들의 제작 활동을 지원하면서도 창업자, 기업의 개발에 꼭 필요하다. 메이커 스페이스를 통한 창업 사례는 마크 헤치의 '메이커 운동 선언' 책에 많이 소개되어 있는데, 생활소품에서 공예품 그리고 하이테크 제품 개발을 통한 창업 사례이다. 국내에 하이테크 제조를 지원할 수 있는 메이커 스페이스가 드물지만, 대신 중소벤처기업부에서 운영하는 시제품 제작터가 그 기능을 대신하고 있다. 지역 중소기업청에서 운영하는 시제품 제작터에 따라 구축된 장비가 다르기 때문에 이용 전 확인이 필요하다. 메이커 스페이스가 모든 장비를 구축할 수 없기 때문에 운영자는 다양한 정보를 가지고 있어야 하며 이용자에게 제공할 수 있어야 한다.

메이커 스페이스를 이용하여 창업하는 것은 쉽지 않다. 구축된 장비가 부족할 수 있지만 메이커 스페이스 운영자가 이용자가 문의하는 분야에 대하여 알고 있는지, 그리고 정보를 제공할 정도인지가 중요하다. 현재 메이커 스페이스의 운영인력은 메이커 활동을 지원하는 '전문 메이커'와 '시설 운영 지원'으로 나눌 수 있다. 전문가를 항상 메이커 스페이스에 상주시킬 수도 없기 때문에 지역의 제작 전문가, 기업 등의 인력풀을 확보하여 자문을 받을 수 있도록 인적자원 데이터를 구축해야 하고 창업을 위한 정보를 제공할 수 있어야 한다. (사)한국창업보육협회에서 주관하는 '창업보육전문매니저' 자격을 갖춘 인력이 필요할 수 있다. 최근 메이커 활동을 하면서 창업에 대한 컨설팅을 하는 전문 메이커들이 정확한 정보 전달을 위해서 '창업보육전문매니저', '경영지도사', '기술거래사' 등의 자격을 취득하기도 한다. 이러한 HW, SW, 인력이 구축되었을 때 'Maker to Market'이 제대로 이루어질 것이다.

▲ 그림 42 창업보육전문매니저 교재(2020년)

메이커 스페이스가 창업과 연계하기 위해서는 제작 시설만큼 입주공간도 필요하다. 메이커 활동 목적이 취미라면 개인 사물함 정도면 되지만, 창업을 준비하거나 창업자라면 제작 활동의 편리성을 위해서 입주공간이 필요하다. 이러한 내용을 보면 창업보육센터가 'Maker to Market'에 적합할 수 있다.

개발 또는 제작이 완료된 제품을 판매하기 위한 마케팅 지원이 필요하다. 메이커가 어렵게 개발한 제품이 하이테크 제품이거나 트렌드에 맞는 제품이라면 그나마 마케팅 방법이 쉽겠지만 그렇지 않다면 마케팅 전략 수립에서 좌절할 수 있다. 최근 라이브 커머스가 확산되면서 자신만의 유통채널을 구축할 수도 있고 온라인 스토어나 오픈마켓을 이용할 수도 있다. 물론 쉽지 않지만 창업보육센터의 교육 커리큘럼에 이러한 자원을 활용할 수 있는 마케팅 교육을 진행하고 있기에 시장에 출시할 제품을 만드는 메이커는 꼭 들어야 하는 과정일 수 있다.

▲ 그림 43 마케팅 교육 포스터(출처 : https://www.google.com)

메이커는 온라인 또는 오프라인을 통해서 다양한 창작품 또는 새로운 제품을 개발하여 판매할 수 있다. 카카오 메이커스 및 와디즈에서는 메이커를 위한 판매 및 클라우드 펀딩을 할 수 있도록 지원하는데, 카카오페이커스는 '낭비 없는 생산, 재고 없는 제조업'이라는 비전을 가지고 지원하고 있다.

▲ 그림 44 카카오메이커스 화면

카카오메이커스는 상품화가 완료된 제품을 공동구매처럼 주문할 수 있다. 와디즈의 경우 클라우드 펀딩 사이트로 간단하게 소개하자면, 제품 개발이 완료되었거나 진행 중인 상태의 제품을 프로젝트로 신청하고 목표금액을 설정한다. 그리고 목표금액에 도달하면 프로젝트를 실시하고 지정한 날짜에 제품을 배송하면 된다.

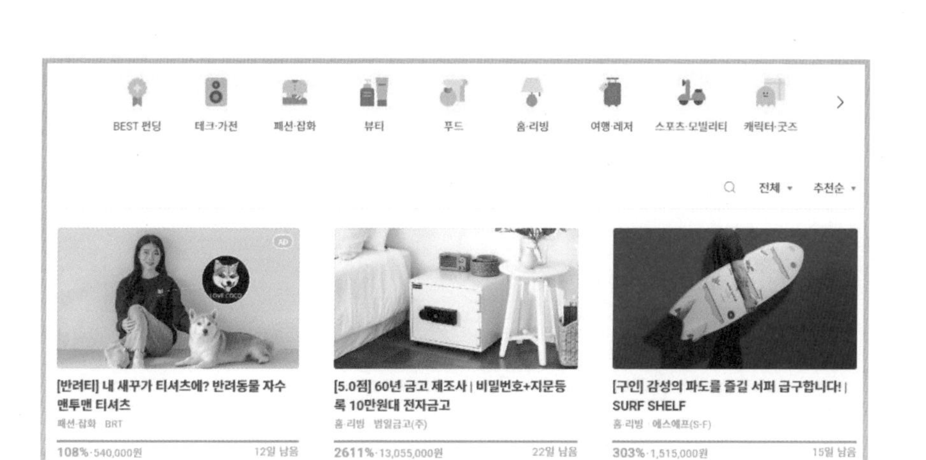

▲ 그림 45 와디즈 화면(출처 : wadiz.kr)

▲ 그림 46 와디즈 펀딩 화면

위에서 언급한 것처럼 메이커 스페이스 운영 목표가 문화 확산을 넘어 창업(지원)이라면 제작 관련 시설 외에 다양한 교육과 정보가 필요하다. 이러한 준비가 된 메이커 스페이스가(디지털) 제조산업의 부흥을 이끌 수 있는 거점이 될 수 있다.

2 메이커 스페이스 장비

메이커 스페이스 구축에 있어서 시설의 위치와 함께 중요한 것이 장비이다. 메이커 스페이스 구축 초기에는 제조 창업 기반의 장비를 주축으로 장비를 구축하였다. 물론 지금도 디지털 공작기계 기반의 장비를 구축하는 것이 좋지만, 메타버스에 대한 관심과 MZ세대의 특성을 고려하여 장비를 선정하는 것이 좋다.

장비 도입을 위한 심사위원회에 참석해 보면 메이커 스페이스의 운영목표가 불확실하여 다양한 장비를 나열하는 구성이 많다. 또한 비싸고 사용이 어려운 장비만 고집하는 경우가 있다. 물론 산업용 고가의 장비도 필요하지만, 메이커 스페이스는 이용자가 방문하여 장비를 사용해서 결과물이 나와야 하는 시설이기 때문에 장비를 구성하는 데 있어 타깃 이용자층에 대한 선정이 필요하다.

메이커 스페이스 일반 랩의 경우 3D프린터, 레이저 조각기, 소형 3D 스캐너, 컴퓨터 또는 노트북 외 기타 공구로 구성된다. 이러한 장비를 구성하면 차별성을 부여하기 어렵지만 일반적인 구성으로 보통의 체험교육을 진행할 수 있다. 그러나 메이커 문화 확산을 위한 체험 프로그램만 소화할 수 있다는 것이 문제이다.

FFF방식 3D 프린터 비교

제품명	신도리코 DP-101	신도리코 DP-102	큐비콘 스타일	모멘트 1
작동방식	FFF방식	FFF방식	FFF방식	FFF방식
가 격	143만원(조달)	197만원(조달)	165만원(인터넷)	198만원(인터넷)
노즐직경	0.4mm	0.4mm	0.4mm	0.4mm
출력사이즈	150x150x180mm	200x200x185mm	150x150x150mm	145x145x160mm
사용재료	1.75mm 전용 필라멘트		1.75mm 필라멘트	1.75mm 필라멘트
소프트웨어	3DWox DeskTop(전용)		큐비콘 전용SW	CURA. Simplify 3D
특 징	설치 외 사용교육(2시간) 별도 진행 신도리코 전국 A/S LCD 터치 방식 인터페이스 필라멘트 카트리지형 자체제작 교육용 PPT 제공		큐비콘 A/S LCD 스크린 필라멘트 외부장착	모멘트 A/S LCD 스크린 필라멘트 외부장착

CO2 레이저 조각기 비교

제품명	MT-6040R-F	MT-4030-F
레이저방식	CO2	CO2
가 격	660만원(학교장터)	380만원(학교장터)
출력	80W	50w
작업사이즈	600x400mm	400x300mm
사용재료	MDF. 합판. 아크릴. 종이. 코르크 외 비철금속류	
소프트웨어	LASERCAD	
특 징	AWC 700번대 메인보드 그래픽 LCD 화면. USB 인터페이스 설치 외 사용자 교육(2시간) 별도 칠러(냉각수교환장치). 기본환기장치 포함 자체제작 교육용 PPT 제공	

페이퍼 커터 비교

제품명	실루엣 큐리오 세트	실루엣 카메오 세트
작업영역	최대 A4	최대 A3
가 격	50만원	60만원
프로그램	실루엣 스튜디오 4.0 (번들SW)	
사용재료	150g 이상 종이, 시트지, 전용지 외	
특 징	커팅, 엠보싱, 디보스	커팅
구 성	실루엣 큐리오 본체 A4 베이스 세트 A4 커팅 매트 5장 수동 블레이드 2개 실루엣 도구 세트 머메이드지(흰색) 150g 200장 설치 시 사용자 교육 2시간	실루엣 카메오 본체 A4 베이스 세트 12x12 커팅 매트 5장 자동 블레이드 2개 실루엣 도구 세트 머메이드지(흰색) 150g 200장 설치 시 사용자 교육 2시간

아두이노 키트 비교

제품명	아두이노 기초 키트	인벤터 키트	아두이노 보드	아두이노 세트
가 격	13.9만원	20만원	2.2만원	5만원 ~ 15만원
특 징	일체형 회로구성 불필요 스크래치, 스케치 가능 확장보드 사용가능 기초 교육에 적합	키트형 회로구성 불필요 스크래치, 스케치 가능 기계, 로봇관련 교육 기초 교육에 적합	아두이노 단품 제품 제작에 적합	센서, 모터 등 포함 회로구성 필요 중급이상 교육에 적합
구 성	아두이노 우노 문자 LCD, 버튼 스위치, 7세그먼트, RGB LED, LED, 피에조 부저, 가변저항, 온도센서, 조도센서 자체 제작 교재 제공	ME 오리온 보드 서보모터, DC모터 초음파센서, 온도센서, RGB LED, 조도센서, 조이스틱 외 자체 제작 교재 제공	아두이노 우노	아두이노 우노 문자 LCD, 각종 센서류, 모터류 브레드 보드, 저항 외

▲ 그림 47 무한상상실 장비구축 가이드(출처 : 패버스로프트)

시제품 제작을 지원하기 위해서 산업용 또는 전문 장비도 필요하다. 그러나 모든 분야의 장비를 구축하기 어렵기 때문에 구축하고자 하는 메이커 스페이스의 분야에 대해서만 전문 장비를 구축하는 것이 좋다. 메이커 스페이스에 백화점식으로 다양한 장비를 도입한 경우가 있다. 종류가 많은 것은 좋지만, 예를 들어 FFF 방식 3D프린터를 구축한다면 1개 회사의 제품으로 구성하는 것이 좋다. 어떤 시설에는 여러 회사별 프린터를 구축한 경우가 있는데, 이런 경우 3D프린터 슬라이스 프로그램(G-Code 작성)이 달라서 3D프린터에 따라서 설명해야 하거나 이용자가 동일한 사용법인 줄 오인하고 작동시켜 고장 나는 경우가 있다. 그래서 동일 장비에 대해서는 단일 회사 제품으로 구성하는 게 좋다.

▲ 그림 48 대형 FFF 방식 3D프린터(출처 : Makerville)

산업용 3D프린터의 경우 전문적인 관리가 필요하다. 특히 장시간 사용하지 않을 경우 제조사의 점검이 필요하다. 실제로 고가의 Material Jetting(재료 분사 방식) 3D프린터의 경우 재료 카트리지가 장착된 상태에서 오랜 시간 사용하지 않으면 노즐이 막혀서 헤드를 교체해야 하기 때문에 산업용 장비일수록 제품보증 및 지원 기간을 확인할 필요가 있다.

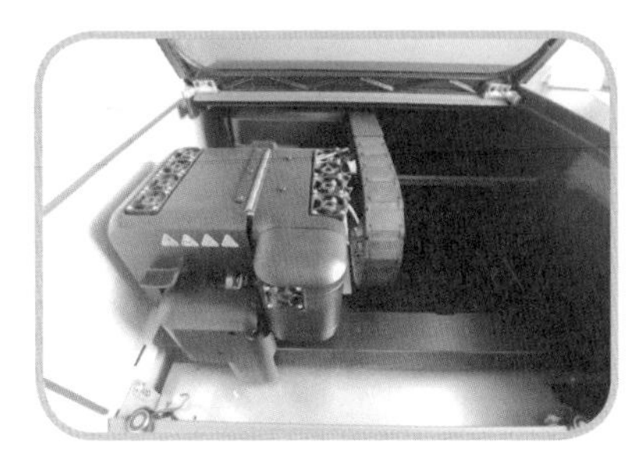

▲ 그림 49 시운전 후 사용하지 않은 경우

산입용 장비의 경우 대부분 후처리를 위한 세척 용액, 건조장치 등 다양한 부속품도 포함되어 있다. 이런 장비들 또한 관리가 필요하다.

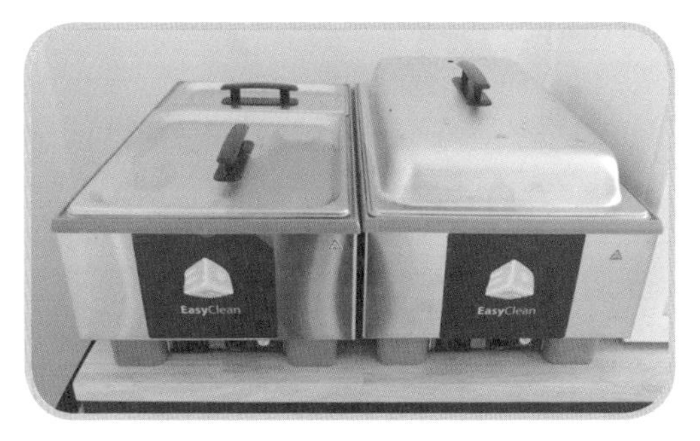

▲ 그림 50 재료 분사 방식 세척용 키트

레이저 조각기(또는 커터)의 경우 비철금속 재료를 사용할 수 있는 제품을 사용한다. 고가의 Trotec, Universal 등의 제품을 제외하고는 중국산 제품인 경우가 많다. 레이저 커터는 장비 자체 크기가 있기 때문에 설치하려는 공간을 고려해야 하며, 설치 시 출입문이 있는 경우 구매한 레이저 조각기의 크기에 따라서 출입문을 통과하지 못해 유리창 또는 기계를 분리하는 경우가 있다. 기계를 분리한다면 재조립 시 정밀도 또는 부품 간 결합에 문제가 생길 수 있기 때문에 설치 전 확인이 필요하다.

▲ 그림 51 대형 장비가 들어 올 수 없는 구조

레이저 커터는 대부분 CO_2 방식의 레이저 튜브를 사용하는데, 절단작업에 유리하지만 각인 작업에는 정밀도가 낮기 때문에 레이저 마킹기를 추가로 사용하는 경우가 있다. 재료의 절단은 레이저 커터를 사용하고 재료에 그림, 글자를 레이저 마킹기를 이용한다. 레이저 마킹기는 금속에도 각인 가능하고 추가 옵션에 로터리베드를 사용하면 둥근 재료 유리병, 원형봉 등에 각인이 가능하지만, 레이저 커터마다 추가 옵션이 존재하기 때문에 포함 여부를 확인해야 한다.

▲ 그림 52 레이저 각인기 작동

페이퍼 커터, 비닐 커터의 경우 종이를 재료로 사용하는 장비로 A4 크기에서 더 큰 용지 또는 롤(Roll)지를 사용할 수 있다. 이러한 장비는 컴퓨터를 이용해서 제어하게 되는데 3D프린터, 레이저 커터의 경우 직접 연결하지 않고 USB 메모리에 데이터를 저장하여 작동시킬 수 있지만, 페이퍼 커터는 그렇지 못하다. 블루투스 방식으로 연결이 가능하지만 사용하기 불편하기 때문에 잘 사용하지 않는다.

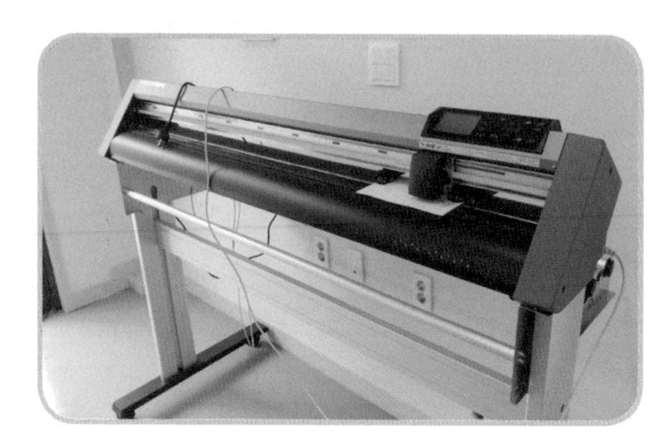

▲ 그림 53 비닐 커터

홈패션 및 의상 제작을 위한 재봉틀이 있다. 대부분의 시설에서 이용자들이 사용하기 쉬운 가정용 재봉틀을 설치한다. 그러나 공업용 재봉틀이 설치된 곳도 있는데 실제 관리자에게 물어보면 공업용은 거의 사용하지 않는다고 한다. 그리고 가정용 재봉틀의 경우 가격이 10만 원대부터 있어서 메이커 스페이스 교육과정 수료 후 집에서 계속해서 메이커 활동이 가능하다. 교육 후 메이커 활동의 연속성을 위해서라도 가정용 재봉틀이 편리하다.

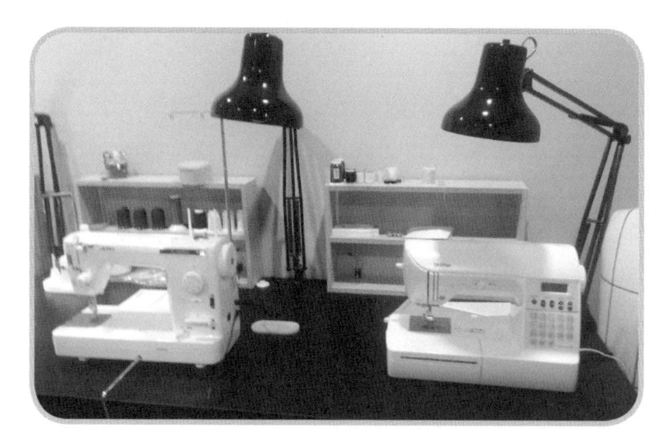

▲ 그림 54 가정용 재봉틀

재봉틀 외 컴퓨터 자수기를 사용하기도 한다. 컴퓨터용 자수기의 경우 장착 가능한 실의 개수에 따라서 가격이 달라지며, 제조사에서 제공하거나 별도로 구매한 도안이 아닌 직접 디자인한 데이터로 작업하려면 별도의 프로그램이 필요하다.

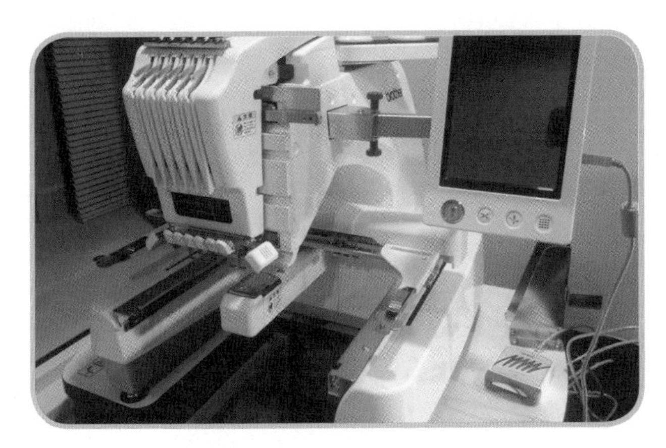

▲ 그림 55 컴퓨터 자수기 6색

CNC 장비의 경우 가공 시 발생하는 분진과 소음에 대한 대비가 없다면 도입을 하면 안 되는 장비로, 회전 칼날을 이용하여 재료를 절삭하는 방식이기 때문에 별도의 공간을 확보해야 한다. 대부분의 메이커 스페이스에서 사용하고 있는 CNC는 CNC 라우터 또는 CNC 밀링이며, 금속 작업보다는 나무 또는 수지 재료를 많이 사용한다. 소형과 3축, 4축 CNC가 있고 가공할 수 있는 높이가 다르기 때문에 구입 전 가공 영역에 대한 확인이 필요하다.

▲ 그림 56 CNC장비(마차리팹랩)

▲ 그림 57 소형CNC(Makerville)

진공성형기를 도입하는 시설이 늘어나고 있는데, 진공성형기로 만들 수 있는 것은 포장과 몰드를 제작할 때 많이 사용한다. 물론 제품의 커버를 만들 때도 사용할 수 있다. 얇은 플라스틱 또는 카본 필름에 열을 가하고 대상물에 눌러서 형상을 복사한다고 할 수 있으며 대상물은 3D프린터, CNC로 제작된 물건이다.

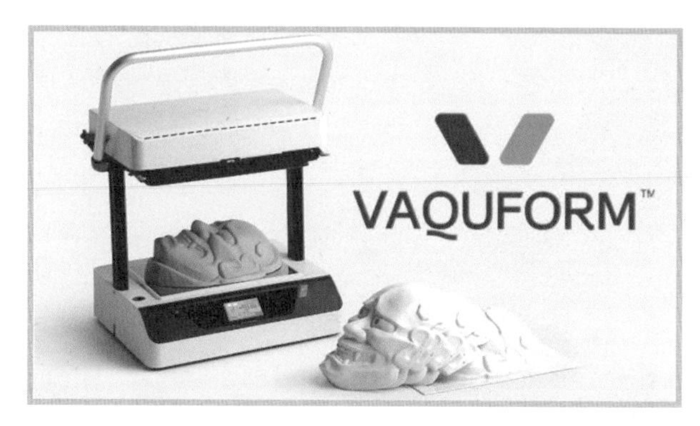

▲ 그림 58 소형 진공성형기(출처 : vaquform.com)

▲ 그림 59 진공성형 결과물(출처 : pinterest.jp)

좋은 결과물을 얻기 위해서는 일단 대상물의 단단함, 내열성, 모양이 중요하며 재질이 무른 경우 성형과정에서 파손될 수 있다. 그리고 필름을 고열로 녹인 상태에서 성형 작업이 이루어진다. 물론 형상을 만드는 과정에서 급속하게 냉각시키기는 하지만 어느 정도 내열성이 필요하며, 모양이 너무 복잡하거나 큰 경우 성형과정에서 주름이 생기기도 한다. 또한 필름에 따라서 식품을 담을 수 있는 재질과 그렇지 못한 재질의 필름이 있기 때문에 재료를 확인하고 사용해야 한다.

이 외에 시제품 제작을 위해서 MCT, 선반, 밀링, 용접기 등이 있으며, 이러한 장비들은 메이커 스페이스의 운영 프로그램에 따라서 구매하면 된다. 시제품 제작과 별도로 메이커 문화 확산을 위한 체험 및 교육을 위한 도구를 소개하자면, 메이커 체험에서 가장 많이 사용하는 것이 3D 펜이다. 유튜버 '사나고'의 영상을 보면 공예 또는 예술 작품을 만드는 모습을 보고 많은 사람이 3D 펜을 구매하여 창작활동에 사용한다. 3D 펜을 많이 사용하는 이유는 작동이 쉽고 직접 손으로 만들고, 만들어지는 과정을 눈으로 볼 수 있어서이다.

패버스로프트가 2018년 M 중학교 통합교육반 학생을 대상으로 1학기 동안 3D 펜 수업을 진행하였다. 처음에는 주어진 도안을 이용하여 도구의 사용법을 익히고 차츰 난이도를 높여서 창작에 이르게 하였는데, 참가한 학생들의 참여 태도가 높아지고 창의적 활동을 통한 자신감을 가지게 되었다. 또한 2019년 N중학교에서 강제전학 및 학교 내 징계를 받은 학생을 대상으로 1학기 동안 3D 펜 과정을 운영하였다. 이 과정에 청소년 상담심리를 전공한 강사가 참여하여 자유롭게 진행한 프로그램에서 학생들이 교사에게 말하지 못했던 이야기들을 강사에게 말했고, 강사는 담당교사에게 전달하여 학생들의 어려움을 조금이나마 해소할 수 있도록 도왔다. 이러한 자료를 바탕으로 D 시에 있는 장애인복지관에 3D 펜 프로그램을 전달하여 장애인 대상 프로그램을 진행할 수 있었다.

3D 펜은 저렴하고 단순한 구조의 장비이지만 고장이 많이 발생한다. 특히 노즐의 필라멘트가 막히는 현상과 버튼 고장이 대부분이다. 그렇기 때문에 3D 펜을 구매할 때 AS 부분을 확인하고 구매해야 하며, FFF 방식 3D프린터에 사용하는 필라멘트를 사용하면 된다. 최근에는 다양한 색상의 필라멘트를 소량으로 판매하는 경우가 있다. 그러나 실제로 사용한 색상이 많지 않기 때문에 소량으로 포장된 다양한 색상의 필라멘트보다 3D프린터용 필라멘트를 구매하여 적정한 길이로 잘라 쓰는 게 훨씬 관리하기 편하고 경제적이다.

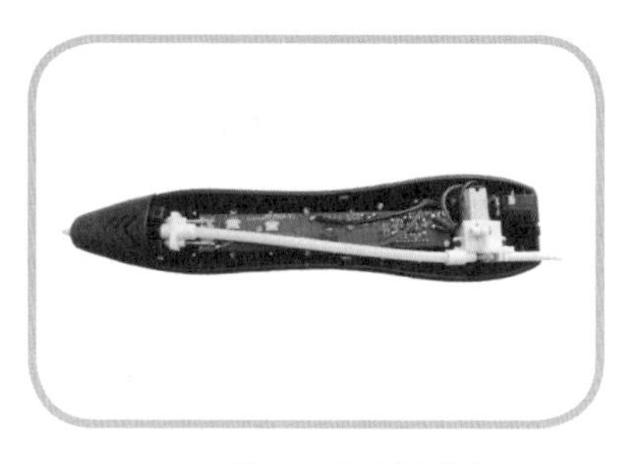

▲ 그림 60 3D 펜 내부

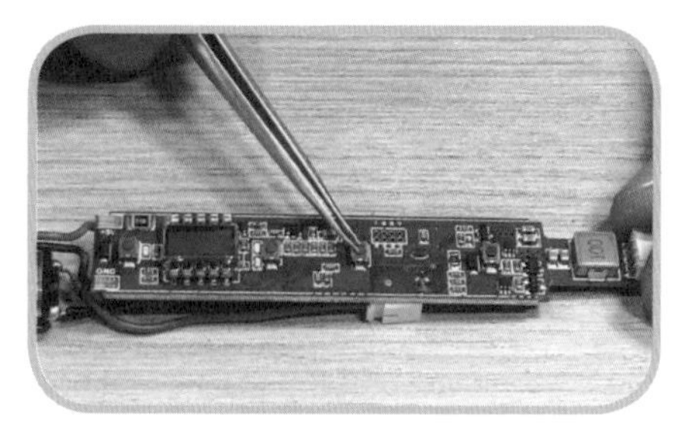

▲ 그림 61 버튼 수리

3D프린터 필라멘트의 유해성에 대한 논란이 있는데, 동일한 재료를 사용하는 3D 펜도 자유롭지 못하다. 그래서 3D 펜 및 납땜 작업 시 사용할 수 있는 소형 흄 제거기(공기청정기)를 추가로 준비하는 것도 이용자들의 건강을 생각해서 좋을 것 같다.

▲ 그림 62 작업용 DIY공기청정기(출처 : 하이브리드에듀)

코딩 및 전자 관련 교육 진행 시 관련 지식이 있는 교육 참가자라면 큰 어려움 없이 만족도 또한 높다. 그러나 처음 접하는 경우 IoT 관련 코딩 및 회로 구성에서 어려움을 가지게 되고 만족도 또한 낮게 나온다. 그렇기 때문에 이러한 교육을 진행하기 위해 별도의 교구를 가지고 있는 것이 좋다. 교구로 제품을 제작할 수는 없지만, 관련 지식을 얻는 소양교육에 적합하기 때문이다. 대부분 아두이노와 브레드보드, 각종 센서 및 모터를 가지고 교육하는데, 전원을 잘못 연결하거나 코딩에 신경쓰다가 회로 구성을 잘못하는 경우가 많다. 이러한 문제를 해결하기 위한 보드들이 있는데, MCU와 센서 및 모터가 하나의 보드로 구성된 제품들이다.

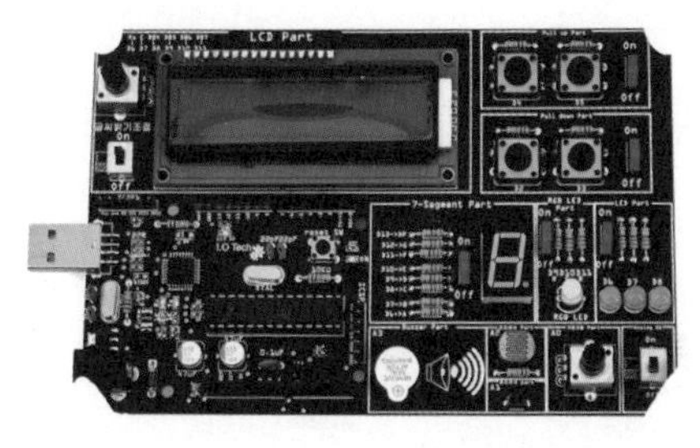

▲ 그림 63 IOTech 교육용 보드(아두이노)

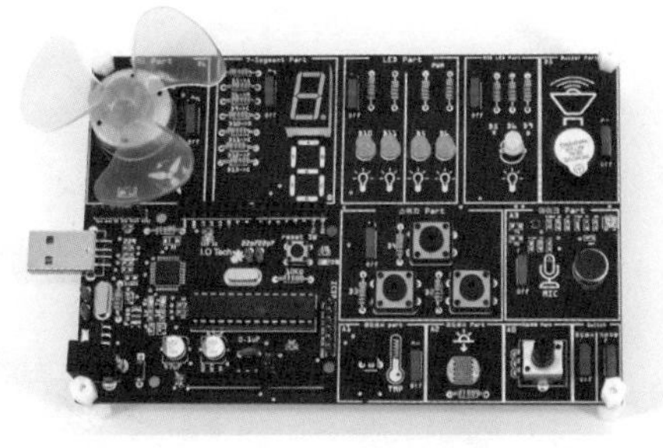

▲ 그림 64 IOTech 교육용 보드(엔트리)

▲ 그림 65 하이브리드에듀 허니보드(듀얼확장보드 마이크로비트, 할로코드)

위에서 소개한 보드들은 회로 구성이 필요 없거나 점프선으로 연결하면 사용할 수 있는 보드들이다. 각종 센서의 기능을 이해하고 회로 구성보다는 코딩에 집중할 수 있도록 되어 있는 제품들이다. IOTech사의 제품은 아두이노와 엔트리 보드인데, 통합보드로 MCU와 기본 교육에서 가장 많이 사용하는 조도센서, 마이크, 피에조 스피커, 7세그먼트, DC모터 등으로 구성되어 있다. 코딩 프로그램으로 아두이노 스케치와 엔트리 블록 코딩을 사용하며 회로를 구성할 필요가 없어서 입문자 교육에 최적화되어 있다. 하이브리드에듀에서 만든 듀얼확장보드의 경우 마이크로비트, 할로코드를 장착하여 사용한다. 단체교육용으로 기획되었고 코딩에 처음인 초·중학생 또는 여성 및 시니어 대상 교육에 적합하다. 허니보드를 이용하여 교육하기 위해서는 센서 및 모터 액세서리를 별도로 구매해야 한다. 마이크로비트와 할로코드는 3.3V에서 작동하지만, 센서 및 모터는 5V에서 작동한다. 그래서 허니보드에는 USB-C타입 5V 추가 전원을 입력할 수 있도록 되어 있어서 대부분의 액세서리를 사용할 수 있는 장점이 있다.

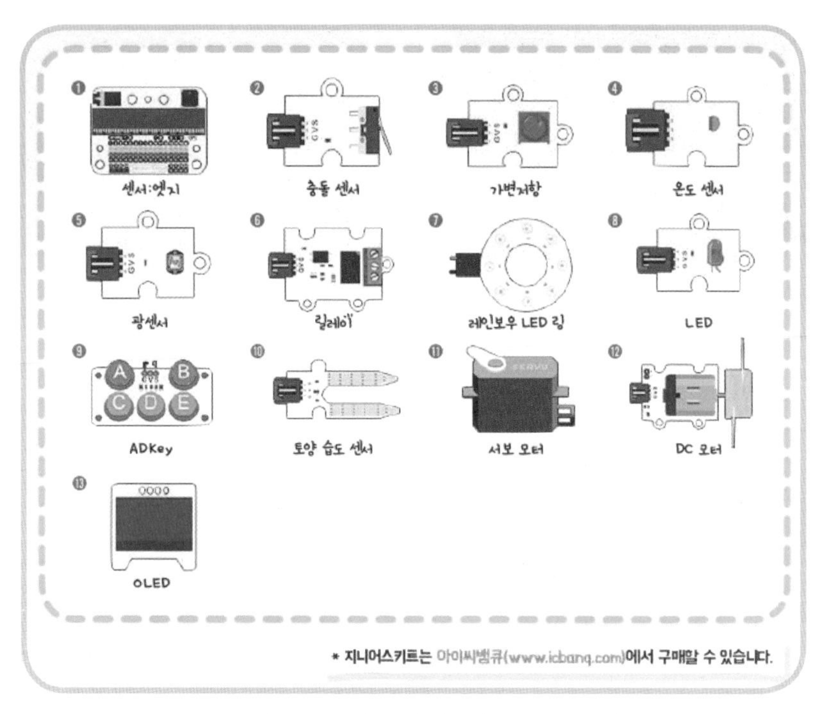

▲ 그림 66 지니어스 키트(출처 : icbanq.com)

위에서 소개한 보드는 개발용이 아닌 교육용 보드이다. 대부분 메이커 스페이스 장비는 교육용과 제작용으로 구분할 필요가 없지만, 전자 부분에 대해서는 이런 구분이 필요하다. 전자부품을 제작하는 것은 대부분 이용자가 메이커 스페이스에서 만드는 것이 아니라 개인공간에서 만드는 경우가 많고 종류가 너무 많아서 구비할 수 없다. 그래서 납땜 및 계측을 위한 장비를 제외하고 그다지 구비할 필요가 없다.

▲ 그림 67 인두기
(출처 : danawa.com)

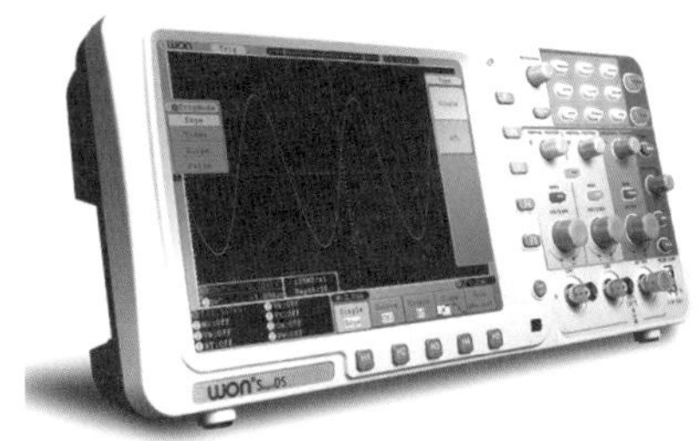

▲ 그림 68 디지털 오실로스코프
(출처 : devicemart.co.kr)

전자 공작을 위한 제품 중 하나가 직류전원공급기로, 사용하는 재료에 따라서 입력 전원의 값이 달라진다. 그럴 때마다 전원공급을 달리하는 것이 아니라 하나의 직류 전원공급기에서 사용제품에 맞도록 전원을 변경하여 사용하면 된다. 개발 단계에서 많이 사용하는 도구이기도 하다. 디지털 코디에서 만든 직류전원공급기의 경우 따로 값을 설정하는 것이 아니라 3.3V, 5V, 9V, 12V, 24V 포트로 되어 있어서 원하는 포트에 연결해서 사용하면 되는 제품으로 교육현장에 보급되고 있다.

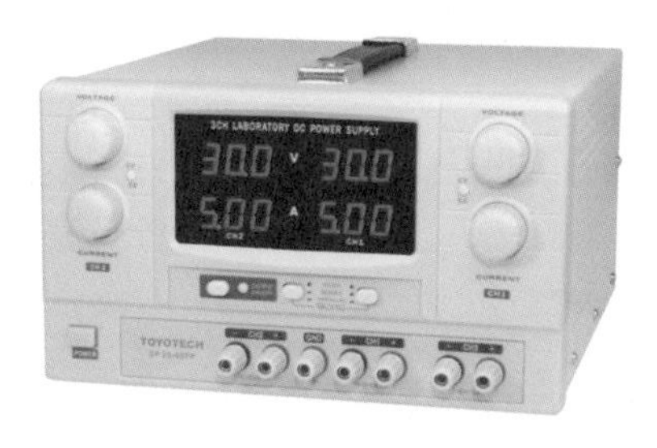

▲ 그림 69 3채널 직류전원공급기(출처 : devicemart.com)

▲ 그림 70 교육용 직류전원공급장치(출처 : 디지털코디)

메이커 스페이스에서 체험 프로그램을 운영할 때 사용하는 장비 중 캔뱃지를 만들 수 있는 프레스가 있는데, 프레스는 단순한 구조로 되어 있어서 사진을 넣고 누르면 만들어진다. 뱃지 프레스를 구매할 때 가장 많이 하는 실수가 프레스 몰드인데, 각 크기별로 판매하기 때문에 구매할 때 25mm, 58mm, 75mm 몰드를 모두 구매하는 것이 좋고, 몰드만 바꾸면 프레스를 다양하게 사용할 수 있다. 대부분 뱃지를 만들지만 손거울 등 다양한 부자재가 있기 때문에 행사 및 체험 프로그램에 활용하면 좋다. 또한 창의·융합 프로그램에서 '사회문제를 해결하기 위한 홍보 아이템 디자인' 프로그램에서 사용하면 된다.

▲ 그림 71 뱃지 프레스
(출처 : g9.co.kr)

▲ 그림 72 버튼 프레스 몰드
(출처 : jnstore.co.kr)

▲ 그림 73 뱃지 재료(출처 : jnstore.co.kr)

T셔츠와 머그컵에 디자인을 넣어서 만드는 체험 프로그램도 있다. 전사용지에 인쇄하거나 전용 싸인펜으로 그림을 그려서 T셔츠나 머그컵에 넣을 수 있다.

▲ 그림 74 승화전사 키트(출처 : jnstore.co.kr)

▲ 그림 75 전사컵 만들기(출처 :http://cheeseschool.kr/)

전사지를 이용한 프로그램의 경우 컴퓨터를 이용하거나 디지털 장비를 이용하기 어려운 이용자들에게 적합하며, 디자인 요소가 있기에 남녀노소 모두가 좋아하며 체험 프로그램에서 인기가 많다.

레이저 각인기(마킹기)의 경우 대부분 이동이 어렵지만 최근 체험행사 및 야외행사에서는 레이저 패커 제품을 이용하여 현장에서 레이저 각인을 체험해 볼 수 있게 하고 있다. 휴대용이지만 다양한 재료에 각인이 가능하며, 대형 레이저 각인기를 구축하기 어려운 경우 이런 제품으로 간단한 각인 서비스를 할 수 있도록 하는 것도 좋다.

▲ 그림 76 레이저 패커(출처 : earlyadopter.co.kr)

가죽공예 체험을 하는 경우도 있는데, 개인 메이커라면 자신의 도구를 가지고 있기 때문에 체험 또는 처음 시작하는 메이커를 위해서 기본 세트가 적당하다. 가죽공예 체험에 사용되는 가죽의 경우 가죽 원단을 구매한 후 메이커 스페이스의 레이저 조각기로 재단하여 사용한다. 보통은 가죽칼을 이용하여 재단하지만 체험 프로그램의 경우 사용되는 가죽 재료가 많기 때문에 레이저를 이용하여 재료를 준비하는 경우가 많다.

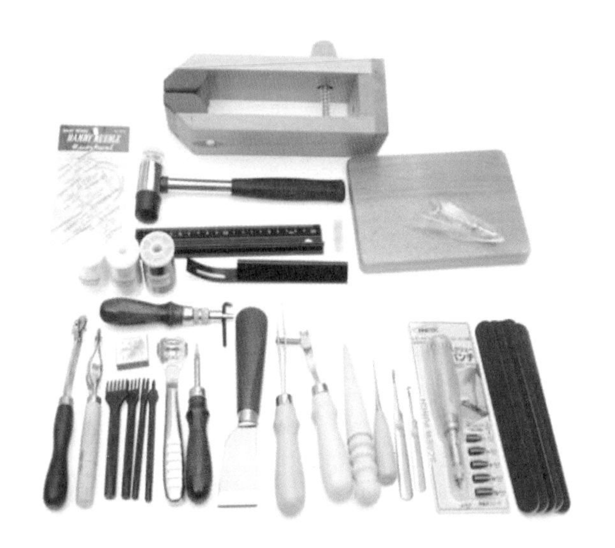

▲ 그림 77 가죽공예 도구 세트(출처 : myleathertool.com)

3 메이커 스페이스 구축 방식

1 민간 메이커 스페이스

중앙정부나 지방자치단체의 지원 없이 구축된 메이커 스페이스로, 필요한 재원을 자체적으로 충당하거나 후원으로 마련한다. 메이커 스페이스 초기에는 서울 홍익대학교 근처에 구축된 글룩(glucklab.com)과 서울 세운상가에 있는 서울팹랩 및 대구에 구축된 팹랩대구가 있었다. 물론 전국에 많은 시설들이 있었지만 메이커 스페이스를 표방한 시설로는 위에서 언급한 3곳이 가장 빠르게 시작했다고 볼 수 있다. 물론 마지막까지 기업의 후원 없이 운영한 곳은 팹랩대구인데, 메이커 스페이스는 수익사업이 힘든 공간으로 기업 후원이나 정부사업을 수행하지 않으면 재원이 적자로 운영되기 때문이다. 메이커 스페이스가 활성화되면서 DIY, 공방에서도 메이커 스페이스로 전환한 경우가 많다. 이런 경우 각 시설마다 특징이 있고 고유의 콘텐츠가 있기 때문에 운영 가능하지만, 메이커 스페이스로 개점한 경우 독자적인 콘텐츠보다는 이용자에게 맞춤형으로 서비스를 제공하였기 때문에 소수의 이용자에게는 도움이 되었지만 메이커 문화, 활동이 생소한 이용자에게는 어려운 곳이었다. 중소벤처기업부의 메이커 스페이스 구축 사업이 시작되었을 때 많은 민간 메이커 스페이스들이 존립을 위하여 정부 지원형 메이커 스페이스로 전환하였다.

▲ 그림 78 팹랩대구(2017년)

2006년 미국에 설립된 민간 프랜차이즈 제작 공간인 Techshop의 경우에는 오바마 대통령이 'made in USA'라고 외치면서 시설을 방문하는 등 힘을 실어 주었고 회원제로 운영되면서 교육과 컨설팅을 받을 수 있는 공간이었지만, 2018년 재정적인 이유로 파산하면서 사라졌다. 많은 이유가 있겠지만 Techshop에 구축되어 있는 장비들은 산업용 장비들이 많다. 그리고 이러한 고가의 장비들로 구축된 시설을 유지하기 위해서 유료회원이 많아야 하는데 그렇지 못했고, 별도의 수익모델이 없었기 때문이라고 생각한다. Techshop은 일본에도 시설이 있었지만 2019년 12월 이후 폐점하였다. 일본의 경우 미국 Techshop의 프랜차이즈로 시작하였고 미국

Techshop의 파산 이후 독자적으로 시설을 운영하여 성장할 수 있는 방법을 모색하였지만, 시설 및 장비 대여, 소량의 재료 판매로는 시설을 유지할 수 없어 폐점하였다.

모든 메이커 스페이스가 가지고 있는 문제가 바로 자립에 대한 부분인데, 민간 메이커 스페이스의 경우 이러한 문제가 제일 크다고 할 수 있다. 그렇다면 자립한 민간 메이커 스페이스는 없을까? 2021년 일본 메이커 스페이스의 변화를 보더라도 마이크로 메이커 스페이스로 변화하거나 메이커 스페이스의 원형 중 하나라고 할 수 있는 해커 스페이스의 경우 공동 작업 공간이면서 지역 커뮤니티 성격을 가지고 운영되었기에 지속할 수 있었다. 메이커 기반 커뮤니티로 취미활동을 지원할 수 있고 경력단절 여성들이 많이 참여하는 메이커 또는 창의·융합교육 프리랜서 강사 커뮤니티를 지원하는 것도 방법이 될 수 있다.

2 정부 지원 메이커 스페이스

정부 지원 메이커 스페이스는 중소벤처기업부에서 모집하는 '메이커 스페이스 구축·운영사업'과 지방자치단체에서 운영하는 시설 등이 있다. 모두 운영비를 정부 또는 지자체에서 지원받는데, 심사를 통해서 다음 해에 지원금이 달라질 수 있다. 2021년에 공고된 메이커 스페이스 구축·운영사업에서 제시한 메이커 스페이스 유형을 보면 아래와 같다.

일반 랩

- 국민 누구나 쉽게 자신의 아이디어를 구현할 수 있는 다양한 프로그램 운영을 통해 메이커 입문 기회를 제공하는 생활밀착형 창작활동 공간
- 지원 금액 : 1.5억 원 내외
- 시설 규모 : 100m² 전용공간 보유

특화 랩

- 일반 랩 중 특정 분야 전문성을 기반으로 메이커 육성 및 제조 창업을 지원하는 공간
- 지원 금액 : 1억 원 내외
- 시설 규모 : 100m² 전용공간 보유

민간 협업형

- 제조 창업 고도화를 위해 기업과 전문 랩이 컨소시엄을 구성하여 기업의 혁신지원을 활용할 수 있도록 지원하는 공간
- 지원 금액 : 15억 원 내외
- 시설 규모 : 1,000m² 추가 확보

전문 랩

- 시제품 제작·양산 등 전문 메이커 활동을 지원해 제조·창업을 촉진하고 제조·창업 등 혁신 인프라를 연결하는 공간
- 지원 금액 : 15억 원 내외
- 시설 규모 : 1,000m² 전용공간 보유

공고를 보면 일반 랩의 경우 '생활밀착형 창작활동 공간'이라고 되어 있지만, 메이커 스페이스 평가에서는 창업 및 시제품 제작 관련 항목이 들어가 있다. 일반 랩의 경우 1.5억 원의 지원금을 받아도 시설 구축 및 인건비 등을 제외하면 창업에 쓸 수 있는 재원은 거의 없다고 보아야 한다. 그러나 평가에는 이런 부분이 있다 보니 일반 랩의 경우 '계륵'이 되었다고 본다. 원래 목적대로 메이커 입문 기회 제공, 생활밀착형 창작활동 지원에 대한 평가 비율이 높아지고 자체 콘텐츠 보유에 대한 평가가 필요하다. 그렇지 않다면 중국의 사례처럼 지원금이 단절되는 시점이 바로 메이커 스페이스 폐점 시기라고 할 수 있다. 사업지원 시 자립방안을 제시하여야 하는데, 현실적으로 자립할 수 있는 유형은 거의 없다. 주관기관의 지원금과 다른 사업에 선정되어 지원금을 받아서 운영하는 방법 외에는 없어 보인다. 대학이나 지자체와 연결되어 있는 경우에는 지원이 가능하다. 소상공인을 지원하는 사업의 경우 사업이 종료되어 시설을 폐쇄하거나 유관기관 회의에서 지자체가 시설 유지에 난색을 표하면서 시설 운영시간이 정해져버린 경우도 있다. 메이커 스페이스도 다르지 않은데, 사실 메이커 스페이스 운영자는 비즈니스 모델을 개발하여 수익을 창출할 수 있는 전문가가 아니라 메이커, 시설 운영 전문가들이라고 보아야 한다. 자립방안을 수립하였지만 시설 규모가 크다 보니 자립방안을 통해 수익을 창출하더라도 시설 유지가 전부일 수 있기에 시설에 소속된 인력의 인건비나 추가 장비 도입, 유지 보수는 생각하기 어려울 것이다.

창업보육센터의 경우 기본적으로 공간 임대를 통한 기본적인 수익구조를 가지고 있고 창업기업 컨설팅을 통한 추가 수익도 가능하다. 또한 대학의 링크사업을 지원

받는 대학들이 참여해야 한다. 링크플러스사업을 통해서 구축된 시설을 이용하고 대학생 창업 지원, 지역 상생 및 기업 지원을 통해서 창업 및 창업기업 지원의 성과를 낼 수 있기 때문이다.

▲ 그림 79 링크+ 사업단 로고(출처 : lincplus.or.kr)

메이커 스페이스는 다양한 자립방안을 고민할 수밖에 없다. 일반 랩을 기준으로 보면 가장 쉽게 접근할 수 있는 것이 체험 및 교육프로그램 운영이다. 체험 프로그램의 경우 수요가 많은데, 중학교 및 고등학교에서 시행하고 있는 자유학기년제 및 창 · 체활동 프로그램을 운영하여 수익을 낼 수 있고, 특화된 프로그램이 있다면 교육청에 '특수분야연수기관' 신청을 통해서 교사 대상 프로그램을 운영하여 조금이나마 수익을 올릴 수 있다. 장비 사용료, 공간 사용료, 재료비로는 수익을 내기 어렵기 때문에 수요가 있는 콘텐츠를 개발하여 교육기관을 통한 수익 창출이 가장 쉬운 방법이다. 홍보 방법은 교육부에서 운영하는 '꿈길' 사이트에 등록하면 된다.

▲ 그림 80 꿈길(출처 : ggoomgil.go.kr)

교육청마다 상·하반기 특수분야 연수기관을 접수한다. 교육청의 특수분야 연수 안내를 통해 교사들에게 정보가 전달되며 교사들이 선택하여 신청할 수 있다. 특수분야 연수의 경우 연수시간 및 표준연수비를 확인해야 하며, 연수시간이 평일 및 주말에 따라서 달라질 수 있다.

전문 랩의 경우 많은 지원금을 받을 수 있지만, 그만큼 성과에서도 일반 랩, 특화 랩과 달라야 한다. 창업 지원, 시제품 제작 지원 등이 있을 수 있지만, 이러한 지원을 받으려는 수요 파악이 먼저이다. 이런 수요를 어떻게 조사할 수 있을지는 전문 랩이 고민해야 하며, 전문 랩도 특화 분야를 가지고 있어야 한다. 부산 팹몬스터의 루트(Route)의 경우 '도시재생 특화형 전문 랩'이라고 한다. 가천 메이커 스페이스의 경우 바이오, 헬스 분야에 대하여 특화하고 있는데, 시설 구성을 보더라도 관련 공간을 가지고 있다. 시설 구성에서 이런 부분을 내세울 수 있는 공간은 없고 특화된 목표만 있다면 전문 랩 기능을 다시 한번 확인해봐야 한다. 이처럼 전문 랩도 자신만의 색깔이 없다면 일반 랩과 차별화가 힘들 것이다.

MAKERCITY INFORMATION

Gachon Makercity 14 zone

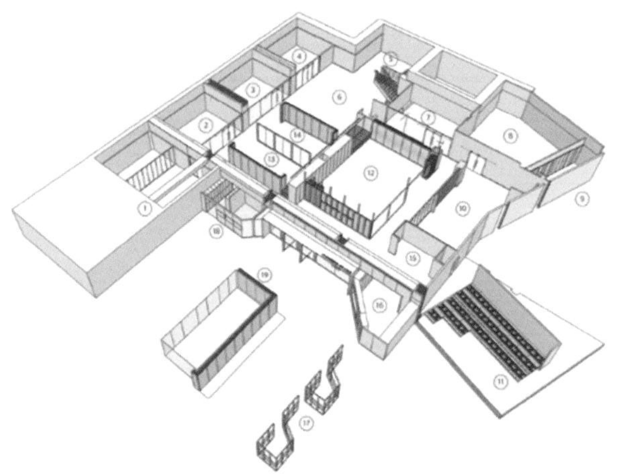

① 메이커스 임상 GMP
② 3D 프린팅 워크숍
③ TROTEC 스테이션
④ 프린팅 워크숍
⑤ 메이커스 카페
⑥ 퍼블릭 워크숍
⑦ 크래프트 워크숍
⑧ 우드 워크숍
⑨ SATA 스프레이 워크숍
⑩ 메탈 워크숍
⑪ 커뮤니티 스튜디오
⑫ 교육장
⑬ 써킷 워크숍
⑭ 쏘잉 워크숍
⑮ 툴숍
○ 인포메이션 센터
○ 메이커스 라운지
○ 핏팅룸

▲ 그림 81 가천 메이커 스페이스(출처 : gmct.co.kr)

[표 4] 2021년 전문 랩 선정 현황(출처 : zdnet.co.kr)

주관기관	분야	지역	특징
홍익대학교 제조	제조	세종	대학의 디자인 및 연구개발 역량과 연계하여 제품생산 전 과정을 원스톱으로 지원하는 '제조일괄지원 시스템' 구축
강원정보문화진흥원	제조	강원	기존 인프라가 잘 확충되어 있고 스마트 장난감 분야 제조 창업 특화 지원체계 마련 및 소비자 체험을 통한 UI/UX 강화
목포대학교	제조	전남	스마트팜 분야를 중심으로 지역 내 실증화 단지와의 연계를 통해 관련 분야 제조창업 활성화
호서대학교	제조	충남	시설·장비 이용의 접근성을 높이고, 제조 창업기업 육성을 위한 보육, 투자·마케팅 등 후속 프로그램이 강점
대구TP	제조	대구	입지가 우수하며, 전문 인력의 조기 투입, 장소 확보 및 장비 조기 구축으로 양산 지원 등 지원체계 마련
구미전자정보기술원	제조	경북	경북 지역의 창업 지원 기관, 대학, 연구기관, 투자 기관, 양산 전문 기업을 연결하여 금속가공 제품개발 지원에 특화
충북대학교	제조	충북	ICT 융합, 바이오(의료기기 및 의료보조용품) 제품 초도 생산단계 창업기업을 위한 티타늄 등 첨단금속가공 지원

2021년 메이커 스페이스 구축 · 운영 사업 전문 랩에 선정된 시설들의 특징을 보면 지방자치단체의 핵심사업과 연관되어 있는 곳들이 있다. 이런 시설들은 지속적인 지원과 성장이 가능하겠지만 이마저도 없다면 전문 랩이라고 하더라도 지속하기 어려울 것이다.

3 교육기관 메이커 스페이스

교육기관 메이커 스페이스의 선두는 부산시 교육청과 서울시 교육청이다. 학교 내 무한상상실 구축을 통하여 학생들의 창의적 활동과 주도적 진로탐색을 위한 시설로 이용할 수 있도록 하였다. 두 도시의 차이점은 서울시 교육청은 거점형 메이커 스페이스를 구축하였고, 부산시 교육청의 경우 학교의 신청을 받아서 무한상상실을 구축하였다. 2018년 부산시 교육청은 2022년까지 부산의 모든 초 · 중 · 고등학교에 학교 내 메이커 스페이스(이하 무한상상실)를 구축한다고 선언하였고 2020년까지 236개 학교에 무한상상실을 설치하였다. 그러나 학교별 가용 가능한 교실의 상황이 달라서 전체 학교에 설치하는 것은 어렵다고 보고 있다. 신청 학교당 1차 연도에 구축을 위한 3,000만 원의 지원금을 교부하여 무한상상실을 구축하고 2차 연도 이후 시설 운영비용을 지원하고 있다. 학교에 설치된 메이커 스페이스는 민간 메이커 스페이스, 메이커 스페이스 구축 사업을 통해 구축된 시설과는 다르다. 학생들에게 창의적 설계와 감성적 체험을 제공하고 자기 주도적 진로탐색의 공간이면서 자유학년제, 창 · 체활동의 교육공간이다. 2018년 서울시 교육청의 경우 기존의 발명교육센터 13곳과 거점학교 14곳에 서울형 메이커 스페이스 거점센터 구축 및 운영을 위한 시설당 1억 원의 예산을 지원하였고, 공모를 통해 선정된 학교에 500만 원의 기자재 구입비를 100개교에 지원하였다. 전국의 어느 학교를 방문해 보아도 무한상상실에 구축된 장비는 거의 동일하지만, 초 · 중 · 고등학교에서부터 메이커 활동을 체험한 학생들은 자신의 대학 진로를 선택할 때 주도적으로 선택하는 모습을 보이기도 한다. 2019년 울산교육청 주최 울산과학대학교 메이커 스페이스가 학교에 방문하는 메이커 교육 프로그램을 운영하였다. 이공계 진로 희망 학생을 대상으로 운영된 프로그램은 학생들의 진로 선택에 도움이 되었다.

▲ 그림 82 울산과학대 STEAM캠프(2019년)

무한상상실은 학교에서 운영하기 어려운 시설이다. 특히 진학과 관련된 고등학교의 경우 시설은 구축되었으나 학사일정으로 운영이 잘되지 않는 경우가 많지만, 그나마 동아리를 운영하여 관심 있는 학생들이 활용하고 있다. 학교 내 무한상상실은 공간의 제약이 많은 메이커 스페이스로, 교육기관이다 보니 소음, 분진 등에 대한 제한과 보편적 교육을 위한 시설 구성 등이 있다. 또한 구축되는 교실에 따라서 많은 것들이 달라진다. 아래에 부산교육청에서 구축한 무한상상실의 배치도를 소개한다.

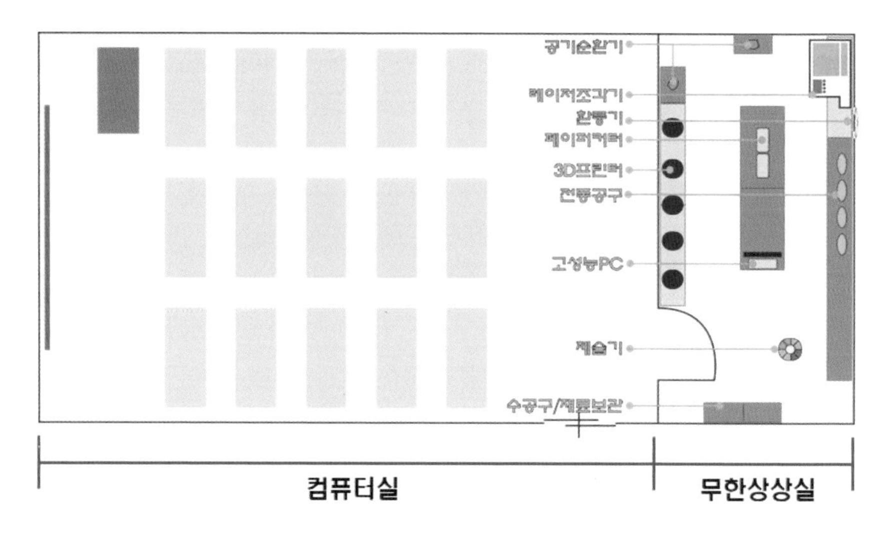

▲ 그림 83 컴퓨터실에 설치된 무한상상실

무한상상실에 설치된 장비들은 비슷하다. 다만 교실의 규모 및 기존 교실 환경과 연계하여 구축할 때 참조할 수 있다. 일부 학교의 경우 학생들의 활용도가 높아져서 무한상상실을 확대하여 이동한 경우도 있다. 무한상상실은 시설의 규모가 중요한 것이 아니라, 학생들이 사용하기 용이한 것이 중요하며 사용자가 많고 활용사례가 많다면 당연히 성장할 수밖에 없다.

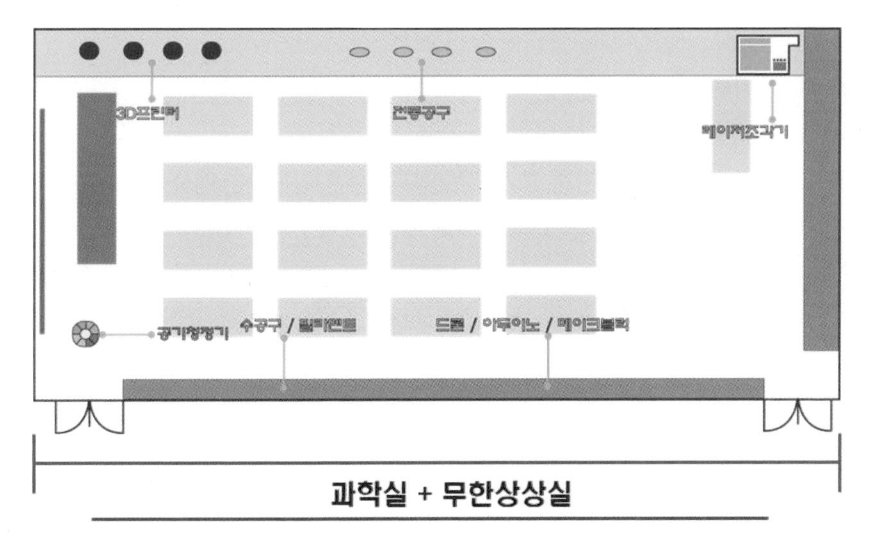

▲ 그림 84 과학실에 설치된 무한상상실

무한상상실 배치도 – E여자고등학교

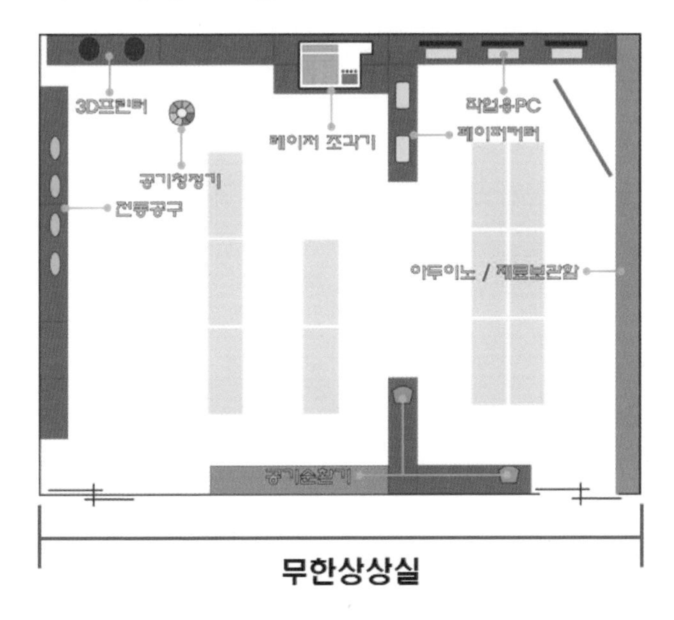

▲ 그림 85 교실 2/3에 설치된 무한상상실

학교 내 무한상상실의 성장이 어려운 이유 중 하나가 교사이다. 교사의 경우 일정 기간 근무하면 다른 학교로 이동하다 보니 잘 운영되는 무한상상실도 담당교사가 바뀌면 흐지부지되는 경우가 많다. 잘 운영되는 무한상상실은 대부분 사립학교로, 교사의 전근이 거의 없고 과학 교과 또는 정보부에서 담당하기 때문에 일관성도 있다. 이러한 문제를 해결할 수 있는 방법은 외부 메이커 또는 메이커 스페이스와 연계하는 방법이다. 메이커 또는 메이커 스페이스와 연계할 때는 교사의 참여가 필수적이며, 대부분 메이커는 교육전문가가 아니기 때문에 교육 효과를 위해서는 협업이 필요하다.

PART 03

메이커 스페이스 도구와 장비

Chapter 01 하드웨어

1 공구

메이커 스페이스에서 필요한 공구들은 너무도 많다. 시설을 구축하기 위한 준비단계에서 메이커 스페이스 개소(開所)와 함께 바로 운영할 프로그램을 위한 공구와 장기적 관점에서 차후에 사용할 공구들로 나눌 수 있다. 그러나 대부분 기본 공구들이 손실되지 않는다면 계속 사용하기 때문에 시설 구축단계에서 교육생 또는 이용자 수를 생각하여 충분히 준비하는 게 좋다.

1 수공구(手工具)

수공구는 손으로 작업하는 간단한 공구를 말하며 톱, 대패, 망치, 플라이어(펜치), 롱노우즈, 드라이버 등 다양한 공구들이 있다. 메이커 스페이스의 성격에 따라서 달라질 수 있지만 교육을 기본으로 한다면 전선 커터, 롱노우즈, 드라이버, 칼 등이 필요하며, 목공예와 관련된 프로그램이 많다면 톱, 망치, 퀵 클램프 등이 필요하다. 아래에 소개할 부산 동의대학교 링크사업단에서 운영하는 메이커빌(Maker-vill)의 수공구를 기본으로, 구축하고자 하는 메이커 스페이스의 성격에 따라 추가하는 것을 권장한다.

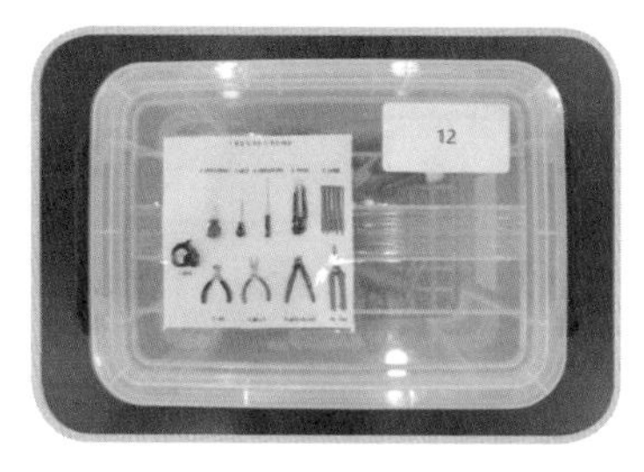

▲ 그림 86 대여용 공구상자

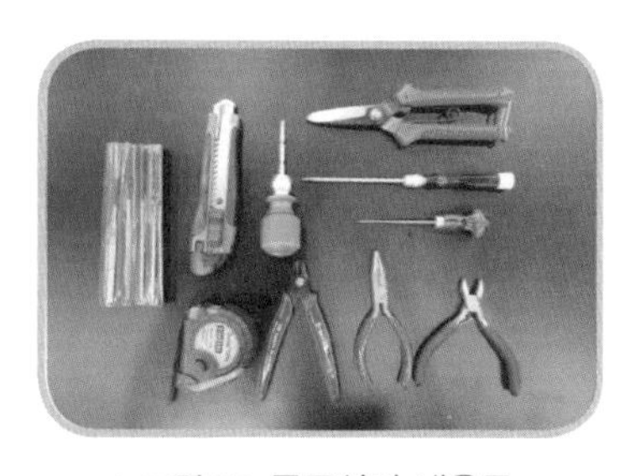

▲ 그림 87 공구상자 내용물

그림에 보이는 것처럼 3D프린터 출력물 정리와 간단한 공작을 위한 도구로 구성되어 있다. 그러나 아두이노 등 전자 공작을 위한 기본적인 도구도 포함되어 있어서 다양한 작업을 하는 사용자들이 메이커 스페이스에서 개인 작업을 할 때 대여해서 사용한다. 각각의 도구를 제공하는 것이 아니라 공구상자로 만들어서 공구 관리를 쉽게 하였으며, 공구상자 윗면에 내부 부속품 사진을 게시하여 이용자가 작업 종료 후 자신이 사용한 공구의 분실 여부를 확인할 수 있도록 하였다. 그 외 개인 대여용 공구가 아닌 것은 메이커 스페이스의 한쪽 벽면에 비치하여 이용자가 별도로 사용신청을 한 후 사용할 수 있도록 되어 있다.

▲ 그림 88 공용공구(동의대 메이커빌)

직각자를 포함한 다양한 측정 도구들도 준비해야 한다. 줄자 등 일반적인 측정 도구들은 가지고 있으나 버니어 캘리퍼스, 마이크로미터 등 시제품 제작 후 크기를 측정하기 위해서는 꼭 필요한 도구도 갖추고 있어야 한다.

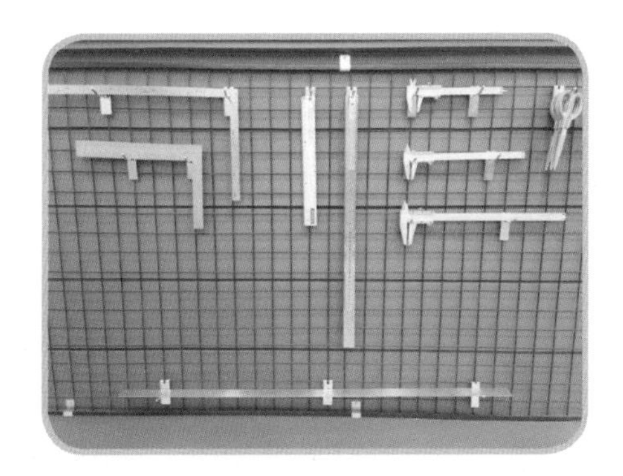

▲ 그림 89 측정 도구

① 드라이버

일반적으로 많이 사용하는 +, − 모양의 드라이버가 있어야 한다. 전자 공작 및 조립과정에서 가장 많이 사용하는 도구이며, 다양한 크기가 있기에 세트로 준비하는 것이 좋다. 일반 드라이버와 정밀 드라이버가 있는데, 일반 드라이버는 가정에서 사용하고 있는 드라이버라고 생각하면 되고, 정밀 드라이버는 라디오 드라이버라고도 하며 일반적인 모양 외에도 별 모양, 육각형, 삼각형 등 다양한 모양이 있어서 전자 공작에 꼭 필요하다.

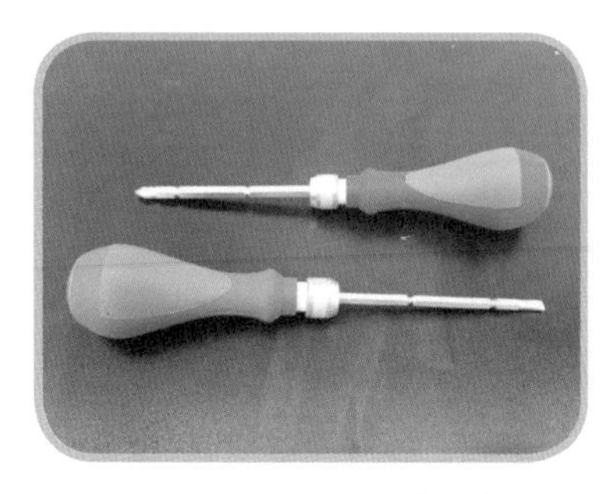

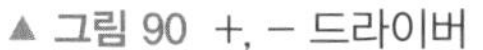
▲ 그림 90 +, – 드라이버

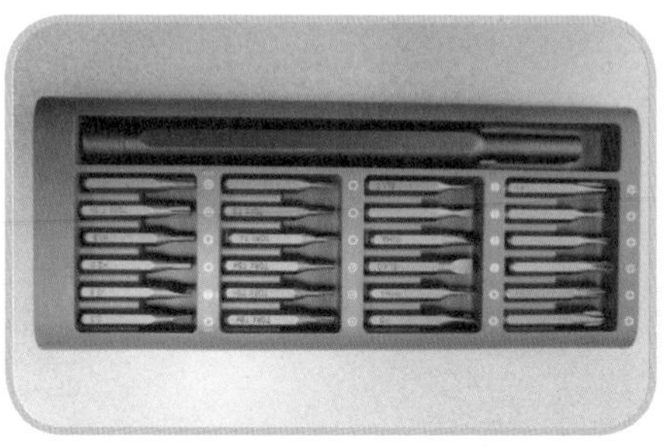

▲ 그림 91 정밀 드라이버 세트

② 전선 커터

전선 커터는 이름대로 전선을 자를 때 사용한다. 그리고 3D프린터 출력물의 서포터 및 잔여 물질을 제거할 때 많이 사용한다. 일반 커터와 다른 점은 가는 전선을 자르는 용도이기에 칼날이 튼튼하지 않아 파손이 잘된다. 전선 커터는 가장 많이 사용되면서 파손 또는 분실이 많은 도구이다. 전선 커터를 사용하여 전선의 피복을 벗기기도 하는데, 숙련되지 않으면 피복을 벗기다 전선을 자르는 경우가 많다. 그렇기 때문에 피복을 벗기는 전선 스트리퍼를 별도로 사용하는 것이 좋으며, 전선 스트리퍼의 제품마다 사용 가능한 전선의 굵기가 다르기 때문에 구입 전 확인이 필요하다.

▲ 그림 92 전선 커터

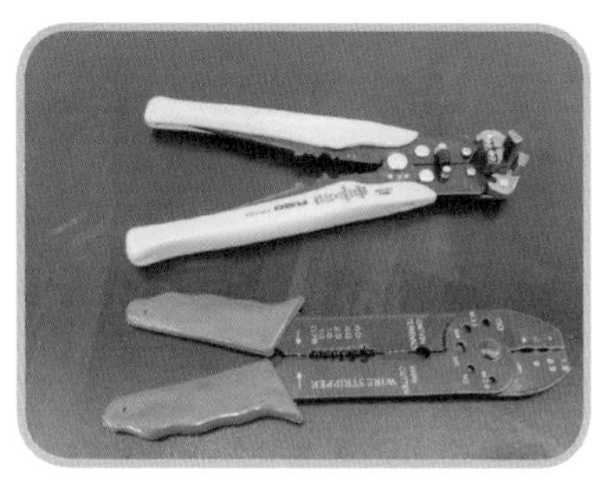

▲ 그림 93 전선 스트리퍼

③ 칼(커터)

기본이 되는 도구로, 3D 프린트된 출력물의 잔여물을 제거할 때 사용되고 가죽 공예, 종이공작 등 다양하게 사용할 수 있는 도구이다. 일반적으로 사용하는 문구용 칼이 아닌 대형 커터를 사용한다. 문구용 칼의 경우 작업 중 작업자가 힘을 주어 사용하는 경우 쉽게 파손되며 칼날이 유연하다 보니 폼보드, 스티로폼을 자를 때 사용자의 의도와 다르게 절단하는 경우가 많다. 칼을 사용하는 경우 자상을 입을 수 있어서 칼과 함께 자상 방지 장갑을 착용하여 작업을 하면 좋다.

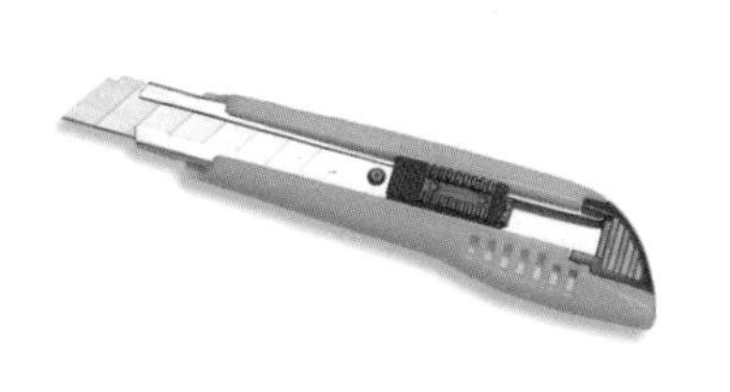

▲ 그림 94 커터(칼) ▲ 그림 95 자상방지 장갑

④ 플라이어(펜치)

우리가 아는 펜치로, 집게 공구이면서 집게 안쪽에는 절단 날이 있어서 전선 및 철사류를 자를 수 있다. 기본 공구에서는 4인치 크기를 제공하고 공용 공구에서는 8인치 크기 이상을 준비하여 이용자가 다양하게 사용할 수 있도록 한다. 기본적으로 커팅 플라이어보다 롱노우즈 플라이어를 많이 사용한다. 3D프린터 출력물의 모양에 따라서 긴 관속에 있는 서포터 등을 제거하기 위하여 사용하며, 전자 공작 활동에서도 작은 너트를 잡고 볼트를 고정하는 데 많이 사용할 수 있다.

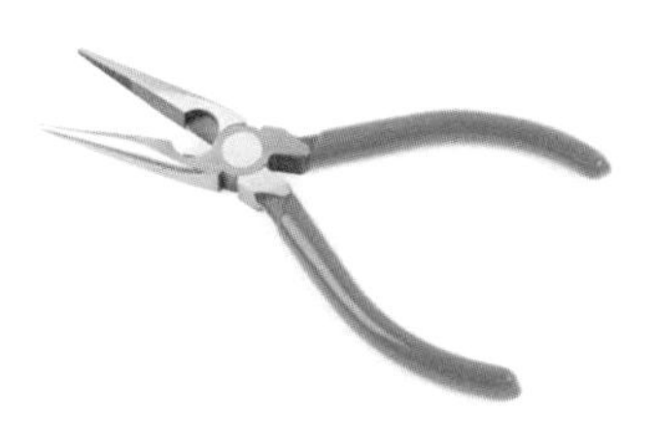

▲ 그림 96 8인치 커팅 플라이어 ▲ 그림 97 6인치 롱노우즈 플라이어

그 외에도 곡형 롱노우즈 플라이어도 많이 사용하는데, 전자 공작 시 작은 부품을 잡고 납땜할 때 사용하기 좋다.

▲ 그림 98 6인치 롱노우즈 플라이어

큰 볼트나 너트를 잡을 때나 돌려서 고정할 때 사용할 수 있는 것이 바이스 플라이어이다. 바이스 플라이어도 크기에 따라서 다양하게 존재하며 롱노우즈로 된 것도 있다. 바이스 플라이어는 손잡이 뒤에 달려 있는 다이얼을 돌려서 크기를 맞추는 방식으로 손잡이를 누르면 집게 부분이 넓혀진 상태로 고정되어 큰 볼트나 너트를 잡을 때 많이 이용되며 다양한 재료를 고정할 때 잡아주는 용도로 사용할 수 있다.

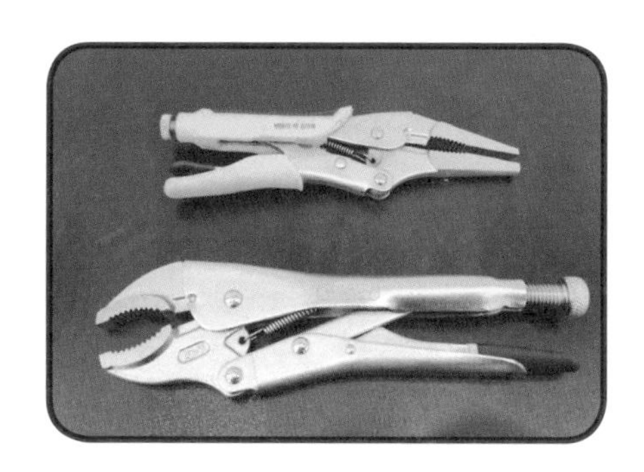

▲ 그림 99 바이스 플라이어

⑤ 망치

장도리라 불리는 쇠로 된 해머로, 못을 박을 때 사용하며 노루발이 달린 경우 못을 뽑을 때도 사용할 수 있다. 쇠로 된 해머의 경우 사용률이 낮기 때문에 많은 수량이 필요하지 않지만, 고무망치(해머)의 경우 많은 활동에서 사용할 수 있기 때문에 교육생 수만큼 필요할 수 있다. 특히 목공 및 제품을 조립할 때나 펀칭에 도 많이 사용한다.

▲ 그림 100 고무망치

해머의 크기에 따라서 다양하게 있으며 가죽공예 등에 사용되는 플라스틱 해머, 나무 해머도 있다.

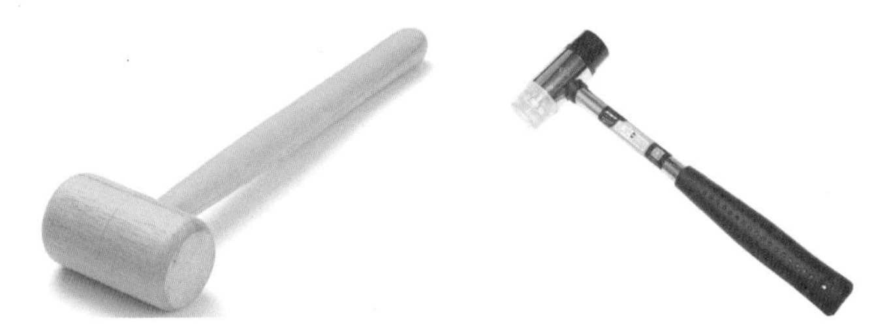

▲ 그림 101 나무 해머와 플라스틱 해머

⑥ 줄

(쇠)줄 또는 끌, 야스리라고 하며 표면을 갈아 내는 연마용 도구로, 소형에서부터 금속에 사용하는 대형까지 여러 종류가 있다. 출력물의 표면, 금속의 모서리 나무 재료를 갈아낼 때 사용한다.

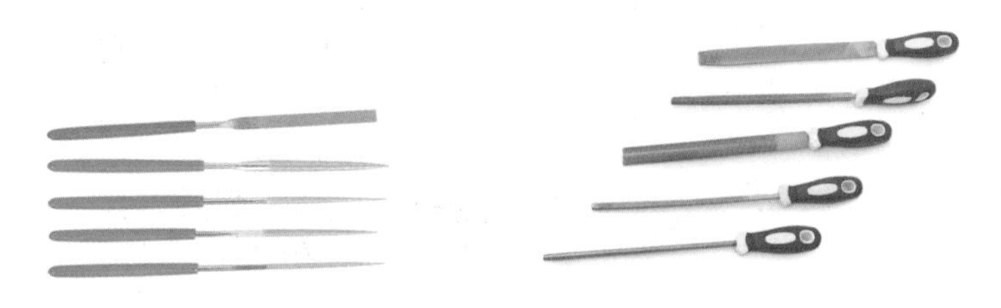

▲ 그림 102 소형 정밀 연마용 ▲ 그림 103 목공, 철공용

⑦ 퀵그립

목공 제품을 조립할 때 다양한 작업환경에서 제품을 고정하기 위해 사용한다. 다양한 크기의 제품이 있으며 작업하는 제품의 크기에 따라서 구매하면 되는데, 30cm 이상 제품의 경우 무겁다. 보통 그립 앞쪽에 있는 작은 레버를 당기면 자유롭게 그립 크기를 조절할 수 있으며 손잡이 그립을 움켜쥐면 조금씩 거리를 줄여준다. 제품과 닿는 부분은 고무로 되어 있어서 제품의 손상을 막아주지만, 표면이 약하거나 강도가 약한 제품은 그립을 고정하는 과정에서 제품을 파손할 수 있다. 대형 목공제품에 사용할 것이라면 그립의 최대 크기가 60cm 이상의 제품이 있어야 하며, 작은 케이스 등을 만들 때는 30cm 이하 퀵그립도 많이 사용한다.

▲ 그림 104 퀵그립

⑧ 핸드소켓 세트

렌치 세트라고도 하며 큰 장비를 정비하거나 만들 때 사용한다. 세트로 구성된 제품의 경우 다양한 크기의 소켓이 있어서 한 세트만 있어도 되며, 메이커 스페이스에서 이루어지는 작업에 따라 추가로 구비하는 것도 좋다.

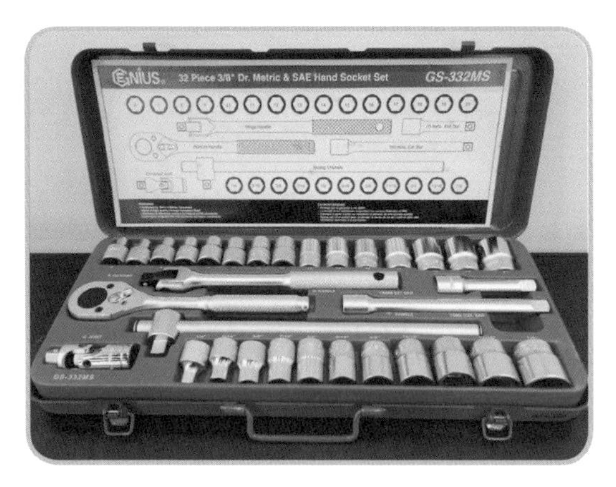

▲ 그림 105 핸드소켓 세트

⑨ 가정용 공구 세트

가정용 공구 세트는 플라이어 등 기본 장비를 다양하게 갖추기 힘든 경우에 구비하는 것이 좋다. 메이커 스페이스 중 공예나 전자 공작이 주요 활동 프로그램이라면 가정용 공구 세트 몇 개로 구성하는 것도 좋은 방법이다.

▲ 그림 106 가정용 공구 세트

2 전동공구

전기를 동력원으로 하는 공구를 말하며 드릴, 그라인더, 샌더, 직소기 등이 이에 포함된다. 전동공구 중에서도 산업용과 가정용, 취미용 미니 전동공구가 있는데, 산업용 브랜드로는 디월트, 보쉬, 마끼다, 밀워키 등이 많이 사용된다. 산업용과 가정용의 차이는 출력과 전동공구의 다양성에서 차이가 난다. 일반적으로 가정에서 사용하는 종류는 드릴류가 가장 많고, 산업용 전동공구의 경우 종류도 다양하며 공구의 출력이 가정용보다 월등히 강해서 사용 중 다치기도 한다.

▲ 그림 107 산업용 공구 브랜드

취미용 전동공구는 미니 전동공구라고 하며 국내에서는 드레멜사의 제품을 가장 쉽게 구할 수 있다. 몇 가지 제품을 제외하고는 출력이 높지 않아 전동공구 사용 중 다치는 경우가 적으며, 특히 목공 교육 및 미니어처 제작에 많이 사용되고 있다.

DREMEL® PROXXON

▲ 그림 108 미니 전동공구 브랜드

그 외 절삭, 연마용 공구의 경우 다양한 브랜드가 있지만, 국내 메이커 스페이스에서 많이 볼 수 있는 브랜드에는 렉슨(Rexon)이 있다.

전동공구는 다치는 경우가 많기 때문에 안전장치를 함께 보유해야 하며, 목공 등 절삭작업을 하는 경우 건식 청소기를 이용하여 작업 중 발생하는 분진을 함께 제거하는 것이 좋다. 전동공구 사용에 대해 기본적인 안내를 위한 판넬을 구비하여 사용자에게 주의를 주는 것도 필요하다. 안전 판넬은 도구가 있는 곳에 비치하고 각 도구에 대한 별도의 사용자 매뉴얼을 작성하여 사용하기 전 이용자가 읽어 보도록 하는 것이 안전사고를 예방하는 방법 중 하나이다.

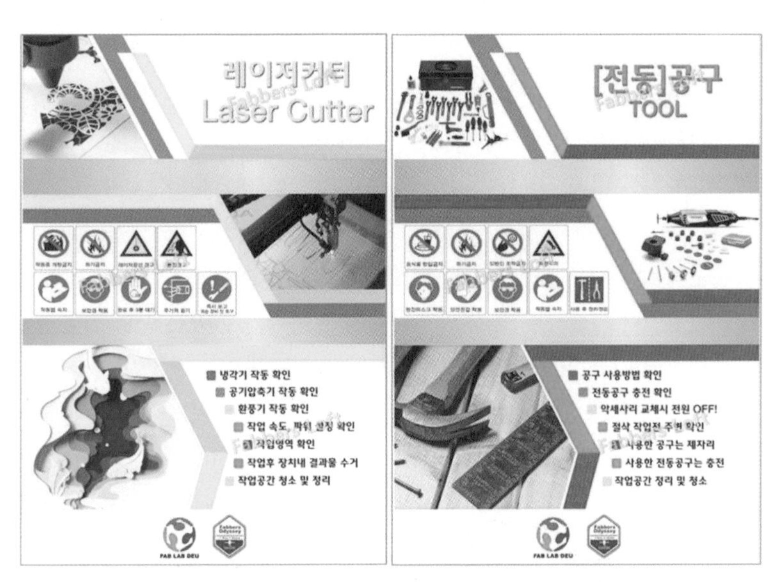

▲ 그림 109 팹랩 DEU 안전판넬

① 전동드릴 / 전동 임팩드릴

전동드릴은 목공과 시제품 제작 과정에서 많이 사용한다. 공용 전동드릴의 경우 전압 18V, 배터리 용량이 2.0Ah 이상의 제품이 좋다. 목제 및 금속제품에 사용할 경우 출력이 높지 않다면 원활한 작업이 안 되기 때문이다. 출력이 높다는 것은 작업 중 전동드릴을 제대로 잡지 않은 상태에서 사용하는 경우 손목 부상이 발생할 수 있기 때문에 사용 전 이용자에게 부상에 대한 정보를 고지해야 한다.

▲ 그림 110
디월트 전동드릴

▲ 그림 111
디월트 임팩드릴

▲ 그림 112
키레스척(출처 : 툴켓)

전동드릴은 드라이버 및 드릴 비트를 고정하는 부분이 키레스척으로 이루어져 있고, 임팩드릴은 원터치 방식의 육각형으로 되어 있다. 임팩드릴의 경우 작동 시 충격을 주면서 작동하기 때문에 전동드릴보다 토크가 훨씬 강하고, 전동 임팩드릴을 위한 키레스척을 사용하면 전동드릴에 사용되는 각종 비트를 쓸 수 있다. 두 가지 제품 모두 1개 이상씩 보유하고 있는 게 좋으며, 공용장비로 사용하기 때문에 사용자 수에 맞추어 준비할 필요는 없다. 전동드릴 자체가 무겁기 때문에 여성이나 청소년 이용자가 사용하기에 무리가 있다면 소형 전동드릴을 다수 준비하여 사용하면 된다. 소형 전동드릴은 키레스척 타입이 아닌 경우가 많고 비트 모양으로 되어 있어서 제품에 따라서는 전용 비트를 사용해야 하는 경우도 있다.

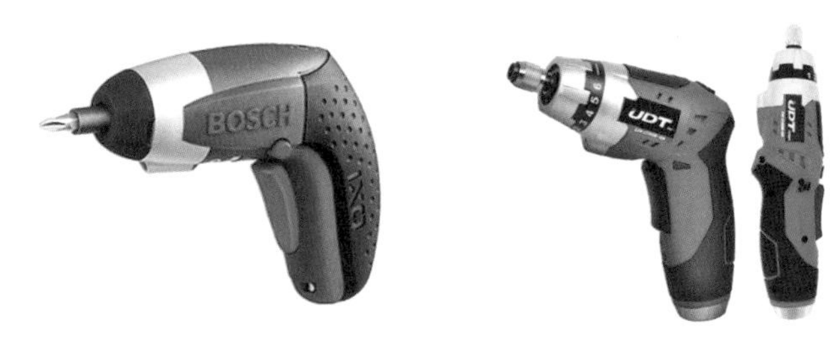

▲ 그림 113 소형 전동드릴

전동드릴을 구매할 때 많은 메이커 스페이스가 실수하는 것이 드라이버와 드릴 비트를 구매하는 것이다. 드릴 비트는 전동드릴에 포함되어 있지 않기 때문에 함께 구매하는 것이 좋다. 대부분 전동드릴 제품의 옵션으로 소개되어 있기 때문에 해당 제품에 사용할 수 있는 비트를 구매하면 된다.

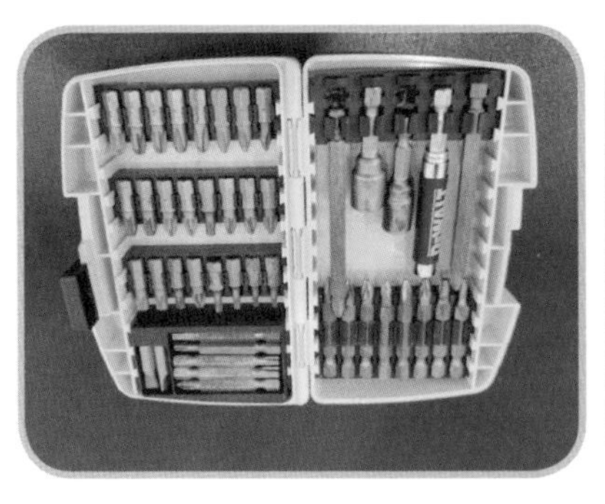

▲ 그림 114 디월트 드라이버 비트 세트

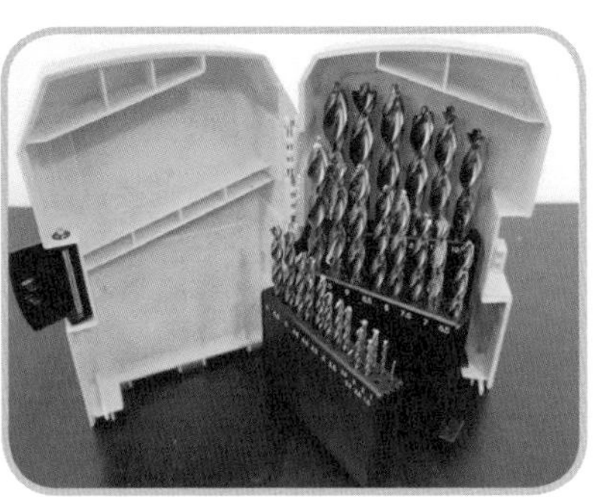

▲ 그림 115 디월트 드릴비트 세트

② 정밀 전동드라이버

전자 공작에 필요한 전동드릴, 임팩드릴과 비교하면 토크가 적어서 사용 중 다칠 일이 없고, 정밀 드라이버 비트를 사용할 수 있어서 아두이노, 전자 시제품 제작에 사용된다.

▲ 그림 116 미니 전동드릴(WOW스틱)

소형 드릴과도 달라 소형 드릴이 가정용에 가깝다면, 미니 전동드릴은 전자제품 조립에 적합하기 때문에 구입 전 사용하고자 하는 용도를 확인해야 한다. 미니 전동드릴은 USB 충전식과 AAA 건전지를 사용할 수 있는데, 최근에는 USB 충전 방식의 제품이 많이 출시되고 있다. 드라이버의 검은색 부분의 위쪽과 아래쪽을 누르면 회전 방향이 바뀌는데, 일반적으로 체결할 때는 앞쪽을 누르고 분리할 때는 뒤쪽을 누르면 된다.

③ 절단 전동공구

절단 공구는 고속으로 회전하면서 재료를 절단하기 때문에 안전사고를 대비하여 다양한 안전장비와 수칙을 이용자에게 고지해야 한다. 절단 공구에는 고속절단기, 밴드 쏘, 시카시톱, 직소기 등 다양한 장비가 있으며, 대부분 공용장비로 사용하기 때문에 메이커 스페이스 구성에 따라서는 1대씩만 있어도 된다. 절단기는 연마석을 사용하여 금속을 절단하는 고속절단기와 원형 톱날을 사용하는 각도 절단기를 사용하며, 대부분 메이커 스페이스에서는 목재 절단작업을 하는 경우 각도 절단기를 사용하고 있다. 각도 절단기의 경우 10인치, 12인치 원형 톱을 사용하는데 일반적으로 10인치 원형 톱을 많이 사용한다. 최근에는 회전하는 원형 톱에 다치는 것을 방지하기 위하여 보호커버가 적용된 제품들이 있는데, 제품을 조립할 때 꼭 보호커버를 설치해야 하며 작동도 확인해야 한다. 각도 절단기의 경우 목공에 많이 사용되기 때문에 절단작업 중 발생하는 분진과 재료의 비산을 막기 위해서 집진기와 연결할 수 있는 어댑터 또는 망을 가지고 있다. 집진기가 없다면 망을 이용하고 집진기 또는 건식 청소기가 있다면 작업 시 연결하여 작업환경을 최대한 깨끗하게 할 수 있다.

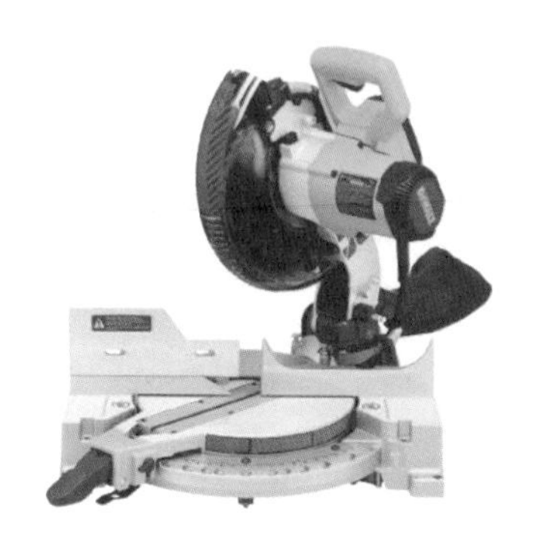

▲ 그림 117 각도 절단기

▲ 그림 118 고속 절단기

각도 절단기의 경우 길이가 긴 원형 또는 각형 재료를 절단할 때 사용하는데, 이런 경우 작업대에 설치해서 사용하면 작업이 쉬워진다.

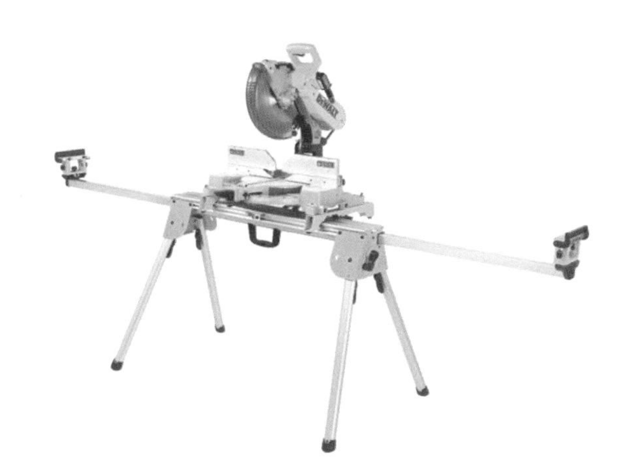

▲ 그림 119 각도 절단기 작업대

일반 절단기의 경우 판재를 한 번에 절단하지 못하는 경우가 있는데, 이런 경우 테이블 쏘를 이용하여 판재를 절단한다. 목공을 전문으로 하는 공간에서는 원형 톱을 별도로 판매하는 테이블에 연결하여 테이블 쏘로 사용하는 경우가 있다. 이런 경우 테이블의 크기가 커서 판재를 절단하는 데 훨씬 좋지만, 공간을 많이 차지하는 단점이 있다. 그래서 목공을 전문으로 하지 않는다면 대형 테이블 쏘는 선택하지 않는 것이 좋다.

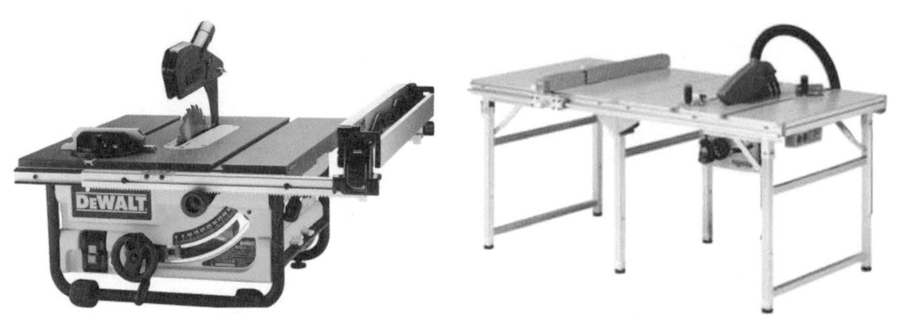

▲ 그림 120 테이블 쏘

▲ 그림 121 대형 테이블 쏘

이용자가 손에 들고 작업할 수 있는 절단 공구들도 있는데 원형 톱과 직소기이다. 원형 톱이 직선으로 절단작업을 할 수 있다면, 직소기는 곡선 작업이 가능하며 회전하면서 절단하는 원형 톱의 절단 단면이 조금 더 깨끗하다. 두 가지 제품 모두 날이 노출되어 있어 사용자의 부주의로 안전사고가 발생할 수 있기에 보안경과 절단 방지 장갑을 함께 제공하는 것이 좋다. 또한 절단작업을 하기 위한 워크벤치를 함께 준비하고 별도의 작업 테이블을 제공하여 작업환경을 개선하는 것도 좋은 방법이다.

▲ 그림 122 원형 톱

▲ 그림 123 직소기

워크벤치의 종류는 다양하지만 메이커 스페이스에서는 목공에서 사용하는 경우가 많아서 대형 워크벤치보다는 소형 또는 사용할 때만 펼칠 수 있는 접이식 워크벤치가 유용하다. 워크벤치와 함께 퀵그립으로 재료를 고정해서 작업할 수 있다.

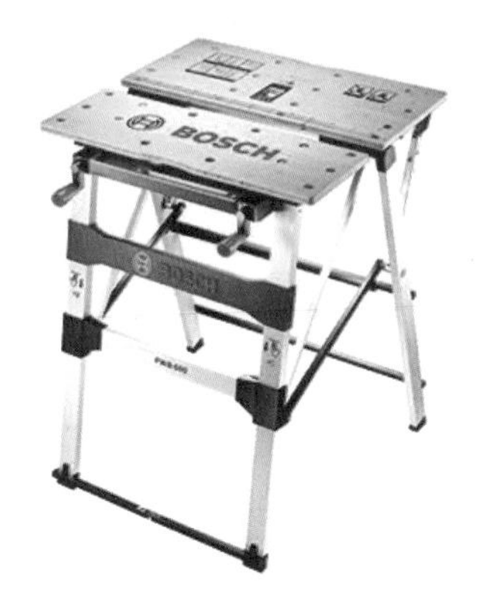

▲ 그림 124 접이식 워크벤치

▲ 그림 125 고정형 워크벤치

그 외 절단장비로 밴드 쏘와 스크롤 쏘가 있다. 밴드 쏘는 작은 테이블 쏘의 역할도 할 수 있고 각도 절단기의 역할도 할 수 있다. 주로 곡면을 제단하거나 부피가 두꺼운 목재를 얇은 판재로 만들 때 사용한다. 밴드 쏘의 단점은 몸체와 날을 잡아주는 헤드가 고정되어 있어서 폭이 넓은 판재를 절단하는 데 사용하기 어렵다. 스크롤 쏘는 스카시톱이라고도 부르며, 톱날의 상하 운동으로 절단작업을 할 수 있으나 톱날이 작아서 얇은 판재를 곡선으로 절단할 때 사용한다.

▲ 그림 126 목공용 밴드 쏘

▲ 그림 127 스크롤 쏘

금속용 밴드 쏘도 있지만 대부분의 메이커 스페이스에서는 잘 사용하지 않는다. 금속용 밴드 쏘의 경우 절삭유가 필요하기 때문에 메이커 스페이스 환경을 유지하는 데 어려움이 있다.

④ 절삭공구

절삭공구도 절단이 가능하지만 여기에서는 깎아내는 장비로 소개한다. 대표적인 장비로 선반과 밀링이 있다. 최근에는 두 가지 기능을 가진 장비도 있는데, 사용률이 낮다면 두 가지 기능이 있는 제품도 괜찮지만, 이용자가 많다면 선반과 밀링을 각각 구비하는 것이 좋으며, 절삭날(엔드밀)은 사용하는 재료에 맞게 준비해야 한다.

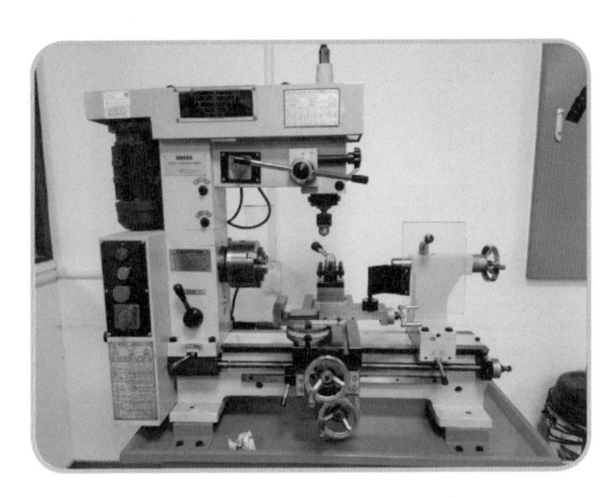

▲ 그림 128 다목적 선반밀링기계

선반기계는 재료를 회전시켜서 고정된 날로 깎거나 파내는 작업을 하는 장비이다. 재료가 회전하기 때문에 결과물은 원통형 모양이 된다.

▲ 그림 129 소형 선반

▲ 그림 130 우드펜 제작용 선반

밀링머신은 재료의 단면에 절삭날을 이용하여 평면, 곡면 등을 절삭하는 기계로, 선반과 달리 절삭하는 엔드밀이 회전하고 재료가 이동하면서 절삭작업이 이루어진다. 드릴링머신은 회전하는 주축에 드릴 및 탭 등의 절삭공구를 장착하여 회전시키고 상하 운동으로 재료에 구멍을 뚫거나 나사를 가공하는 데 사용된다. 드릴링머신은 테이블 위보다는 단단한 바닥에 설치하여 사용하는 것이 좋다. 구멍을 뚫기 위하여 사용자가 상하로 이동시키다가 기계 자체가 기울어져 넘어지는 경우가 발생할 수 있기에 단단한 바닥에 놓거나 테이블에 놓는다면 볼트를 이용하여 드릴링머신과 테이블을 고정하는 게 좋다.

▲ 그림 131 미니 밀링머신

▲ 그림 132 드릴링머신

⑤ PCB 밀링

PCB(Print Circuit Board) 재료 시트에서 구리 영역을 제거하고 저항, 콘덴서, 집적 회로 등 전자 부품의 신호를 받아들이는 판을 만들 수 있다. 기판(브레드보드)에 전선을 연결 후 납땜하여 만들던 방식에서 회로설계, 도면작업, 아트웍 작업을 통해 거버 데이터 작성 후 PCB 밀링을 이용해 만들 수 있다. 설계 프로그램으로는 ORCAD, PADS, 이글캐드, Kicad 등 다양하며 유료 프로그램과 무료 프로그램이 있어서 메이커 스페이스의 상황에 맞게 구매하여 사용하면 된다. 시제품 제작에 사용하고 상용제품에는 전문 업체를 통해 대량으로 제작하는 것이 좋다.

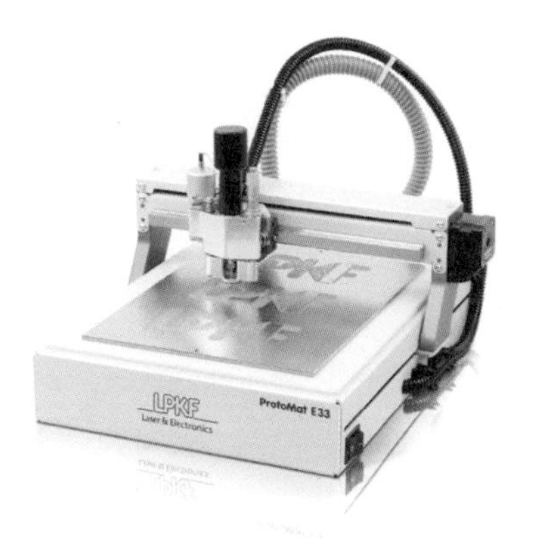

▲ 그림 133 PCB 밀링

▲ 그림 134 PCB 시트

2 디지털공작기계

1 3D프린터

적층제조(Adaptive Manufacturing)를 위한 장치로, 일반적으로 3D프린터라고 하며 사용하는 재료에 따라서 3D프린터 종류가 달라진다. 3D프린터에 따라서 추가되는 장치들이 있기 때문에 구매 시 확인이 필요하다. 또한 대부분 수입 제품으로 판매사의 AS에 대한 확인이 필요하며, 동일한 방식의 3D프린터라도 제조사에서 지원하지 않는다면 사용 중 발생하는 파손 또는 손실에 대하여 사용과 과실 사유로 AS가 되지 않을 수 있다.

최근 FDM(이하 FFF) 방식 3D프린터의 유해성 논란으로 3D프린터를 사용하는 작업장 환경을 위해 환기 설비가 필요하다. 3D프린터에 필터가 달려있어서 작업 중에는 유해한 것을 제거하지만 기계 밖에서 발생하는 유해 분진과 냄새는 제거하지 못한다. 그렇기 때문에 환기장치와 안전장구들이 필요하다.

다양한 방식의 3D프린터가 있지만 메이커 스페이스 구축에 필요한 3D프린터에 대해서만 다음과 같이 소개한다.

① FFF 방식 3D프린터

FDM(Fused Desosition Modeling) 또는 FFF(Fused Filament Fabrication), ME(Material Extrusion)라고 한다. 재료는 가열된 압출기(Extruder)를 통과하면서 용융(녹는다) 되고, 노즐을 통해 흘러나온 재료를 조형판(또는 베드)에 적층하여 형상을 만드는 방식이다. 구조에 따라서 코어X-Y와 델타 방식으로 나눌 수 있으며, 최근에는 델타 방식 제품보다 코어X-Y 방식 제품이 주를 이루고 있다. 또한 오픈형 구조에서 환경문제로 인하여 챔버형 제품이 많아지고 있다.

▲ 그림 135 코어X-Y 방식(신도 DP200)

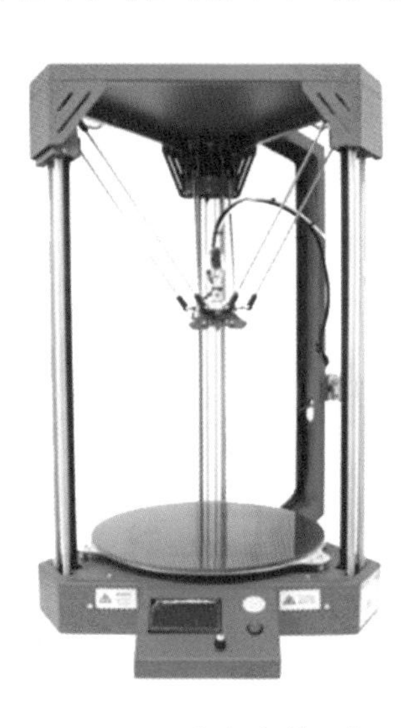

▲ 그림 136 델타 방식(S3D)

오픈형 3D프린터는 3D프린터를 이루고 있는 구조물이 노출된 상태의 챔버형보다 저렴하다는 장점이 있으나 출력 시 발생하는 미세먼지와 유해가스가 대기 중에 노출된다. PLA 재료를 사용하면 된다고 하는 경우도 있지만, 이용자의 안전을 위하여 필터가 있는 챔버형 제품이 좋다. 또한 챔버형을 추천하는 이유는 출력 중 온도 유지가 가능하기 때문이다. FFF 방식은 플라스틱을 녹여서 출력물을 조형하는데, 이 과정에서 오픈형 제품은 실내온도에 노출되어 냉각이 빠르게 진행되기에 수축률이 달라진다. 동일한 데이터로 동일한 환경에서 출력하더라도 실내 온도에 따라서 수축률이 달라진다. 이것은 정밀도, 출력물의 조형 크기 일관성에 문제가 되기에, FFF 방식 3D프린터의 출력 크기가 클수록 챔버형으로 해야 출력 시 발생하는 문제들을 줄일 수 있다.

최근에 유해가스 및 미세먼지로 필터가 설치된 챔버형 제품들이 출시되고 있는데, 대형 제품은 내부 필터 및 환기팬의 출력이 높아서 문제가 크지 않지만, 일반적으로 많이 사용하고 있는 가로 200mm×세로 200mm×높이 200mm 조형 크기의 제품들은 필터의 위치에 따라서 효율이 달라진다. 어떤 제품은 1년 이상 사용해도 필터가 크게 오염되지 않지만, 또 다른 제품은 1년만 사용해도 필터가 크게 오염된 것을 확인할 수 있다. 구매 전 사용자들의 평가를 확인하여 필터의 효과가 제대로 나타나는지 확인할 필요가 있다.

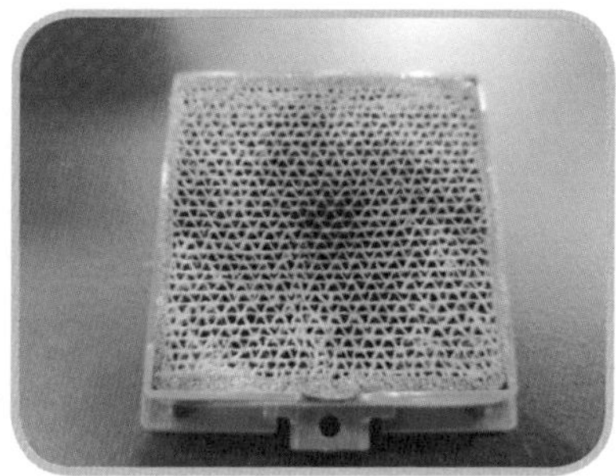

▲ 그림 137 FFF 방식 3D프린터 필터 상태

FFF 방식 3D프린터의 재료를 필라멘트라고 하는데, 3D프린터 제조사마다 전용 필라멘트를 사용하는 경우도 있고 어떤 필라멘트든 규격에 맞다면 사용할 수 있는 범용 필라멘트가 있다. 전용 필라멘트는 범용 필라멘트와 비교하면 가격이 비싸고 용량이 적을 수 있지만, 장비와 궁합이 맞기 때문에 출력 시 발생하는 필라멘트로 인한 문제들, 예를 들어 탈조, 출력 중 끊어짐 등의 문제가 줄어든다. 물론 전용 필라멘트라고 하더라도 제작된 지 오래되었다면 문제는 발생한다. 전용 필라멘트를 사용하는 3D프린터는 제조사에서 판매하지 않는 필라멘트를 사용할 수 없다는 단점이 있다. 물론 무리해서 사용해도 되지만, 이 경우 AS 문제가 발생하기 때문에 권하는 방식은 아니다. 그렇기 때문에 제조사에서 판매하고 있는 필라멘트의 종류를 확인하는 것도 필요하다. 일반적으로 PLA와 ABS 필라멘트를 가장 많이 사용하는데, 각 재료마다 출력온도가 다르기 때문에 제조사 또는 판매사에서 필라멘트 보빈 옆면에 적정 온도를 표시해 둔다. 그렇기 때문에 사용 전 온도를 확인해야 한다.

㉠ PLA(Poly Lactic Acid) 소재 플라스틱

친환경 수지, 옥수수 전분을 이용해 만든 재료로서 무독성 친환경 재료이다.

장점	• 열 변형에 의한 수축이 적어 다른 재료와 비교하여 정밀한 출력이 가능하다. • 경도가 다른 플라스틱 소재에 비해 강하기 때문에 쉽게 부서지지 않는다. • 표면에 광택이 있고 히팅베드 없이도 출력이 가능하다. • 출력 시 유해 물질 발생이 적다.
단점	• 서포트 생성 시 제거가 어렵고 제거 표면이 거칠다.

㉡ ABS(Acrylonitrile Butadiene Styrene) 소재 플라스틱

유독 가스를 제거한 석유 추출물을 이용해 만든 재료로 노즐온도는 230~240℃이다.

장점	• 강하고 오래가면서 상대적으로 열에 강한 편이다. • 일상적으로 사용하는 플라스틱 소재로 가전제품, 자동차 부품, 장난감 등 사용 범위가 넓다. • 가격이 PAL 소재와 비교하여 저렴한 편이다. • 아세톤(Aceton) 훈증을 통해 표면에 광택을 낼 수 있다.
단점	• 열변형에 의한 수축이 상대적으로 더 발생한다. • 출력 사이즈가 넓을수록 휨 현상이 심해진다. • 출력 시 냄새와 미세먼지로 환기가 필요하다. • ABS로 출력하기 위해서는 히팅베드가 필수이다.

㉢ 나일론 소재

PLA, ABS보다 강도가 높은 재질로 강도와 마모도가 높은 특성의 제품을 제작할 때 주로 사용한다.

특징	• 높은 강도가 필요하고 마모도가 높은 기계 부품에 많이 쓰인다. • 나일론은 의류에 많이 사용되는 소재로 충격 내구성이 강하고 출력 시 수축률이 낮다.

㉣ PC(Polycarbonate) 소재

전기 절연성과 치수 안정성이 좋고 충격에도 강하기 때문에 전기 부품 제작에

많이 사용된다.

특징	• 일회성으로 강한 충격을 받는 제품에 주로 쓰인다. • 연속적인 힘이 가해지는 부품에는 부적합하다. • 출력 시 냄새를 맡을 경우 해로울 수 있으므로 환기가 필요하다. • 출력 속도에 따라 압출 온도 설정을 다르게 해야 하므로 출력이 까다롭다.

㉤ PVA(Polyvinyl) 소재

폴리아세트산 비닐을 원료로 하는 소재이다.

특징	• 물에 녹기 때문에 서포터 소재로 많이 사용된다. • 서포트로 사용할 경우 노즐이 2개인 FFF(또는 FDM) 프린터를 사용한다. • 출력 후 물에 담그면 PVA 소재는 녹아내린다.

㉥ HIPS(High-Impact Polystryrene) 소재

특징	• 신장률이 뛰어나 출력 중 잘 끊어지지 않고 적층이 잘된다. • 고유의 접착성을 가지고 있어 히팅베드 면에 접착이 우수하다. • 리모넨(Limonene) 용액에 녹기 때문에 서포트 용도로 많이 사용한다.

㉦ 나무(Wood Filament) 소재

특징	• 나무(톱밥)와 수지의 혼합물로 나무와 비슷한 냄새와 촉감을 가진다. • 출력물이 목재 느낌을 주기 때문에 인테리어 분야에 주로 사용한다. • 소재 특성상 노즐의 직경이 작으면 출력 도중에 막히게 되므로 노즐의 직경이 0.5mm 이상인 3D프린터에서 사용한다.

㉧ TPU(Thermoplastic Polyurethane) 소재

특징	• 열가소성 폴리우레탄 탄성체 수지이다. • 내마모성이 우수한 고무와 플라스틱의 특성을 가져 탄성과 투과성이 우수하고 마모에 강하다. • 탄성이 뛰어나 휘어짐이 필요한 부품 제작에 주로 사용되며 가격이 비싸다.

최근에 출시되는 FFF 방식 3D프린터는 초창기 제품들과 다르게 조형판의 수평을 자동으로 맞추는 '오토레벨링' 기능이 포함되어 있으며, 사용자 관점에서는 편리한 기능이다. 그러나 베드 레벨링에 대한 이해가 없다면 수동으로 조절해야 하는 경우가 발생할 때 어려움을 겪기 때문에 관리자는 베드 레벨링에 대한 이해가 필수이다. 또한 장비에 대한 전반적인 이해가 있다면 자가 점검을 할 수 있어서 관리에 도움이 된다.

▲ 그림 138 비접촉식

▲ 그림 139 수동식 베드 레벨 설정

3D프린터가 있는 공간의 습도를 유지하는 것이 좋다. 특히 오픈형 3D프린터 또는 필라멘트가 노출되어 있는 장비의 경우 필라멘트가 대기 중에 노출되면서 습도의 영향을 받게 되면 필라멘트의 상태가 나빠지기 시작한다. 그래서 3D프린터가 있는 공간의 습도는 40~50%를 유지할 때 필라멘트의 손상이 가장 적고 출력 결과물의 상태가 좋다. 필라멘트의 상태는 육안으로 확인하기 어렵고 출력된 결과물의 표면 또는 보관하는 중에 적층 면이 떨어지는 등의 문제가 발생한다.

FFF 방식 3D프린터 중에 산업용 재료인 카본을 사용할 수 있는 MAKE FORGED사의 제품이 있는데, 2018년 소개된 이후 성능 개량을 통해서 FFF 방식 3D프린터에서 카본 필라멘트를 이용한 출력물의 결과가 상당히 좋다. 그러나 수입제품으로 국내 FFF 방식 3D프린터와 비교하면 가격이 높지만, 교육용이 아닌 시제품 제작을 위한 특수한 필라멘트를 사용할 수 있어서 시설 구축 시 1대 이상 보유하는 것도 좋다.

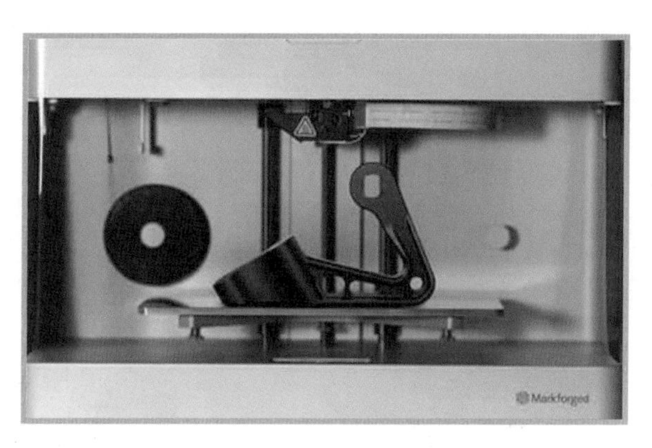

▲ 그림 140 Maker Forged

일반적으로 특별한 필라멘트를 사용하고 싶다면 조립형 3D프린터를 권장한다. 이유는 3D프린터를 조립하는 과정에서 기계의 구조 및 관리에 대한 이해를 할 수 있고 문제가 생겼을 때 해결이 가능하기 때문이다. 국내에는 잘 알려져 있진 않지만, 해외에서 가장 다양한 종류의 필라멘트를 제작하는 곳은 'Colorfabb'이다. 카본, 청동, 우드 외 다양한 필라멘트를 전문으로 제조하는 회사이며 국내에서 보기 힘든 파스텔톤 색상의 필라멘트도 판매하고 있다.

▲ 그림 141 Colorfabb 필라멘트

② SLA 방식 3D프린터

광경화 수지를 재료로 사용하는 3D프린터로, 빛에 의해 고체화 되는 액상 수지가 특정 파장의 빛에 노출되면 경화가 일어나며, 출력 후 출력물은 세척, 건조과정을 거쳐야 한다. SLA 방식 3D프린터라고 하면 주사 방식의 3D프린터를 말하며, 그 외에도 전사 방식의 DLP 방식 3D프린터도 있다.

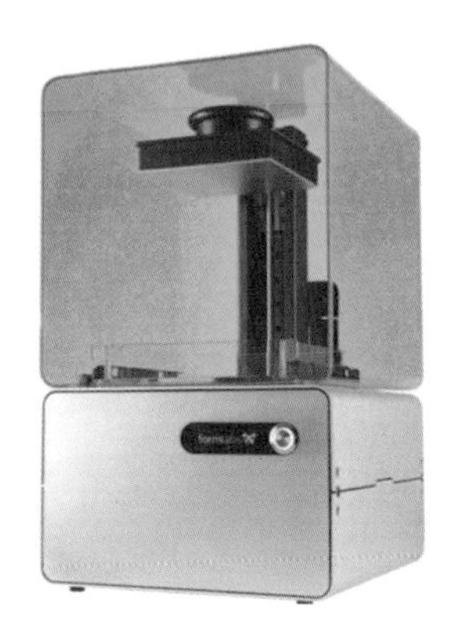

▲ 그림 142 주사 방식(Form2)

▲ 그림 143 전사 방식(FlashForge)

주사 방식 3D프린터는 광원을 레이저로 사용하고, 전사 방식 3D프린터는 빔프로젝터나 LCD 패널을 이용한다. 주사 방식은 정교한 출력이 가능하지만, 출력 크기의 제한이 있고, 주사 방식과 비교하여 전사 방식은 출력할 수 있는 크기가 더 크고 출력 속도가 빠르다. 최근에는 Full HD, 2K, 4K 패널을 사용하는 전사 방식 3D프린터가 나오면서 정밀도가 높아지고 있다.

SLA 방식 3D프린터는 설치하는 위치도 중요하다. 자연광 상태에서도 경화가 이루어지기 때문에 설치장소가 중요하며 재료의 경우에도 서늘하고 그늘진 곳에 보관해야 한다. 광경화성 수지를 이용하는 3D프린터를 구매할 때 선택이 어려운 것 중에 하나가 수조라고 부르는 트레이이다. 다양한 종류의 레진을 사용한다면 사용하려는 재료별로 3D프린터를 준비하는 것이 좋지만, 대부분 그렇지 못하기 때문에 광경화성 수지를 담아두는 수조를 재료별로 준비하는 것이 차선책이다. 수조는 광원이 닿는 바닥 면에 VAT 코팅이 되어 있어서 제조사에서 추천하는 사용시간이 지나면 교체해야 한다.

▲ 그림 144 Form2 Tray

SLA 방식 3D프린터는 재료가 되는 광경화성 수지를 자동으로 충전해 주는 방식이 있고, 이용자가 수조에 부어서 충전하는 방식이 있다. 자동으로 충전하는 방식은 광경화성 수지가 수조를 넘치지 않지만, 사용자가 직접 충전해야 하는 경우 수조에 과하게 넣게 되면 수조에서 넘치게 되어 광원을 손상시키는 경우도 있다. 그래서 수조 높이의 1/2 이상 채우지 않고 필요할 때마다 충전하면서 사용한다. 광경화성 수지는 온도의 영향을 받기 때문에 출력 전 광경화성 수지 재료의 온도를 30℃ 정도로 가열한 상태에서 출력하면 좋다. Form2의 경우 출력 전 자동으로 재료를 데워주는 기능이 있으며, 그 외 제품들은 제조사에서 지원하는 경우에만 사용할 수 있다.

▲ 그림 145 DLP 방식 출력 모습

주사 방식 3D프린터로는 Formlab사의 Form2, 3가 유명한데, 대형 SLA 방식 3D프린터를 사용하지 않는다면 대부분 Form2, 3를 가장 많이 사용하며, 전용 재료를 사용한 다양한 광경화성 수지를 판매하고 있다. Form2의 경우 출력할 때 광경화성 수지를 섞어주는 와이퍼가 있는데, 조형판이 위로 올라갈 때 와이퍼가 광경화성 수지를 한 번 쓸어주면 광경화성 수지에 있는 기포와 부유물을 한쪽으로 치워주는 역할을 한다. 이것이 출력물 결과에 큰 영향을 준다.

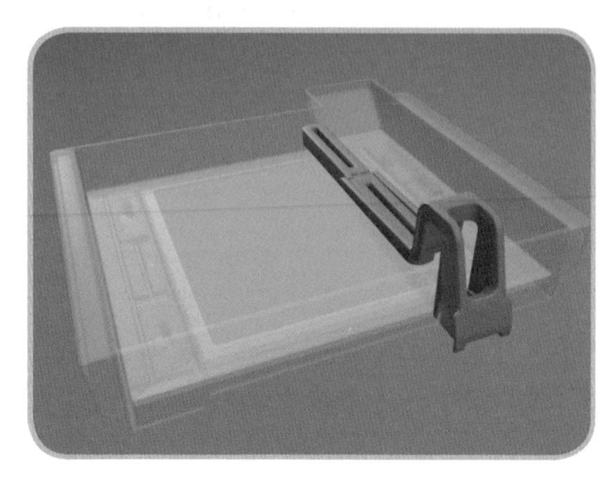

▲ 그림 146 레진와이퍼(Form2)

일반적으로 많이 사용하는 ABS 계열의 광경화성 수지(이하 레진)에서부터 내열성이 강화된 레진, 유연성과 탄성이 있는 플렉서블 레진, 금속 몰드를 만들 수 있는 캐스터블 레진, 착색제를 사용할 수 있는 클리어 레진 등 다양한 재료가 있어서 Formlabs사의 장비를 많이 사용한다.

▲ 그림 147 Formlabs사 전용 레진

전용 레진이라서 범용 제품과 비교하면 가격이 많이 비싸지만 메이커 스페이스 이용자의 다양한 요구에 대응하기에 좋다. 다양한 재료를 사용할 계획이라면 한 대의 장비로 다양한 레진을 사용하는 것보다 사용하려는 재료에 맞게 다수의 장비를 구축하는 것이 장비 관리 및 시설 운영에 편리하다.

전사 방식은 보통 DLP 방식 3D프린터라고 하며, 최근에는 LCD 패널을 이용한 제품까지 등장하였다. 초창기에는 SD급 화질의 빔프로젝터를 많이 사용하여 SLA 방식 대비 출력 속도는 빠르지만 품질에서는 열세였다. 그러나 2K, 4K, 8K 화질의 광원을 사용하면서 SLA 방식만큼의 정밀도를 가지게 되었다. 중국에서 제조된 반조립 및 완성 제품이 개인 창작자들 사이에서 많이 사용하고 있지만, 메이커 스페이스라면 프린터 자체의 퀄리티만큼 사용할 수 있는 재료의 다양성이 중요하다. 국내에서는 캐리마사의 제품이 있는데, 3D프린터 시장 초기부터 DLP 방식 프린터를 개발 판매하고 있으며 제품뿐만 아니라 레진 재료도 다양하게 판매하고 있다. 국내 제품이기에 메이커 스페이스 관리자에게 중요한 AS가 수입제품 대비 빠르다. 많은 Start-up에서 레진을 사용하는 제품을 개발, 판매하였지만 국내에서는 독보적이라고 할 수 있다.

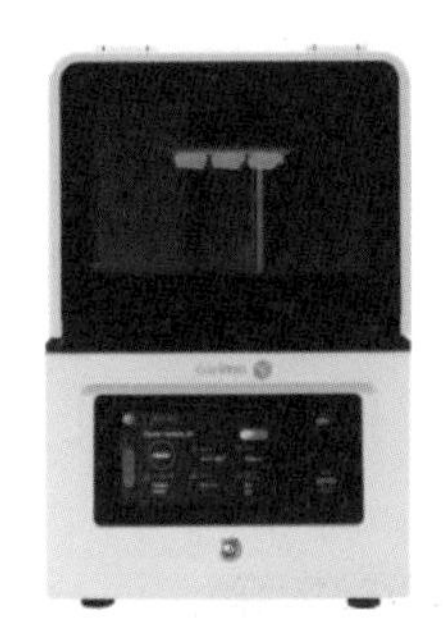

▲ 그림 148 캐리마 DLP 프린터 제품(출처 : 캐리마)

SLA 방식 3D프린터는 출력 후 세척 및 건조과정에 필요한 장비를 추가로 구매해야 한다. 대부분의 판매사에서는 장비 도입 비용을 적게 보이기 위해서 세척 및 건조 장비에 대해서는 말하지 않는 경우가 있다. 물론 3D Systems, Stratasys 등 대기업의 경우 포함된 경우가 있지만, 중소기업 제품의 경우 별도로 구매하여야 하며, 세척에 필요한 알코올 등도 별도로 구매해야 한다.

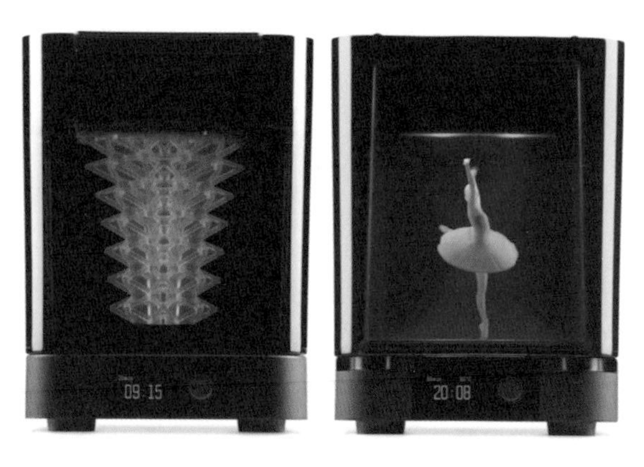

▲ 그림 149 Formlabs 세척기(좌), 건조기(우)(출처 : Formlabs)

③ 재료 분사 방식(Material Jetting) 3D프린터

프린터 헤드를 통해 액체 상태의 광경화성 수지를 고압으로 분사 후 UV 광원을 통해 빠르게 경화시키는 방식으로, SLA 방식과 비슷하며 액체 상태의 광경화 수지를 담는 수조(Tray, Tank)가 없지만, 재료를 분사하는 방식으로 여러 가지 재료와 색상을 동시에 사용할 수 있다. 그러나 컬러를 사용할 수 있는 제품의 경우 고가이므로 메이커 스페이스 중에서 전문 랩 규모의 시설에서 구축할만하고 Zero to Maker, Maker to Maker 운영 방식을 추구하는 시설에는 부담이 될 수 있다. 이런 경우 메이커 스페이스 간 협업을 통해 각 시설이 보유하지 않은 장비에 대해서 이용자에게 다른 시설의 장비 사용에 대한 정보를 제공하는 것이 필요하다.

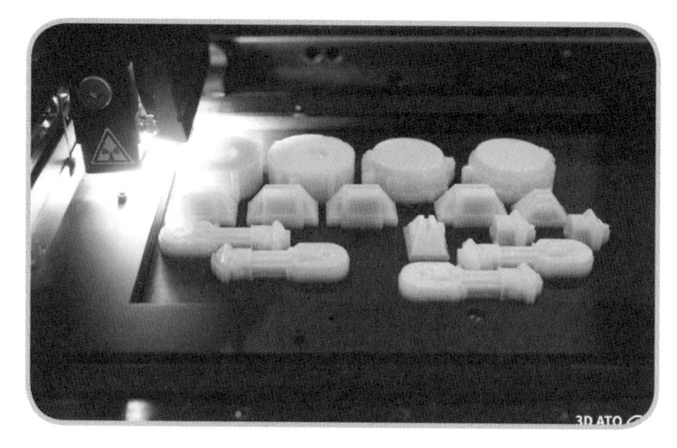

▲ 그림 150 폴리젯 방식 3D프린터(출처 : 3D ATO)

MJ 방식(Polyjet 방식)은 정밀도가 굉장히 높으며 액체 상태의 광경화성 수지를 재료로 사용한다. 잉크젯 프린터의 헤드와 비슷한 형태의 수백 개의 노즐을 통해 액체 상태의 광경화성 수지를 단면으로 도포한 후 자외선(UV) 램프로 동시에 경화시키며 적층한다. 일반적으로 아크릴 계열의 플라스틱을 재료로 사용하는데, 빛에 노출되면 경화되기 때문에 빛을 차단한 장소에 보관해야 한다. 재료는 빛이 차단된 상태로 포장되어 있으며 주재(모델)와 부재(서포터)로 나누어져 있다.

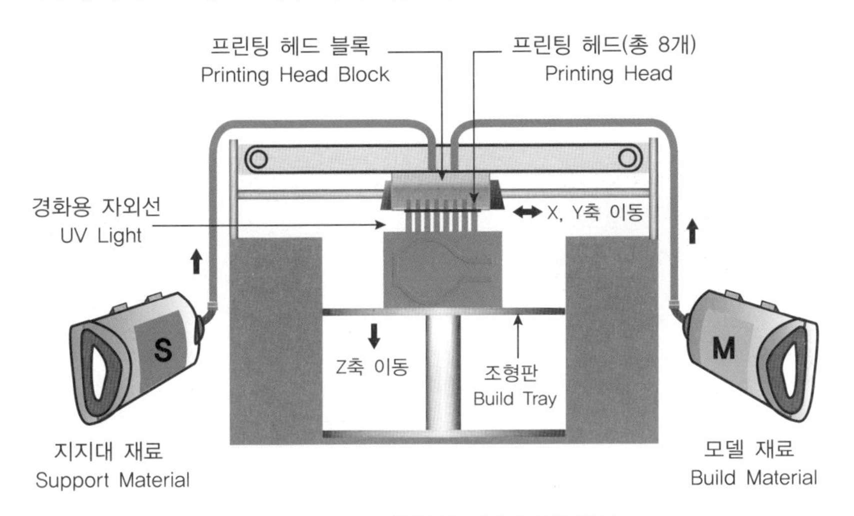

▲ 그림 151 MJ 방식 3D프린터 출력 방식

▲ 그림 152 재료 분사 방식 광경화성 수지

최상의 출력물을 만들기 위해 이전 출력을 위해 충전되어 있던 재료를 가열하여 버리고 새로운 재료로 충전하여 출력하는데, 사용자 입장에서는 재료를 버리는 것이 많아 보일 때도 있다. 출력물의 퀄리티를 위해서는 필요하지만, 유지 부분에서는 부담되는 장비이기도 하다. 그러나 창업기업 또는 중소기업의 시제품 제작 지원을 목표로 하는 메이커 스페이스라면 필요한 장비이기도 하다.

그 외에 시제품 제작을 지원하길 원한다면 SLS(Selective Laser Sintering) 방식의 3D프린터가 필요할 수 있다. 레이저 등을 이용하여 금속가루(파우더)를 녹여서 형상을 만드는 방식과 석고, 모래 등을 이용하여 접착용 본드를 분사하여 형상을 만드는 방식이 있다. 그러나 이들 제품의 경우 위에서 언급한 3D프린터보다 더 다양한 재료를 사용할 수 있지만, 도입 비용에서부터 관리비용이 많이 든다. 그래서 이러한 장비를 가지고 있는 시설과 연계하거나 장비를 구축한 시설을 파악하여 이용자에게 안내하는 것이 좋다.

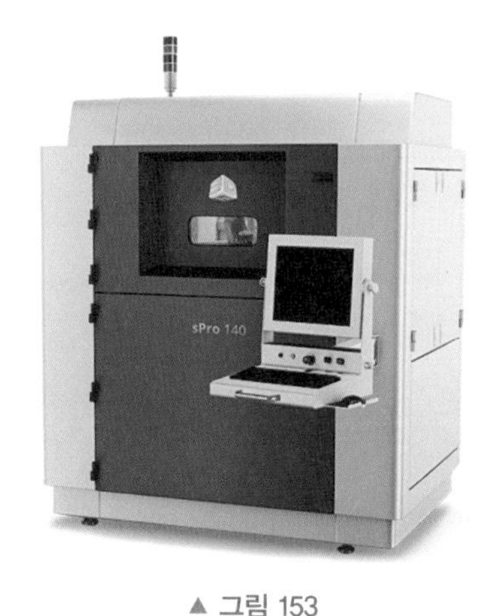

▲ 그림 153
레이저 소결 방식(출처 : 3D Systems)

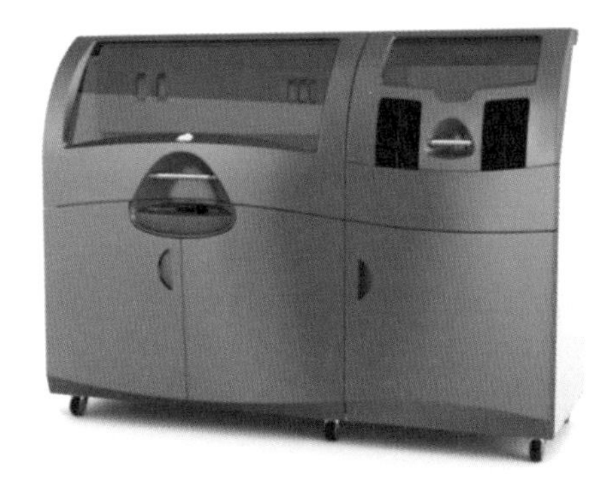

▲ 그림 154
바인딩 젯 방식(출처 : 3D Systems)

㉠ FFF 방식 3D프린터 출력 설정

3D프린터로 출력할 때에 결과물에 영향을 주는 부분을 잘 알고 있어야 원하는 결과물을 얻을 수 있다. 일반적으로 온도, 속도, 재료의 상태만 좋다면 출력 결과물 또한 만족할 수 있다. 또한 3D프린터를 여러 대 사용하는 경우 전기가 문제가 된다. 메이커 스페이스에 공급되는 전력량의 문제가 아니라 하나의 멀티 탭에 여러 대의 3D프린터를 연결한 경우 초기에는 문제가 없지만, 동시에 사용하는 경우 멀티탭이 수용할 수 있는 전력량이 문제가 된다. 이러한 문제는 멀티 탭에 영향을 줄 수도 있지만, 3D프린터의 X, Y, Z축의 이동을 담당하는 모터드라이브가 먼저 파손되기 때문에 콘센트를 충분하게 설치 하는 것이 좋다.

ⓐ 필라멘트 로딩

필라멘트 로딩은 3D프린터 제조사마다 기능을 제공하는 것은 아니다. 기능을 제공하지 않는 경우 익스트루더(Extruder)를 가열하고 재료 공급 모터를 수동으로 회전시켜서 하는 방법이 있다. 필라멘트 로딩 기능이 없어도 스커트(Skirt) 기능을 이용하여 노즐의 상태를 확인할 수 있는데, 스커트는 실제 출력물에 영향을 주는 영역은 아니며, 스커트 라인의 값을 증가시켜서 출력하므로 막혀있는 노즐을 뚫어 줄 수 있다. 그러나 스커트 생성 시에도 출력이 안 된다면 노즐을 청소해야 한다.

[표 5] 필라멘트, 노즐 상태

노즐 상태	
	• 노즐이 막혀 있는지를 확인할 수 있다. • 노즐이 막혀 있다면 출력량이 일정하지 않아서 출력 면에 구멍이 생기거나 적층이 불량할 수 있다.
노즐 상태	
	• 필라멘트의 최적 온도를 확인할 수 있다. • 필라멘트의 상태가 나쁜 경우 출력되어 나오는 필라멘트 표면의 광택이나 거칠기를 확인할 수 있다.

ⓑ 첫 번째 레이어(First Layer)

3D프린터는 첫 번째 레이어가 바닥에 붙지 않으면 아무 소용없다. 그래서 G-code 생성 소프트웨어에서 첫 번째 레이어의 속도를 설정속도의 30~50%로 줄여서 출력한다.

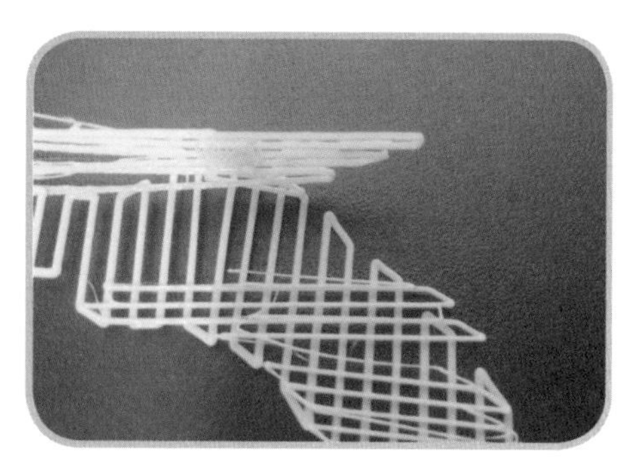

▲ 그림 155 불량인 상태

[표 6] 첫 번째 레이어 설정

속도	• 출력속도의 30~50%로 줄여준다.
온도	• 수동으로 설정온도보다 5~10℃ 높게 하는 경우가 있다. • 히트베드가 있는 경우 출력온도를 바꾸지 않는다.
출력량	• 장비와 재료에 따라서 달라진다. • 오픈형 구조의 경우 104% 정도 출력량을 증가한다. • ABS 재료의 경우 107% 정도 출력량을 증가한다.

ⓒ Shell, Top & Bottom(외벽, 윗면, 바닥 면)

쉘 값은 모델의 두께를 말한다. 3D 모델링을 할 때 일정한 두께를 가지고 있도록 모델링을 하였다면 그 값이 적용되지만, 모델의 속이 꽉 차 있는 형태라면 달라진다. 채우기 값을 100%로 하였다면 상관없지만, 채우기 값을 10%로 하였다면 외벽의 두께를 어떻게 주는가 하는 문제가 생길 수 있다. 그래서 측면의 두께를 "Shell" 또는 "Wall"이라고 한다. Shell 값 부분은 꽉 채우고 나머지는 채우기 값에 따라서 채우기를 한다. Top, Bottom도 같으며 설정된 값만큼은 100% 채워진 상태로 출력하고 나머지 부분은 채우기 값이 적용된다.

[표 7] 외벽 설정

Shell(Wall)	• 모델 측면의 두께 값 • 쉘 값을 설정할 때에는 노즐 직경의 배수로 설정한다.
Top & Bottom	• 값이 적을수록 100% 채워지지 않고 구멍이 생길 수 있다. • 레이어 높이의 배수로 설정한다.

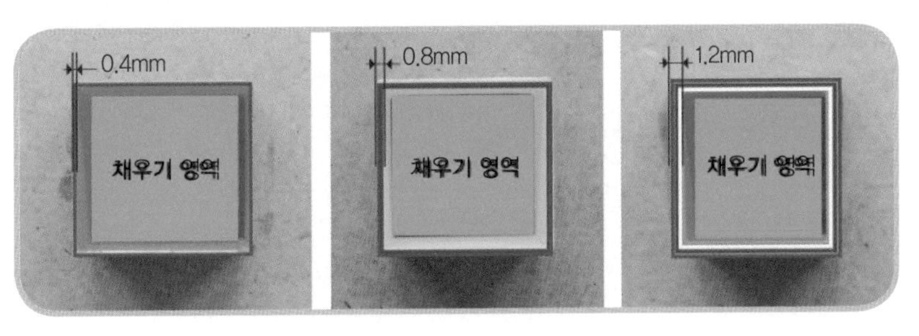

▲ 그림 156 출력 예시

ⓓ 출력온도

필라멘트의 종류, 색상에 따라서 온도가 조금씩 차이 난다. 최적의 출력온도는 제조사에서 제공하고 있지만, 필라멘트 로딩을 할 때 재료의 표면을 확인하면서 최적의 온도를 찾을 수도 있다.

[표 8] 온도에 따른 변화

낮은 경우	• 출력이 되지 않는다. • 출력은 되나 필라멘트 토출 속도가 느리다. 모터에 무리가 된다. • 적층되는 각 레이어가 떨어지거나 잘 붙어있지 않는다.
정상	• 출력되는 필라멘트의 표면에 광택이 난다. • 각 레이어의 적층이 원활하다.
높은 경우	• 출력되는 필라멘트의 표면에 광택이 없다. • 노즐온도가 높아서 조형된 출력물의 표면에 영향을 준다. 흘러내리는 현상이 발생할 수 있다.

ⓔ 베드온도

히트베드가 있는 경우 베드온도를 설정한다. 초기에는 PLA 필라멘트는 수축이 적어서 히트베드가 필요 없다고 하였으나 출력 사이즈가 커지면서 PLA도 수축이 발생하여 조형판(베드)에서 떨어지는 경우가 발생한다. 최근 3D프린터는 대부분 히트베드가 적용되어 있고, PLA 필라멘트 전용 프린터의 경우 히트베드가 없거나 실리콘 베드로 되어 있는 경우도 있다.

[표 9] 온도 설정

PLA	• 히트베드가 없는 경우 딱풀이나 헤어젤을 도포하여 사용한다. • 50~70℃ 사이에서 설정한다. • 90℃ 이상인 경우 출력물이 조형판에서 떨어지는 경우가 발생한다.
ABS	• 히트베드가 없으면 조형판에 안착이 안 된다. • 100~120℃ 사이에서 설정한다.

ⓕ 출력속도

대부분의 3D프린터는 출력속도가 느린데 고가의 3D프린터일수록, 정밀도가 높을수록 출력시간이 많이 소요된다. FFF 방식의 경우 멘델형보다 델타형의 속도가 조금 더 빠른데, 익스트루더가 가볍기 때문이다. 그러나 속도가 빠르다고 좋은 것은 아니며 빨라진 속도만큼 출력온도가 맞지 않다면 출력물의 정밀도가 낮아질 수 있기 때문이다.

[표 10] 출력속도 설정

기본 속도(권장)	• 출력속도 30mm/s • 이동속도 100mm/s 이하(출력과 상관없이 이동하는 경우)
속도 조절	• 기본속도에서 50% 감속 : 온도를 5~10℃ 인하 • 기본속도에서 50% 가속 : 온도를 5~10℃ 상승

ⓖ 채우기(Infill, Fill)

채우기는 쉘, Top, Bottom 값을 제외한 부분을 채우는 값이다.

[표 11] 채우기 설정 예시

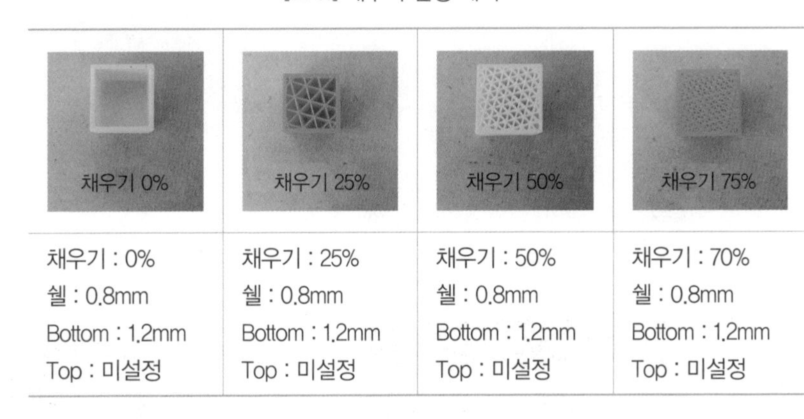

채우기 0%	채우기 25%	채우기 50%	채우기 75%
채우기 : 0% 쉘 : 0.8mm Bottom : 1.2mm Top : 미설정	채우기 : 25% 쉘 : 0.8mm Bottom : 1.2mm Top : 미설정	채우기 : 50% 쉘 : 0.8mm Bottom : 1.2mm Top : 미설정	채우기 : 70% 쉘 : 0.8mm Bottom : 1.2mm Top : 미설정

위의 표를 보면 채우기 값이 50% 이상이면 차이가 많이 나지 않는다. 단면적이 단순하고 넓은 경우 채우기 값을 50% 이상 하지 않는 것을 권장한다.

ⓗ 조형판 수평

조형판 수평이 맞지 않다면 첫 번째 레이어가 조형판에 붙지 않거나 출력 중 조형판에서 떨어지는 경우가 생긴다. 조형판의 수평은 수동 방식과 자동 방식이 있다.

[표 12] 베드 레벨링

구분	내용
수동 방식	• 조형판에 있는 볼트를 돌려서 수평을 맞추는 방식이다. • 조형판 바닥에 있는 너트를 돌려서 수평을 맞추는 방식이다. • 조형판과 노즐 사이 간격은 A4용지 두께보다 적다.
자동 방식 (오토 레벨링)	• 접촉식 센서를 이용하여 수평 측정한다. • 비접촉식 센서를 이용하여 수평 측정한다.

[표 13] 레벨링 방법

수동 방식	자동 방식(오토 레벨링) 

조형판 바닥에 조절 너트가 있는 경우	접촉식 오토 레벨링
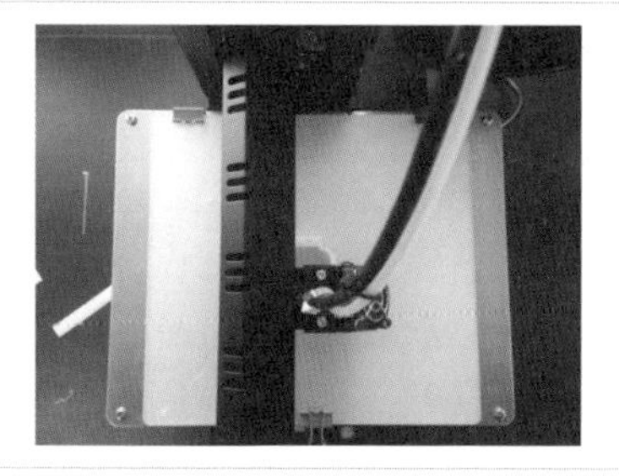	
조형판 상판에 레벨 조절 볼트가 있는 경우	비접촉식 오토 레벨링

최근 출시되는 제품에는 오토 레벨링 기능을 포함하고 있다. 그러나 수동 방식과 오토 레벨링을 함께 사용하면 좀 더 정확한 수평을 맞출 수 있다.

ⓛ 3D프린터 관리

ⓐ 필라멘트가 나오지 않을 때

상황	필라멘트가 출력되지 않을 때
원인	① 필라멘트가 노즐을 막고 있는 경우 ② 필라멘트의 변형으로 공급 롤러에 끼여 있는 경우 ③ 재료가 제대로 공급되지 않는 경우

[표 14] 노즐이 막혀 있는 경우

원인	① 필라멘트가 노즐을 막고 있는 경우
판별법	• 필라멘트가 노즐을 통해서 출력되지 않아도 공급 모터는 돌아간다. 모터가 회전하다가 역방향으로 튕기면서 "딱,딱" 소리가 난다.
해결법	• 필라멘트를 익스트루더(노즐)에서 분리한 후 일정 부분을 제거하고 다시 삽입한다. • 기존 부분을 제거 후 삽입하여도 출력되지 않는다면 노즐 윗부분에 찌꺼기가 남아 있을 수 있다. 익스트루더를 분리하여 찌꺼기를 제거해 준다. • 나일론 필라멘트가 있다면 나일론 필라멘트를 삽입하여 녹아 있는 필라멘트 찌꺼기를 나일론 필라멘트에 붙여서 빼내기도 한다.

[표 15] 필라멘트가 끊어진 경우

원인	② 필라멘트의 변형으로 공급 롤러에 끼여 있는 경우
판별법	• 필라멘트를 로딩하였을 때 재료가 들어가지 않으며 필라멘트를 빼내려고 하여도 빠지지 않는다.
해결법	• 필라멘트 공급 모터에 있는 레버를 누른 상태에서 재료를 당겨서 빼낸다. • 습도가 높은 날의 경우 필라멘트가 공급롤러(폴리)에 찍혀서 상하로 움직이지 않는 경우 익스트루더를 해체하여 제거한다.

[표 16] 재료가 공급되지 않는 경우

원인	③ 재료가 제대로 공급되지 않는 경우
판별법	• 소리도 나지 않으며 필라멘트는 출력되고 있지만 출력량이 부족하다.
해결법	• 필라멘트 보빈의 상태를 확인한다. 일반적인 보빈 거치대에는 구름베어링이 없는 관계로 보빈이 회전할 경우 마찰이 발생한다. 새로운 필라멘트를 사용하고 있다면 재료의 무게와 마찰력이 함께 발생하여 원활한 재료공급이 되지 않고 재료공급 모터에 부하를 발생시킬 수 있다. 이런 경우 재료를 임의로 회전시켜서 필라멘트를 풀어준다. • 구름베어링이 있는 필라멘트 거치대로 교환한다.

PLA 소재의 경우 일정 기간 사용하지 않을 때에는 프린터에서 분리하여 보관하는 것이 좋다.

ⓑ 조형판에 출력물이 붙지 않을 때

상황	조형판에 출력물이 붙지 않을 때
원인	① 조형판 수평레벨 불량 ② 히트베드 온도 설정 ③ 조형판(청소) 상태 불량 ④ 필라멘트 공급 불량

[표 17] 레벨 불량

원인	① 조형판(수평) 레벨 불량
판별법	• Skirt나 Brim을 출력할 때 필라멘트의 출력되는 폭이 일정하지 않다.
해결법	• 조형판의 수평을 조정한다. • 제조사에 따라서 수평 조절 장치의 위치가 다르며, 너트 방식 이외에 볼트 방식의 경우 드라이버가 필요한 경우가 있다.

[표 18] 베드 온도 설정

원인	② 히트베드 온도 설정
판별법	• 필라멘트의 출력량은 일정하지만 바닥에 붙지 않고 실타래처럼 노즐 주변부에 붙어 있는 경우
해결법	※ 히트베드가 있는 경우 • PLA : 설정온도 50~70℃ • ABS : 설정온도 100~120℃ 특수한 재료의 경우 히트베드의 온도가 190℃까지 필요한 경우가 있다. ※ 히트베드가 없는 경우 • 조형판의 옐로 테이프(접착테이프)를 교체한다. • 딱풀, 헤어젤을 조형판 바닥에 얇게 발라서 사용한다.

▲ 그림 157 바닥 고정 보조 물품

[표 19] 조형판 상태 불량

원인	③ 조형판(청소) 상태 불량
판별법	• 조형판의 표면이 거칠거나 필라멘트에 이물질이 묻어 있는 경우 • 딱풀, 헤어젤의 이물질이 남아 있는 경우
해결법	• 조형판에 이전에 출력했던 출력물의 이물질을 제거한다. • 히트베드의 온도를 50℃로 설정 후 물티슈를 이용하여 제거한다. • 알코올 또는 아세톤을 티슈에 묻혀 닦아서 제거한다.

※ 히트베드가 가열된 상태에서 알코올 및 아세톤으로 조형판을 닦을 경우 증기가 발생하여 호흡기에 나쁜 영향을 줄 수 있다. 사용 시 세심한 주의가 필요하다.

▲ 그림 158 히트베드 청소 소재

ⓒ 서포트 생성 및 제거

상황	출력을 위해 생성된 서포트 생성 및 제거
원인	① 모델과 서포트 사이(X-Y) 간격 설정 ② 서포트 종류 ③ 서포트 간격 설정 ④ 모델과 서포트 사이(Z축) 간격 설정

[서포트 제거 기본 도구]

서포트를 모델로부터 제거하기 위한 기본적인 도구이다.

- 스크래퍼 : 조형판에서 출력물을 분리할 때 사용한다.
- 전선커터·롱노우즈 : 모델로부터 서포터를 제거할 때 사용한다.

▲ 그림 159 스크래퍼

▲ 그림 160 전선커터

▲ 그림 161 롱노우즈

[서포트 제거 추가 도구]

추가 도구의 경우 서포트를 제거하면서 생기는 필라멘트 조각들을 제거하거나 출력물 표면을 다듬을 때 사용한다.

- 전동 조각기 : 사포 또는 조각날을 설치하여 표면을 다듬는다.
- 폼커터 : 열선을 이용하여 서포터 제거와 동시에 표면을 일정 부분 매끄럽게 한다.
- 줄끌 : 전동 조각기가 들어가지 못하는 공간의 필라멘트 조각들을 제거하거나 다듬는다.

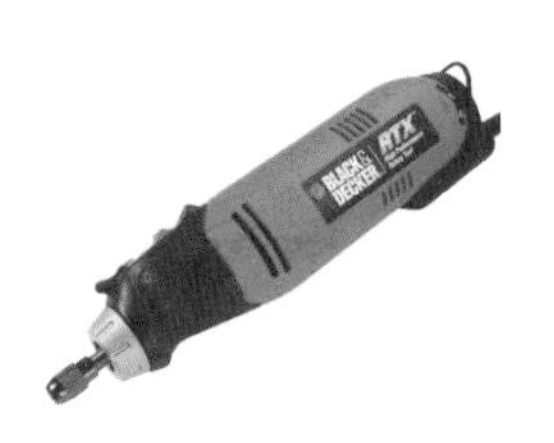

▲ 그림 162 전동 조각기

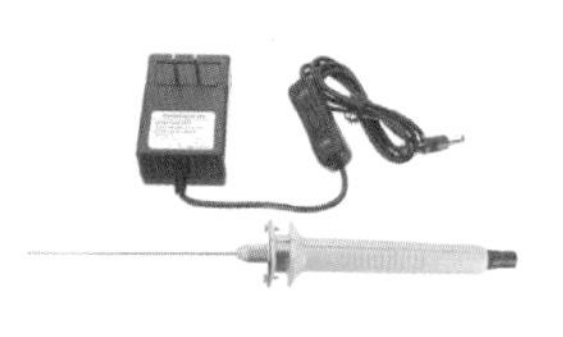

▲ 그림 163 폼커터

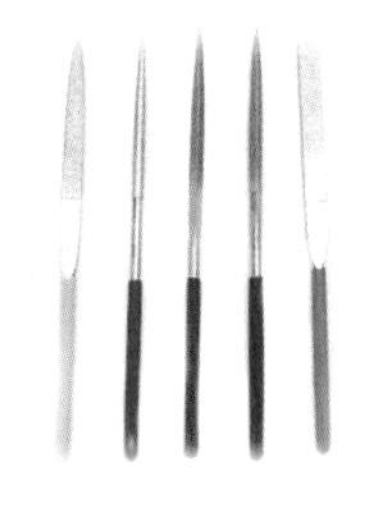

▲ 그림 164 줄, 끌

원인	① 모델과 서포트 사이 간격 설정
해결법	• 모델과 서포트 사이의 간격이 너무 좁아도 모델과 서포터를 구별하지 못하거나 분리하기 어렵다. • 슬라이스 SW에 따라서 없을 수도 있다.

2 레이저 조각기

CO_2 레이저 커터 또는 레이저 조각기(이하 레이저 커터)라고 부르며, 레이저를 광원으로 재료에 조사하여 재료를 용융시켜 절단하는 장비이다. 레이저 커터는 절단 작업을 하는 본체와 절단 과정에서 발생하는 연기, 미세먼지를 기계의 외부로 보내는 블로워 펜, 레이저 튜브에 냉각수를 순환시켜주는 칠러를 기본으로 구성하며, 설치 장소에 따라서 흄 제거기를 별도로 설치하여 냄새 및 연기를 제거할 수 있다.

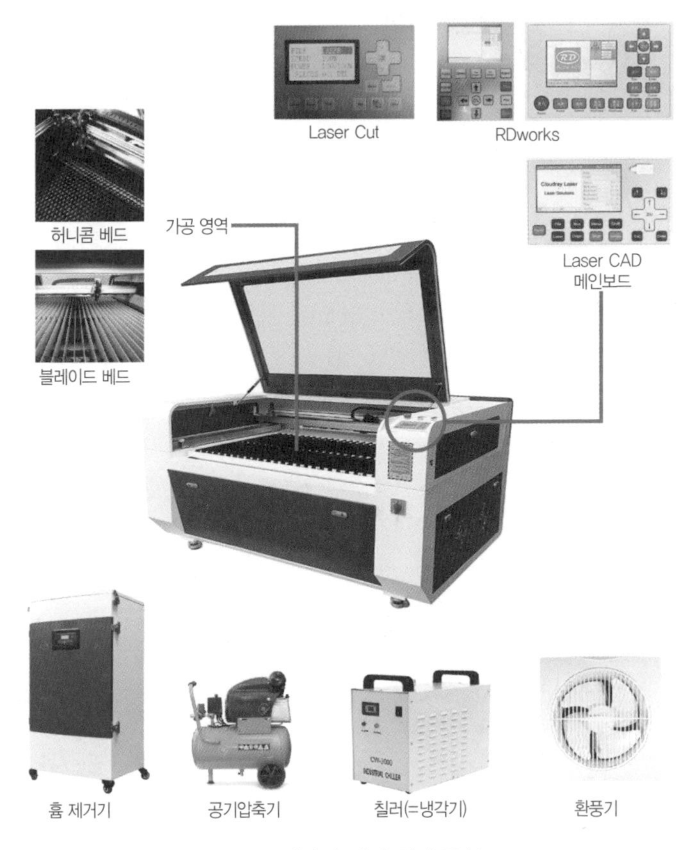

▲ 그림 165 레이저 커터 장비 구성

레이저 커터는 Trotech, Universal 등 대형회사 제품이 있고 Trocen 보드와 Ruida 보드를 사용하는 제품이 보편적이며 기업에서 사용하는 제품의 경우 'Laser Cut' 소프트웨어를 사용하는 것이 있다.

Trotec, Universal 등 대형회사 제품의 경우 레이저 소스(레이저 튜브)가 작지만 출력이 강하고 정밀한 작업이 가능하다. 또한 일러스트 등 디자인 프로그램에서 레이저 조각기로 데이터를 바로 보낼 수 있어서 별도의 변환작업을 할 필요가 없다. 작업이 가능한 소재에 대한 작업 속도, 레이저 출력 등에 대한 데이터가 준비되어 있어 사용자에게 편리하지만 장비의 가격이 비싸다.

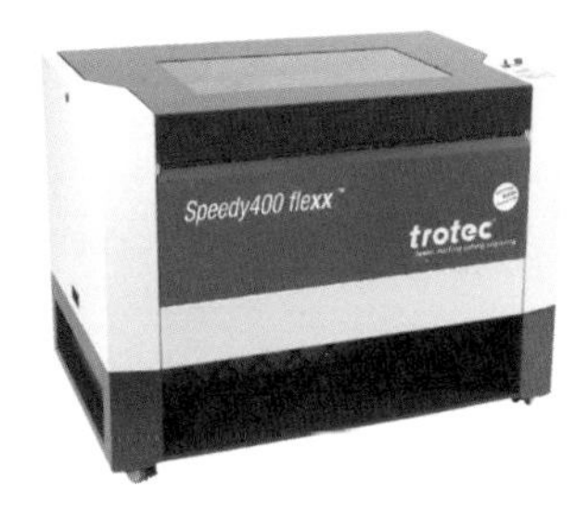

▲ 그림 166 Trotec 레이저 장비

▲ 그림 167 Universal 레이저 장비

국내 레이저 커터 제조업체로는 'E-laser'와 'Coryart' 등이 있으며 대부분의 회사는 수입을 통해 판매하고 있다. 작업 영역이 가로 300mm, 세로 300mm 제품부터 1m 이상의 대형 제품이 유통되고 있으며, 제품의 핵심이 되는 메인보드는 Trocen과 Ruida를 많이 사용하고 있다. Trocen 보드는 'LaserCAD' 소프트웨어를 사용하고, Ruida는 'RDWorks' 소프트웨어를 사용한다. 국내에서는 RDWorks를 사용하는 Ruida 메인보드가 많이 판매되고 있는데, 사용자가 많고 관련 인터넷 카페가 활성화되어 있어 초보 사용자 관점에서 정보를 얻을 수 있기 때문이다.

▲ 그림 168 Coryart 레이저 장비

▲ 그림 169 E-Laser 레이저 장비

그 외에 'Lasercut', 'Newlydraw', 'Laserdraw', 'Corel Laser' 등의 소프트웨어를 사용하는 장비들도 있다. 그러나 위에서 언급한 장비의 경우 소프트웨어 사용을 위해서는 USB 동글이 필요하다. 판매사에서는 1개를 제공하기 때문에 레이저 커터 교육에는 적합하지 않다.

중국에서 생산된 제품을 수입하여 판매하는 회사들도 RDWorks와 LaserCAD 소프트웨어를 사용할 수 있는 보드를 사용하고 있지만, 수입하여 판매하는 회사 제품의 경우 AS가 원활하지 않은 경우가 많다. 최근에는 국내 수입사들이 장비에 대한 이해가 높아지면서 판매제품에 대한 AS를 지원하고 있지만, 단기간에 받지 못하는 경우가 있다. 레이저 커터는 관리자가 기본적인 점검 및 청소 방법만 알고 있어도 장애가 잘 발생하지 않는다.

국내에 수입해서 판매하는 회사 제품의 경우 제품의 가격은 저렴하게 책정되어 있지만, 제품 구성에 필요한 구성품을 옵션으로 제공하여 가격을 저렴하게 보이게 하는 경우가 있기 때문에 구매단계에서부터 필수 액세서리가 업그레이드된 상태로 구매하는 것이 좋다. 가장 쉽게 알 수 있는 것이 레이저 튜브를 냉각시키는 칠러이다. 판매사에서 기본적으로 제공하는 칠러는 수조와 어항에서 사용하는 워터펌프를 제공하는데, 초창기에는 수조도 제공하지 않는 경우가 많았다.

메이커 스페이스에서 레이저 조각기를 설치하는 것을 여러 번 참관하면서 확인할 수 있었던 것은 판매사에서 설치할 때 작동하는 것을 확인시키고 검수를 받는 과정에서 시운전을 위한 재료, 예를 들어 MDF, 아크릴 등을 가지고 오지 않는 경우, 시운전을 위한 재료가 없어서 종이상자를 이용해서 시운전 검수를 받는 경우도 있었다. 시설 담당자라면 당연히 제대로 된 시운전을 확인할 필요가 있다. 또한 설치 장비에 대한 교육과 사용법에 대한 문서를 받을 수 있는지 확인해야 한다. 그렇지 않으면 사용자가 직접 자료를 찾거나 혼자서 공부하는 경우가 많기 때문이다. 레이저 조각기를 판매하는 판매사에서 기본적으로 제품의 가격을 낮추기 위해 레이저 튜브를 냉각시키는 칠러(Chiller)를 어항에서 사용하는 워터펌프로 제공하는 경우가 있는데, 사용상에는 크게 문제없어 보이지만 실제로 사용해 보면 수조가 밀폐되어 있지 않아서 먼지와 이물질이 수조에 담기면서 레이저 튜브 속에 이물질이 걸려 있는 경우도 있다. 만약 칠러가 없다면 워터펌프 수조의 밀폐를 확인해야 한다.

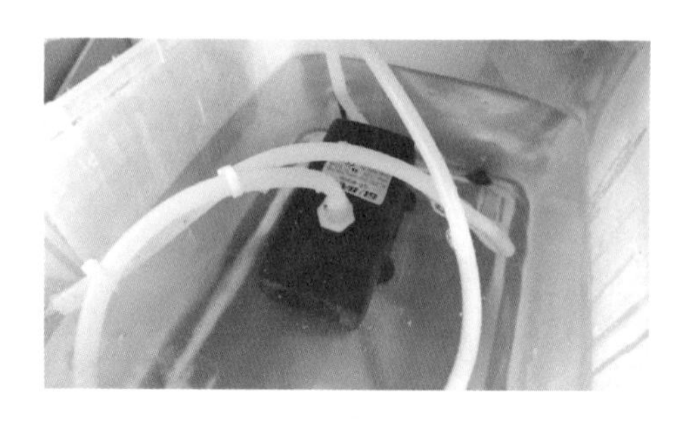

▲ 그림 170 수조와 워터펌프

▲ 그림 171 레이저 커터 칠러

레이저 커터를 구매하면 기본적으로 12mm 포커스 렌즈가 설치되어 있다. 일반적으로 사용하기에는 문제가 없으나 장시간 사용하려면 19mm 이상의 포커스 렌즈가 적합하다. 또한 12mm 포커스 렌즈의 경통을 분해해 보면 렌즈를 고정해 주는 고무링이 없는 경우가 있다. 한쪽 면이 볼록렌즈로 되어 있어서 고무링이 없다면 렌즈가 고정되지 않아서 초점이 틀릴 수 있기에, 없는 경우 오일링을 구매하여 설치하는 것도 한 가지 방법이다.

▲ 그림 172 포커스 렌즈
(출처 : mycnc2002, blogspot.com)

▲ 그림 173 오일링
(출처 : navimro.com)

레이저 커터 작업 시 발생하는 연기와 유해가스, 미세먼지를 외부로 배출하는 블로워 펜이 기본적으로 설치되어 있지만 배기 파이프 호스가 창문 밖으로 나가는 정도이다. 환기가 되지 않는 실내의 경우 레이저 조각기와 흄 제거기(Fume Extractor)를 설치하여야 한다. 레이저 커터의 경우 나무로 작업하는 경우가 많은데, 특히 MDF의 경우 목재에 포함된 본드 성분이 흄 제거기의 필터를 쉽게 막아버리기 때문에 필터의 수명이 다른 재료를 사용할 때보다 많이 짧다.

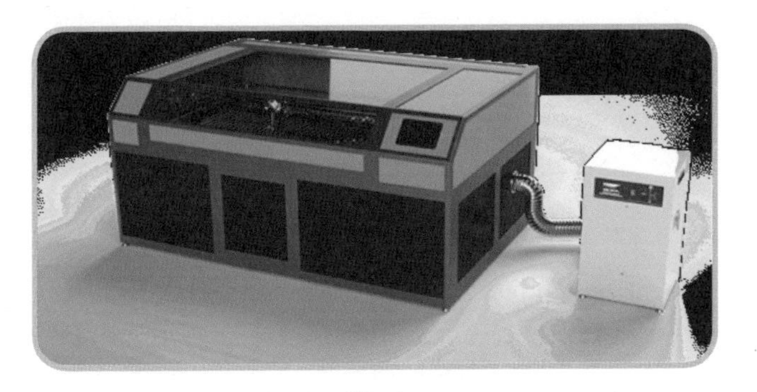

▲ 그림 174 흄 제거기(출처 : fumextractors.com)

흄 제거기도 종류가 많은데, 인터넷을 검색하면 나오는 흄 제거기는 납땜, 용접작업용이 많다. 그렇기 때문에 구매 전 레이저 커터용인지 확인이 필요하다. 레이저 커터용이 아닌 경우 연기를 제거하지 못하고 연기가 장치에서 빠져나오는 경우가 있다.

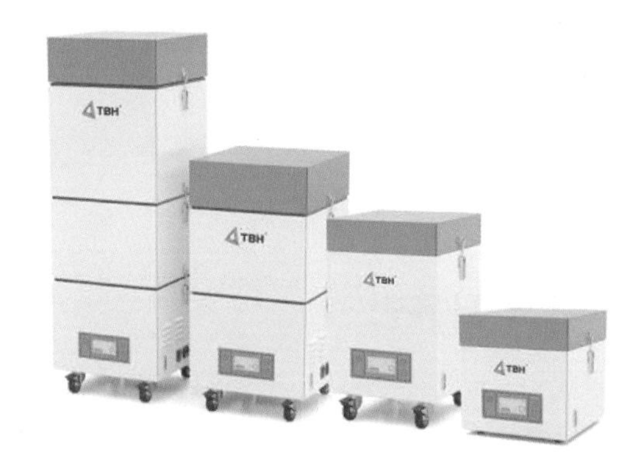

▲ 그림 175 레이저 커터 흄 제거기(출처 : laserax.com)

흄 제거기를 많이 사용하지 않는 이유 중 하나가 필터 가격인데, 여러 단계로 필터가 구성되어 있어서 전체 필터를 교체하는 비용이 100만 원 이상인 경우가 대부분이다. 그리고 1차 필터만 교체하더라도 비용이 적지 않으며 사용하는 재료에 따라서는 월 1회 이상 교체하는 경우도 있기 때문에 구매 전 유지 보수 비용에 대한 확인이 필요하다. 레이저 커터에 흄 제거기를 설치하였더라도 작업장 내에 분산되는 미세먼지와 유해가스를 제거하기 위한 환기시설을 추가적으로 설치하여 유해성에 대한 민원을 최소화시키는 것이 좋다.

▲ 그림 176 환기시설(출처 : kharn.kr)

레이저 커터를 냉각시키는 칠러는 물을 이용하는데, 레이저 조각기가 설치된 환경에 따라서 겨울에 자주 사용하지 않을 경우 레이저 튜브에 얼음이 생겨 파손되는 경우가 있다. 이런 환경에서 장비를 운영한다면 칠러의 전원을 레이저 커터에 연결시키지 말고 별도의 전원에 연결하여 겨울철에 상시 가동시키는 것도 한 가지 방법이다. 레이저 튜브의 교체 비용은 레이저 출력이 40W 튜브의 경우 60만 원 이상이고 칠러의 가격은 대부분 20만 원 이하이기 때문이다.

3 레이저 커터 사용법

1 레이저 커터 포커스 조정

레이저 조각기는 포커스가 맞지 않으면 절단작업이 되지 않는다. 조각(Scan 또는 Engrave) 작업의 경우 레이저가 완전히 재료를 관통하는 것이 아니기 때문에 작업이 대부분 진행되지만 절단(Cut)은 다르다. 그렇기 때문에 재료에 맞는 포커스를 맞추고 작업을 해야 한다. 포커스 거리는 제조사에서 제공하는 것을 기준으로 하며, 동일한 출력의 제품이라도 미세한 차이가 있기 때문에 제조사에서 제공하는 거리측정기를 사용하면 된다. 조각(Engrave 또는 Scan) 작업이 많은 경우 작업 중 발생하는 진동으로 레이저 경통에 있는 포커스 렌즈가 고정되지 않고 움직인다면 초점 거리가 달라질 수 있다. 그러나 대부분의 레이저 커터는 재료의 윗면에서 경통의 아랫부분까지의 거리가 6~12mm이다.

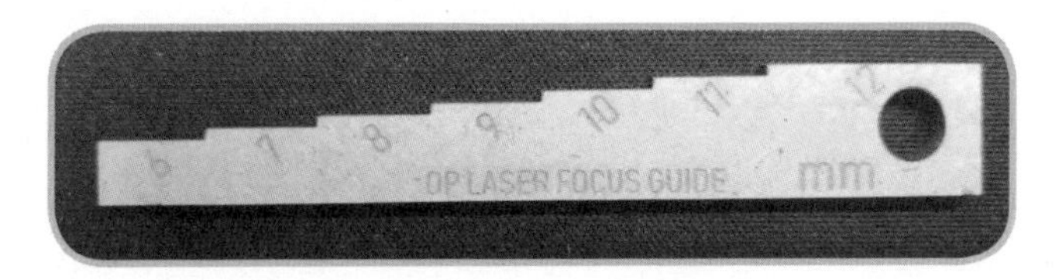

▲ 그림 177 포커스 게이지

제조사에서 포커스 게이지를 제공하더라도 사용자가 장비에 맞는 최적의 포커스 거리를 확인해야 한다.

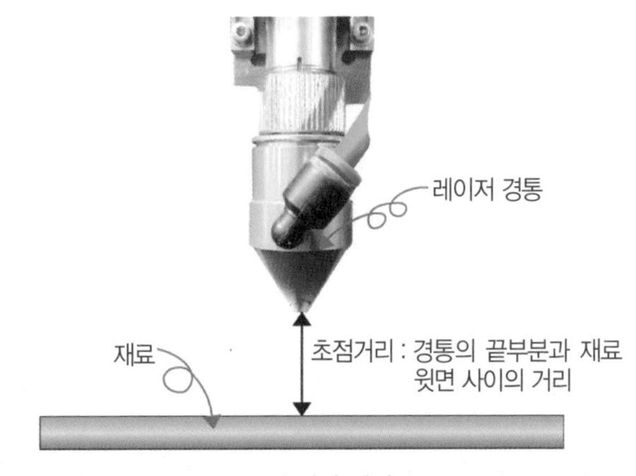

▲ 그림 178 초점 거리 예시

포커스 거리는 경통을 풀어서 높이를 맞추거나 본체에 있는 UP, DOWN 버튼을 이용하여 베드를 이동시켜 맞출 수 있다. 또한 레이저 튜브로부터 발생한 레이저는 반사경을 통하여 재료에 조사된다.

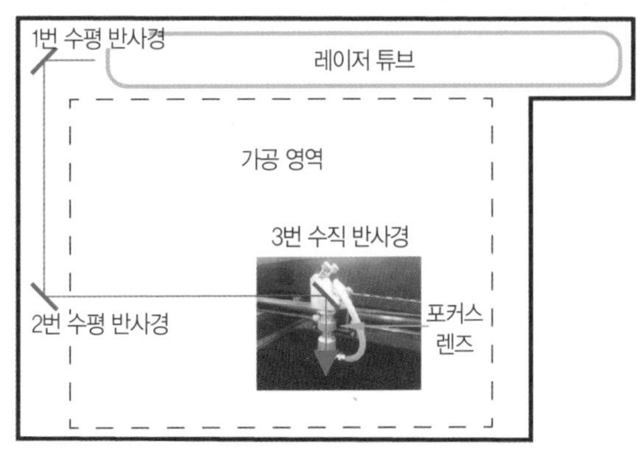

▲ 그림 179 반사거울 위치

레이저 작업을 계속하다 보면 절단이 잘 안 되는 경우가 있다. 이런 경우 포커스 렌즈가 연기에 오염되어 출력 저하가 되는 경우가 많고 레이저 경통이 뜨거운 경우가 있다. 이런 경우는 1번, 2번, 3번 반사경을 지나는 레이저의 위치가 진동으로 변경되어서 수직으로 내려오는 레이저가 경통에 접촉될 때 발생한다. 이때는 1, 2, 3번 반사경을 점검할 필요가 있다.

2 포커스 렌즈 청소

포커스 렌즈를 청소하는 경우 렌즈 세척액과 안경을 닦을 때 쓰는 수건 2장이 필요하다. 한 장은 세척액을 묻혀서 사용하고 다른 한 장은 마무리에 사용하며, 작업 순서는 아래와 같다.

① 레이저 경통을 분리한다. 레이저 경통을 분리할 때는 공기압축기 호스도 같이 분리해야 하며, 조립 시 공기압축기 호스가 레이저가 지나가는 위치에 있는지 확인해야 한다.

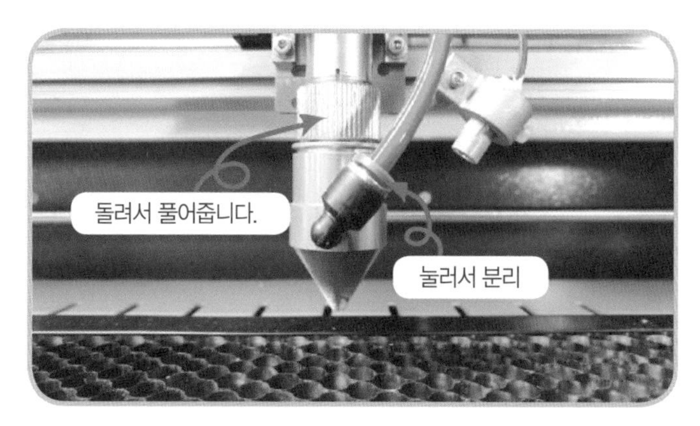

▲ 그림 180 레이저 커터 경통 분리

② 분리한 경통에서 포커스 렌즈를 고정하는 부분을 돌려서 분리하는데, 경통의 모양에 따라서 다를 수 있다. 포커스 렌즈를 분리하는 도구(철자)를 사용해서 분리하기도 한다.

▲ 그림 181 포커스 렌즈 분리

▲ 그림 182 포커스 렌즈 확인

③ 렌즈의 상태를 확인한다. 렌즈가 연기에 오염되어 있거나 이물질이 붙어 있는 경우 제거한다.

▲ 그림 183 포커스 렌즈 이물질 청소

④ 청소를 마친 후 조립은 해체의 역순서로 한다. 렌즈를 고정볼트로 고정할 때 렌즈의 위치가 경통의 중앙에 위치하도록 한다. 특히 12mm 렌즈를 사용하는 경우 고정하는 고무링이 없는 경우 중심을 맞추기 어려울 수 있다.

4 레이저 커터 소프트웨어 사용법

레이저 커터 소프트웨어는 여러 종류가 있지만 기본적으로 많이 사용하고 있는 RDWorks와 LaserCAD를 소개한다. 두 소프트웨어는 USB 동글이 필요하지 않기 때문에 교육현장에서도 많이 사용되고 있다. 그 외 Newlydraw, CorelLaser, Lasercut 소프트웨어는 USB 동글이 필요하며, 최근 메이커 스페이스에서 쉽게 사용할 수 없기 때문에 소개에서는 제외한다.

메이커 스페이스 관리자라면 장비 사용법을 알고 있어야 하지만, 모든 장비를 알고 있을 수 없다면 장비 설정에 대한 부분만 알고 있어도 된다. 간혹 사용자 중에서 장비 설정 부분을 수정하는 경우가 발생하는데, 장비관리자는 설정 부분만 확인해도 쉽게 해결할 수 있기 때문이다.

1 RDWorks 사용법

① 시스템 설정

레이저 조각기를 사용하기 전에 가지고 있는 레이저 조각기의 작업 영역(Page Setting)을 설정한다. 또한 데이터를 만들어 작업하였을 때 화면과 다르게 반전(Mirror)되어 작업이 진행된다면 X축을 반전시켜야 한다.

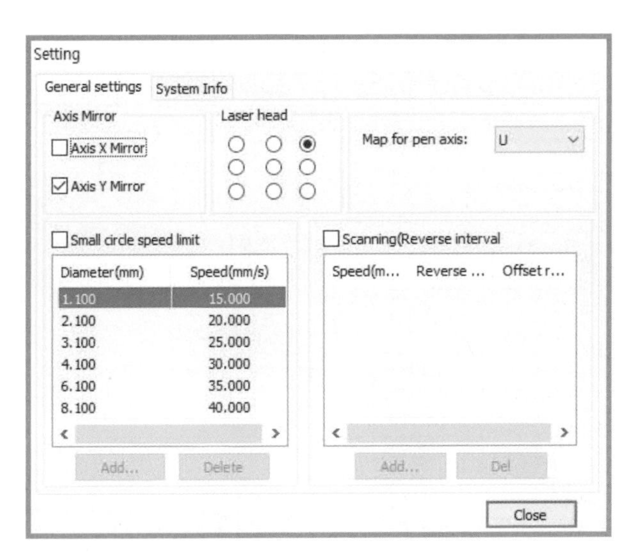

▲ 그림 184 기본 설정 화면

작업 영역을 설정하는 것은 아래와 같은 순서로 진행하면 된다.

㉠ 'Config 〉 Page Setting'을 선택한다. 이 메뉴에서는 가공 영역을 설정할 수 있다.

Page Width(가로), Page Height(세로) 크기를 입력한다. 레이저 조각기 모델명이 'XXX−4060'이라면 가로 길이가 600(mm), 세로 길이가 400(mm)인 제품이다.

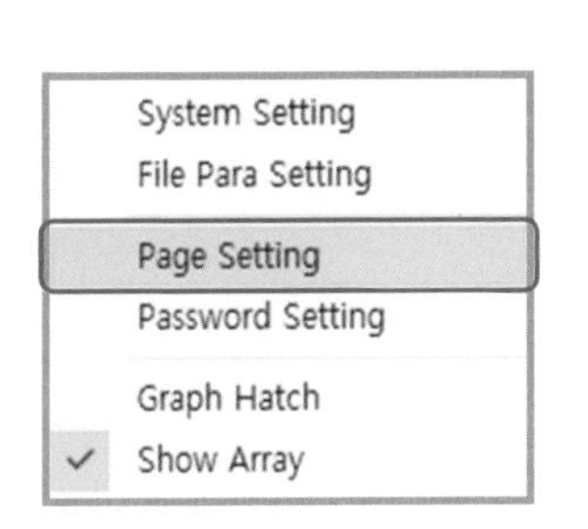

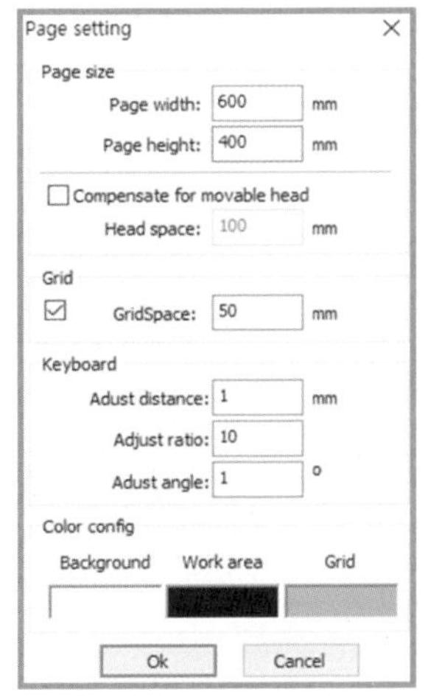

▲ 그림 185 작업 영역 설정

ㄴ RDWorks 화면과 다르게 실제 작업 결과가 반전되어 나온다면 'Config 〉 System Setting'을 선택하여 'Axis X Mirror'를 선택 해제하면 된다.

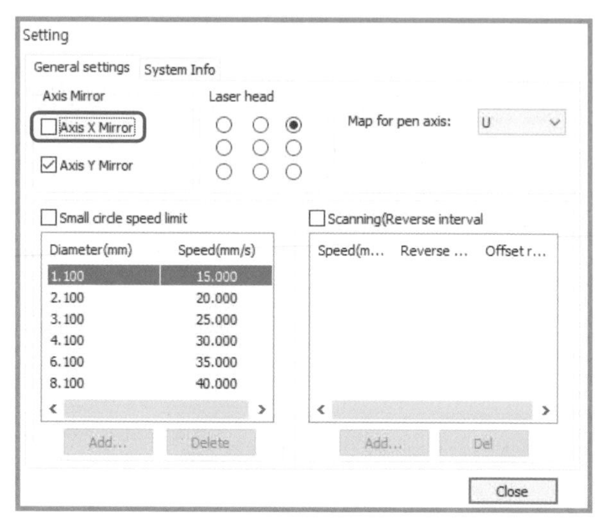

▲ 그림 186 X, Y축 대칭 설정

② 화면 구성

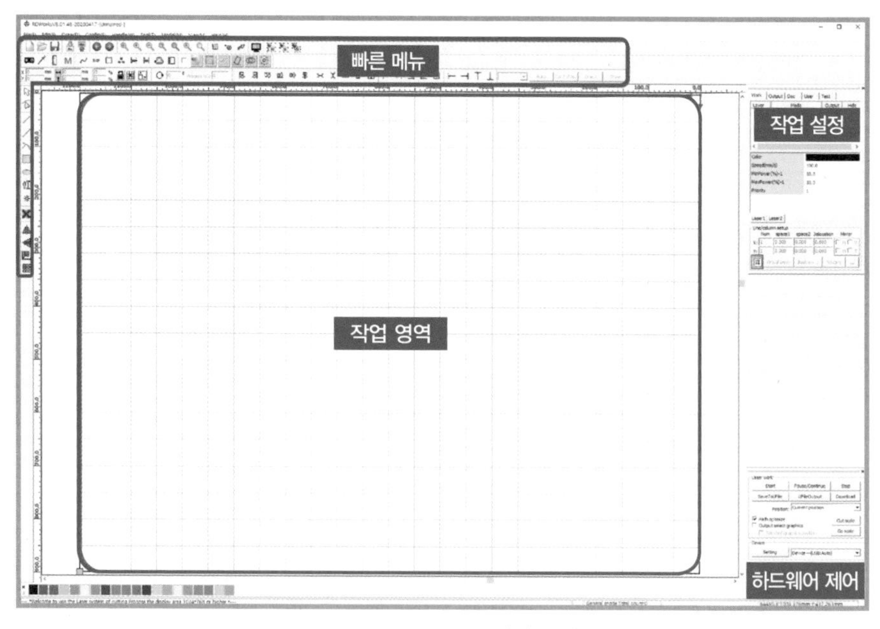

▲ 그림 187 RDWorks 화면 구성

화면 구성은 수정 및 도안을 작성할 수 있는 아이콘과 레이어별 작업 설정, RD 파일을 저장하거나 연결된 레이저 조각기를 제어할 수 있는 부분, 벡터 그래픽 데이터를 만드는 작업 영역으로 구성되어 있다.

㉠ Draw Bar

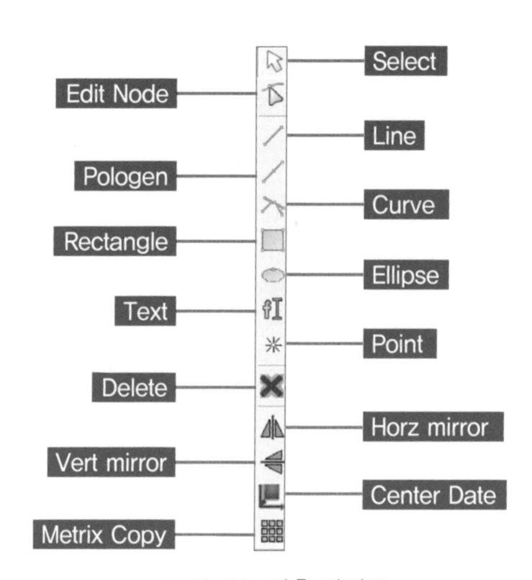

▲ 그림 188 단축 아이콘

❶ Select : 객체를 선택할 수 있고 선택된 객체는 붉은색으로 표시된다(레이어 색상과 상관없으며 선택 색상을 설정에서 바꿀 수 있다).

❷ Edit Node : 생성된 선의(끝) 점 또는 곡선에 생성된 점의 위치를 변경할 수 있다. 점을 추가하고 싶다면 선 또는 곡선의 원하는 위치에서 더블 클릭하면 점이 생성되고, 생성된 점은 이동이 가능하다. 삭제할 때에는 원하는 점을 선택하고 'Del(Delete)'을 누르면 된다.

❸ Line : 2개의 점을 연결하는 선을 생성할 수 있다.

❹ Pologen : 연속된 선을 생성할 수 있다.

❺ Curve : 연속된 곡선을 그릴 수 있다.

❻ Text : 글자를 입력할 수 있다. 한글의 경우 지원되는 한글 폰트만 사용할 수 있다.

❼ Point : 점을 생성한다.

❽ Capture : 연결된 스캐너를 이용하여 이미지를 스캔하여 불러올 수 있다.

❾ Delete : 선택된 객체를 삭제한다.

⑪ Horz mirror : 가로방향으로 선택한 객체를 반전한다.

⑫ Vert mirror : 세로방향으로 선택한 객체를 반전한다.

⑬ Center Data : 선택된 객체를 작업 영역의 중간으로 이동한다.

⑭ Metrix Copy : 선택된 객체를 배열할 수 있다. 배열할 숫자와 각 개체 간의 간격을 입력하면 자동으로 생성된다.

Ⓛ System Bar(1)

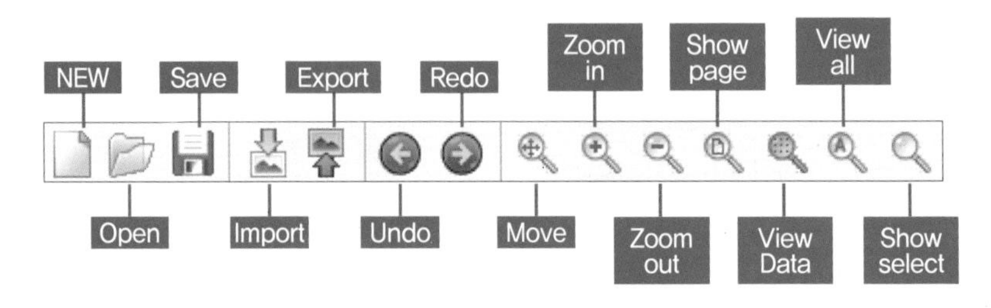

▲ 그림 189 시스템 아이콘 1

① New : 프로젝트를 새롭게 시작한다.

② Open : 'RLD' 형식 파일을 불러온다. (※ RDWorks 파일)

③ Save : 'RLD' 형식 파일로 저장한다. (※ RLD 파일은 데이터를 수정할 수 있다.)

④ Import : DXF, AI, JPG, GIF, PNG 등 벡터그래픽 파일과 이미지 파일을 불러온다.

⑤ Export : 작성한 데이터를 AI, PLT 형식 파일로 저장한다.

⑥ Undo : 직전에 실행한 명령을 취소할 수 있다.

⑦ Redo : 직전에 취소한 명령을 재실행한다.

⑧ Move : 화면을 상, 하, 좌, 우 이동할 수 있다.

⑨ Zoom In : 화면을 확대한다. 마우스 스크롤을 미는 것과 같다.

⑩ Zoom Out : 화면을 축소한다. 마우스 스크롤을 당기는 것과 같다.

⑪ Show Page : 작업 영역을 모두 보여준다.

⑫ View Data : 선택된 객체를 화면에 최대한 크게 보여준다.

⑬ VIew All : 생성된 객체 모두를 화면에 최대한 크게 보여준다.

⑭ Show Select : 마우스를 이용하여 확대를 원하는 영역만 보여준다.

Ⓒ System Bar(2)

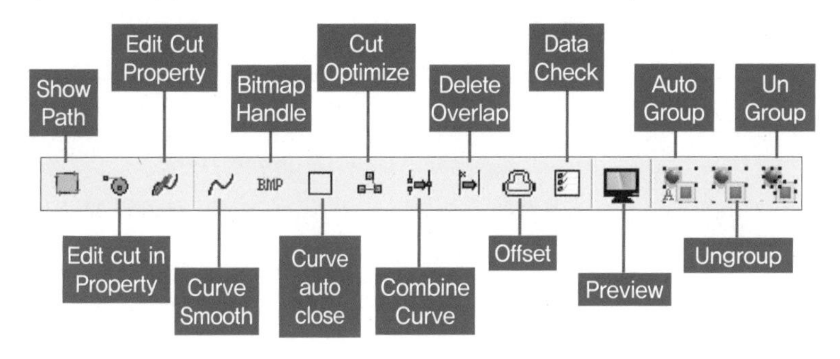

▲ 그림 190 시스템 아이콘 2

① Show Path : 레이저 작업 경로를 보여준다.

② Edit Cut in Property : 객체를 선택한 상태에서 실행할 수 있으며, 절단작업의 시작 또는 종료 지점의 길이, 각도를 설정할 수 있다.

③ Edit cut Property : 각 객체의 작업 순서를 사용자가 설정할 수 있다.

④ Curve Smooth : 모서리를 둥글게 처리할 수 있다. 모델링에서 사용하는 Fillet과 비슷하지만 모서리의 반지름 값을 따로 설정할 수 없다.

⑤ Bitmap Handle : 그림 파일이 있는 경우에 사용할 수 있으며 이미지를 선택한 상태에서 사용할 수 있는 명령이다. 그림에 대한 정보와 밝기, 대비를 변경할 수 있으며, 설정을 변경한 후에는 'Apply to view'를 선택해야 변경된 화면을 미리 볼 수 있다. 만약 이미지에 변경사항을 적용할 때는 'Apply to source'를 선택하여야 한다. Bitmap Handle에서는 불러온 이미지의 외곽선을 추출할 수 있는 'Get outline' 기능이 있는데, 이 기능을 실행하기 전 이미지의 밝기와 대비를 변경하여 외곽선이 잘 추출되도록 하는 것이 좋다. 'Get outline'을 실행하면 화면 오른쪽 Layer 정보 창에 새로운 레이어가 추가된다.

⑥ Curve auto close : 객체가 완전히 닫혀 있지 않은 경우 값을 입력하여 자동으로 폐곡선이 되도록 하는 기능이다.

⑦ Cut Optimize : 절단작업에 대한 순서를 정할 수 있다. 레이어 순서대로 작업을 하더라도 안쪽에서 바깥쪽으로 작업을 할 수 있게 설정할 수 있다.

⑧ Combine Curve : 곡선을 결합할 때 사용할 수 있다. 설정 창이 나타나며 입력한 값보다 같거나 작을 때 생성된다.

⑨ Delete Overlap : 중복된 선을 삭제한다. 레이저 조각기는 선 또는 곡선이 중복되어 있다면 중복된 수만큼 작업을 하기 때문에 중복된 선은 삭제해야 한다. 설

정 창에서 중복된 선을 검출하기 위한 간격을 입력할 수 있으며 입력한 값과 같거나 작은 경우 삭제한다.

⑩ Offset : 선택한 객체를 기준으로 +(Out) 또는 −(In) 방향으로 입력한 거리만큼 복사할 수 있다.

⑪ Data Check : 화면에 있는 객체의 데이터를 모두 검사한다.

⑫ Preview : 레이저 조각기 작업을 미리 볼 수 있다. 레이저 작업 경로와 작업 결과, 작업 시간 등을 확인할 수 있다.

⑬ Group : 선택한 객체를 하나의 그룹으로 묶을 수 있다. 객체를 정렬하기 위해서 많이 사용한다.

⑭ Ungroup : 하나의 그룹으로 묶여 있는 그룹을 분리한다.

㉣ Cut Property Bar

Cut Property Bar에서는 객체의 좌표, 크기, 작업 순서를 설정할 수 있다.

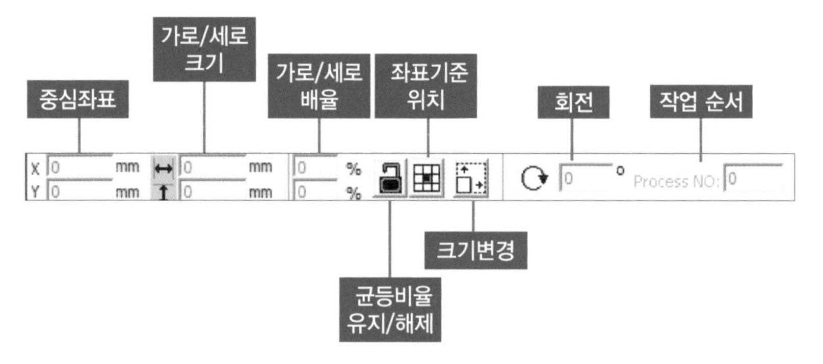

▲ 그림 191 컷 프로퍼티 아이콘

① **중심좌표** : 선택한 객체의 좌표를 알 수 있다. 일반적으로 객체의 중심이지만 '좌표기준위치'를 변경하면 중심좌표의 위치가 다르게 표시된다.

② **가로/세로 크기** : mm 단위로 표시되며 선택한 객체의 크기를 알 수 있다. 레이저 조각기를 처음 사용하는 경우 화면에 보이는 크기를 출력 크기로 인식하는 사용자가 있다. 화면에 보이는 크기는 확대 또는 축소되기 때문에 정확한 크기는 아니며 화면에 숫자로 표시된 크기가 진짜 객체의 크기이다.

③ **가로/세로 배율** : 객체의 크기를 배율을 기준으로 변경할 수 있다.

④ **균등비율 유지/해제** : 열쇠 모양으로 되어 있다. 열쇠가 열려있다면 가로, 세로의 크기 또는 배율을 다르게 입력할 수 있다. 그러나 열쇠가 잠겨있다면 가로

또는 세로의 크기 값 또는 배율을 변경하면 비율을 유지하는 상태의 값을 자동으로 입력하게 된다.

🔒 : 균등비율 유지 ○, 🔓 : 균등비율 유지 X

⑤ **좌표기준위치** : 중심좌표를 표시할 위치를 사용자가 선택할 수 있다. 이 명령은 객체가 선택된 상태에서 사용할 수 있다. 기준위치를 바꾸게 되면 중심위치 좌표가 바뀐 좌표로 표시된다.

⑥ **회전** : 선택한 객체를 회전시킬 수 있다. 회전은 반시계 방향으로 회전하게 된다.

⑦ **작업 순서** : 객체를 선택하면 화면에 숫자로 표시된다. 이 숫자는 작업 순서를 나타내며 사용자가 값을 입력하면 입력한 값이 선택한 객체의 작업 순서가 된다.

ⓜ Arrange Bar

Arrange Bar는 객체를 정렬하는 메뉴로 구성되어 있다. 두 개 이상의 객체를 선택하는 경우에 활성화되어 사용할 수 있다.

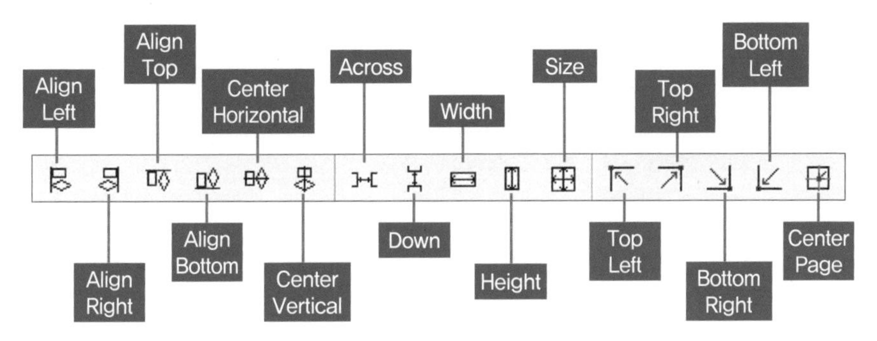

▲ 그림 192 정렬 아이콘

① Align Left : 선택한 객체들을 왼쪽을 기준으로 정렬한다.

② Align Right : 선택한 객체들을 오른쪽을 기준으로 정렬한다.

③ Align Top : 선택한 객체들을 윗변을 기준으로 정렬한다.

④ Align Bottom : 선택한 객체들을 아랫변을 기준으로 정렬한다.

⑤ Center Horizontal : 선택한 객체들의 가로방향을 기준으로 가운데 정렬한다.

⑥ Center Vertical : 선택한 객체들의 세로방향을 기준으로 가운데 정렬한다.

⑦ Across : 선택한 객체들의 '가로방향' 간격을 동일하게 변경하지만 선택된 객체들의 전체 크기는 변경되지 않는다. 선택된 객체 크기 안에서 간격을 동일하게 조정한다.

⑧ Down : 선택한 객체들의 '세로방향' 간격을 동일하게 변경하지만 선택된 객체들의 전체 크기는 변경되지 않는다. 선택된 객체 크기 안에서 간격을 동일하게 조정한다.

⑨ Width : 2개 이상의 객체를 선택하여 '너비'를 동일하게 만들 수 있다. 2개의 객체만 선택한 경우 첫 번째 선택하는 객체의 크기를 두 번째 객체의 너비와 같게 변경한다. 만약 3개 이상이면 마지막에 선택하는 객체의 크기로 변경한다.

⑩ Height : 2개 이상의 객체를 선택하여 '높이'를 동일하게 만들 수 있다. 2개의 객체만 선택한 경우 첫 번째 선택하는 객체의 크기를 두 번째 객체의 너비와 같게 변경한다. 만약 3개 이상이면 마지막에 선택하는 객체의 크기로 변경한다.

⑪ Size : 2개 이상의 객체를 선택하여 가로, 세로 크기를 동일하게 만들 수 있다. 2개의 객체만 선택한 경우 첫 번째 선택하는 객체의 크기를 두 번째 객체의 너비와 같게 변경한다. 만약 3개 이상이라면 마지막에 선택하는 객체의 크기로 변경한다.

⑫ Top Left, Top Right, Bottom Left, Bottom Right : 선택한 객체를 작업 영역의 모서리로 이동한다. 여러 개의 객체를 선택한 상태라면 선택된 상태의 간격을 유지한 상태로 이동하게 된다.

⑬ Center Page : 선택한 객체를 작업 영역의 가운데로 이동한다. 만약 선택한 객체가 2개 이상인 경우 동일한 중심점을 가지게 되면서 겹쳐지게 된다. 간격을 유지한 상태로 작업 영역의 가운데로 이동하고 싶다면 'Center Page'를 실행하기 전 'Edit 〉 Group'을 실행한 후 'Center Page'를 실행하면 된다.

㉥ Layer Option

레이어 옵션은 작업 영역에 있는 객체에 대한 작업 방법을 설정할 수 있다. 레이어를 설정하는 방법은 객체를 선택한 후 화면 하단에 있는 색상 팔레트에서 색상을 선택하면 레이저 옵션에 색상이 추가로 나타난다. 레이어를 사용하는 방법은 동일한 작업에 대한 객체를 하나의 색상으로 묶는 것이다. 레이저 커터 작업은 레이어 옵션 창의 위쪽에서부터 순서대로 진행된다. 만약 레이어와 상관없이 작업이 진행된다면 'Cut Optimize' 창에서 '☑Order of Layer'를 선택해야 한다.

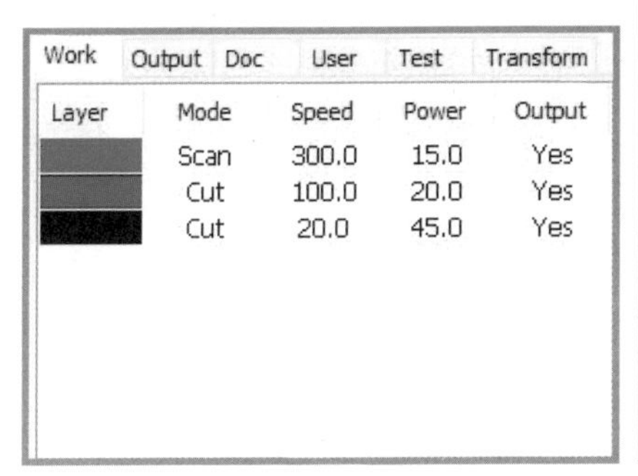

▲ 그림 193 레이어 옵션

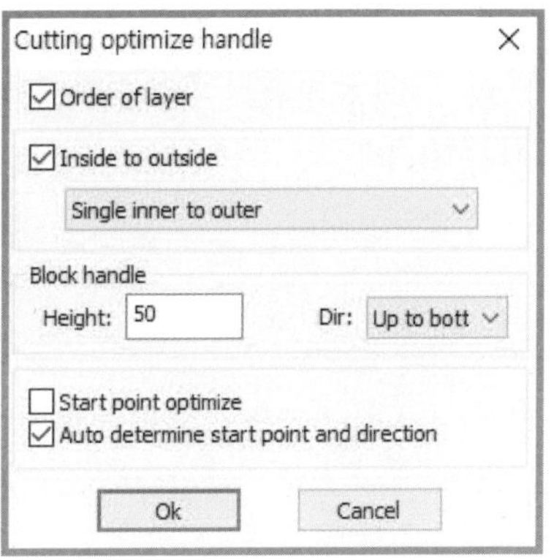

▲ 그림 194 Cut Optimize

생성한 레이어의 Mode, Speed, Power를 변경하고 싶다면 레이어 옵션에서 변경하고 싶은 레이어를 '더블 클릭'하면 설정 창이 나타난다.

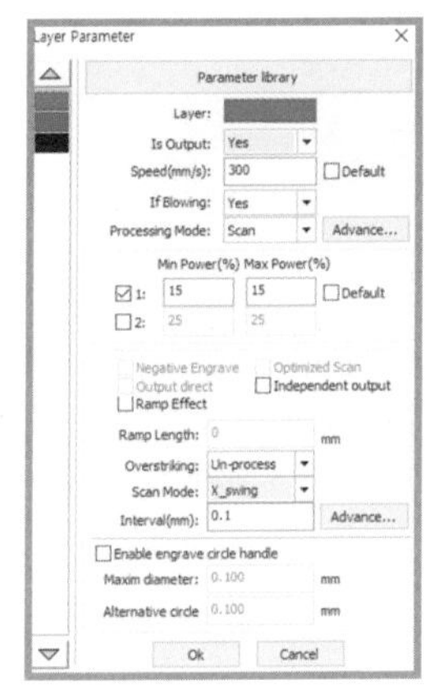

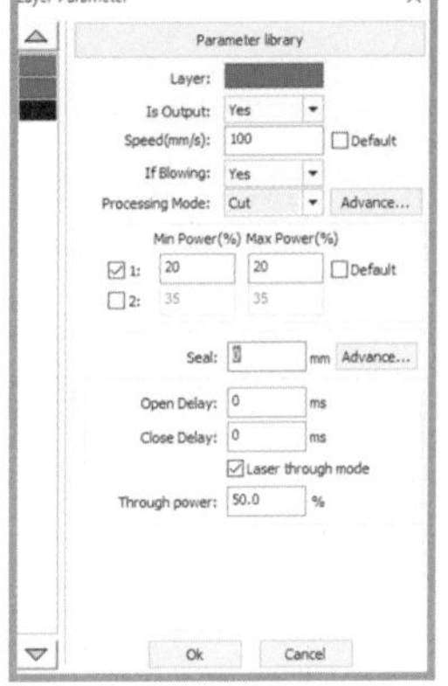

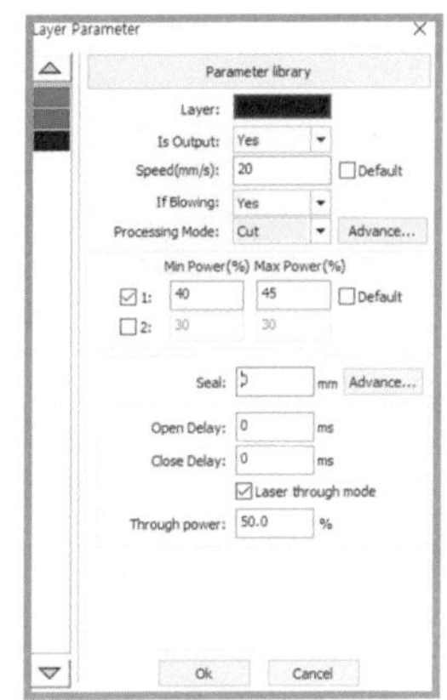

▲ 그림 195 레이어별 설정

[표 19] 출력 및 속도 설정

MDF 3mm	Speed	Min Power / Max Power
Scan	200mm/s	20% / 20%
Cut	20mm/s	40% / 45%

[표 19]에 있는 설정은 대부분의 레이저 조각기에서 사용할 수 있는 기본값이다. 레이저 출력이 50W 이상이라면 표에 나오는 설정대로 작업이 완성되어야 한다. 그렇지 않다면 레이저 초점거리 등 하드웨어적인 설정이 틀린 경우가 대부분이다.

ⓢ Laser Work

레이저 커터 작업을 위한 'RD' 형식의 파일을 이동식 디스크에 저장하거나 레이저 조각기가 컴퓨터에 연결되어 있다면 데이터를 전송하거나 직접 작업을 실행할 수 있다.

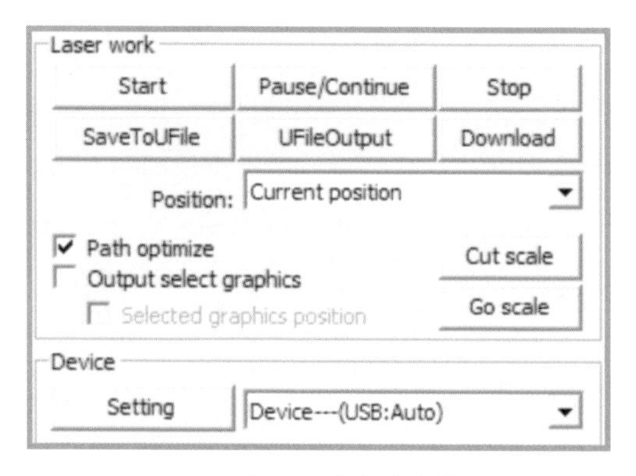

▲ 그림 196 작업 설정 창

[이동식 디스크에 데이터 저장하기]

컴퓨터와 레이저 조각기가 연결되어 있지 않은 경우 이동식 디스크에 저장하여 레이저 조각기에서 직접 파일을 저장하고 실행해야 한다.

㉠ 'Laser work 〉 SaveToUFile'을 선택한 후 이동식 디스크를 선택하고 파일 이름을 입력한다. 파일명은 '숫자' 또는 '영문'으로 되어야 하며, 글자 수가 많은 경우 레이저 조각기 화면에서 전부 보이지 않을 수 있다.

Start	Pause/Continue	Stop
SaveToUFile	UFileOutput	Download

▲ 그림 197 작업 데이터 저장

[컴퓨터에서 직접 작업 실행하기]

컴퓨터와 레이저 조각기가 USB로 연결되어 있다면 'Laser work'에서 작업을 지시할 수 있는데, 작업을 지시하기 전 'Position'의 옵션을 확인해야 한다. 상대좌표로 작업할 경우 'Current Position'을 선택하고 절대좌표로 작업할 경우 'Absolute Coordinate'를 선택한다.

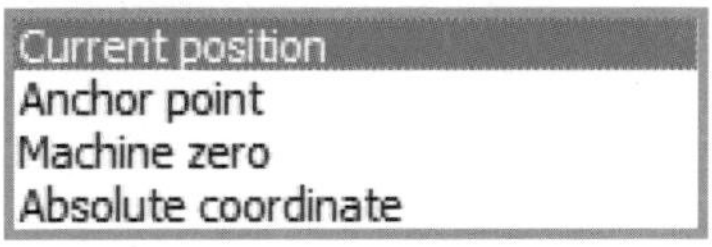

Current position
Anchor point
Machine zero
Absolute coordinate

▲ 그림 198 좌표계 설정

레이어 옵션에서 각 레이어 작업에 대한 설정이 끝나고 작업할 위치를 정하였다면 'Start'를 선택하면 작업이 시작된다.

2 LaserCAD 사용법

① 환경 설정

레이저 조각기 제작사는 작업 영역이 다양한 제품을 판매하고 있기 때문에 환경 설정에서 작업 영역을 설정하는 것이 중요하다. 'Option 〉 System Options'을 선택한다.

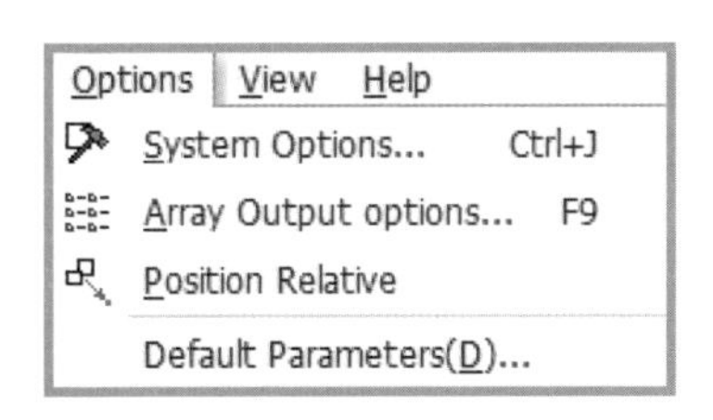

▲ 그림 199 옵션

'Work Space' 설정에서는 좌우가 반전되어 작업하는 부분을 수정해야 한다. LaserCAD 화면에서는 글자가 바르게 보이지만, 실제 작업 결과물이 반전되어 나온다면 'Machine Zero'를 'Right_Up 〉 Left Up'으로, 'Page Zero'를 'Right Down 〉 Left Down'으로 변경하면 된다.

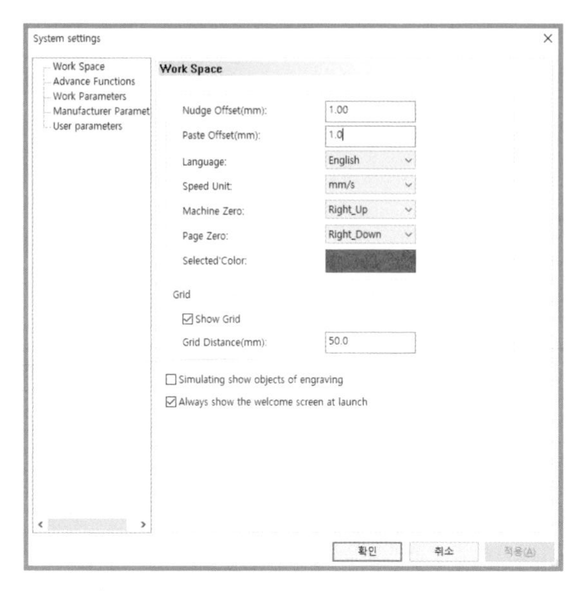

▲ 그림 200 Machine Zero 설정

'Manufacturer Parameter'는 작업 영역에 대한 설정을 변경할 수 있으며 'X_Axis(X축)', 'Y_Axis(Y축)'의 'Range'를 변경한다. 레이저 커터는 일반적으로 X축 방향이 Y축 방향보다 크다. 예를 들어 모델명이 'XX-MT4060'이라면 X축의 값은 600mm, Y축의 값은 400mm가 된다.

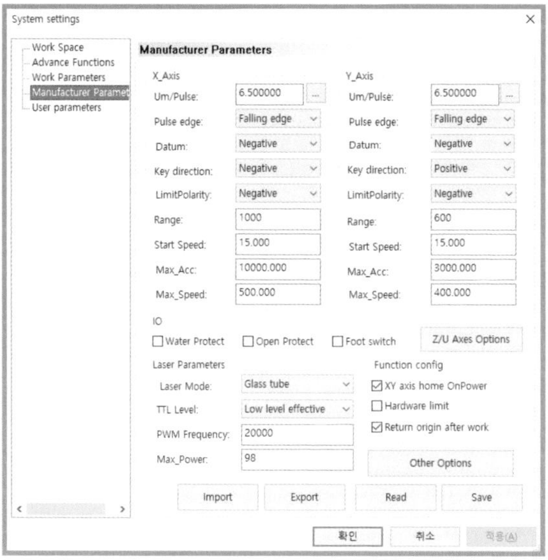

▲ 그림 201 작업 영역 설정

② 화면 구성

LaserCAD에서 기본적으로 많이 사용하는 기능에 대하여 소개한다.

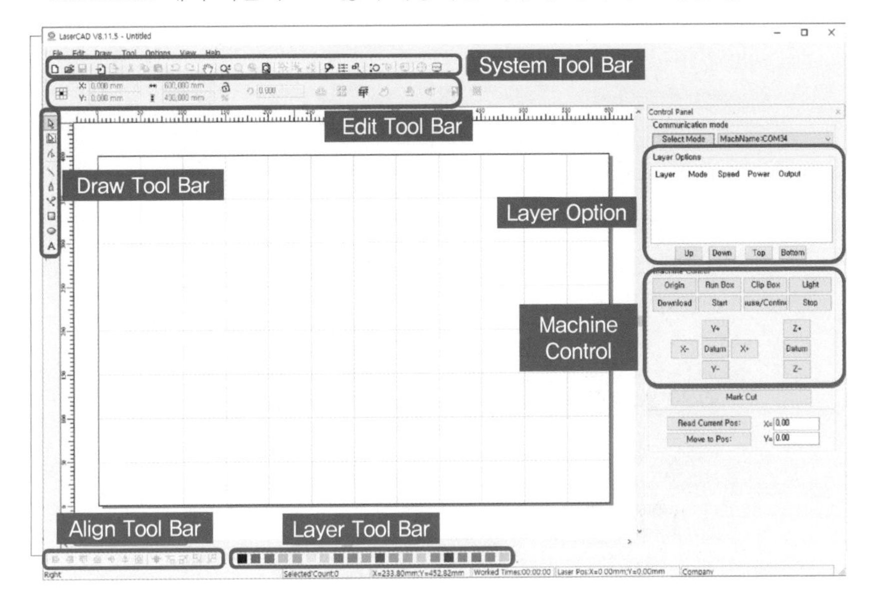

▲ 그림 202 LaserCAD 화면 구성

③ System Tool Bar

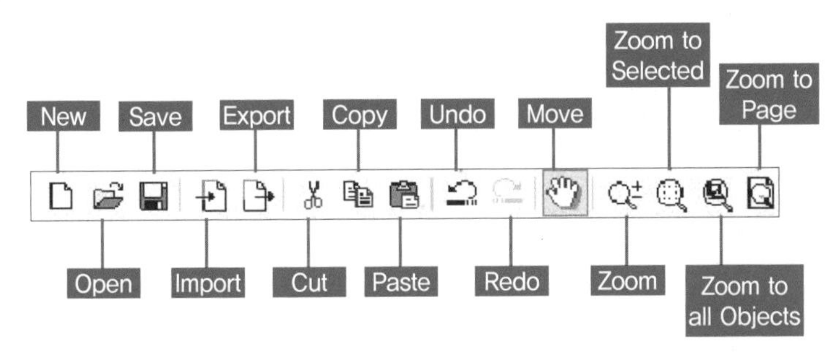

▲ 그림 203 시스템 아이콘 1

❶ Save : '*.pwj5' 형식 파일로 저장한다. 이 파일 형식은 레이저 조각기에서 읽을 수 없고 LaserCAD 프로그램에서만 읽을 수 있으며, 레이저 조각기를 작동하게 하는 '*.UD5' 파일 형식과는 다르다.

❷ Import : 벡터 그래픽(AI, DXF 등), 비트맵(JPG, GIF, BMP, TIFF, PNG 등) 파일을 열 수 있다. 비트맵 형식 파일은 'Open'으로 열 수 없다.

③ Move : 작업 영역 화면을 상, 하, 좌, 우로 이동할 수 있다. 화면을 확대하였을 때 원하는 부분이 안 보일 경우 Move를 이용하여 작업 영역을 이동할 수 있다.

④ Zoom : 화면을 확대한다. 그러나 마우스의 스크롤(휠)을 이용하여 확대/축소를 많이 사용한다.

⑤ Zoom to Selected : 선택한 객체를 화면에 최대한 크게 보여준다.

⑥ Zoom to all Objects : 생성된 객체를 모두 보여준다. 만약 작업 영역 밖에 객체가 있다면 화면을 최대화하여 보여준다.

⑦ Zoom to Page : 작업 영역에 있는 모든 객체를 보여준다. 만약 작업 영역 밖에 객체가 있다면 보이지 않는다.

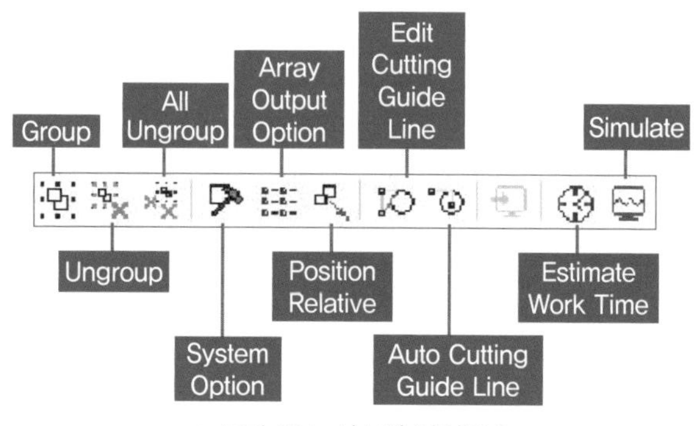

▲ 그림 204 시스템 아이콘 2

⑧ Position Relative : 레이저의 시작 위치를 재설정할 수 있다. 일반적으로 오른쪽 상단이 레이저 시작 위치로 되어 있지만 필요에 따라서 사용할 수 있다. 만약 시작 위치를 알고 싶다면 레이저 커터에 전원을 넣었을 때 영점(홈)으로 이동하게 되는데, 이때 오른쪽 상단인지, 왼쪽 상단인지 확인할 수 있다.

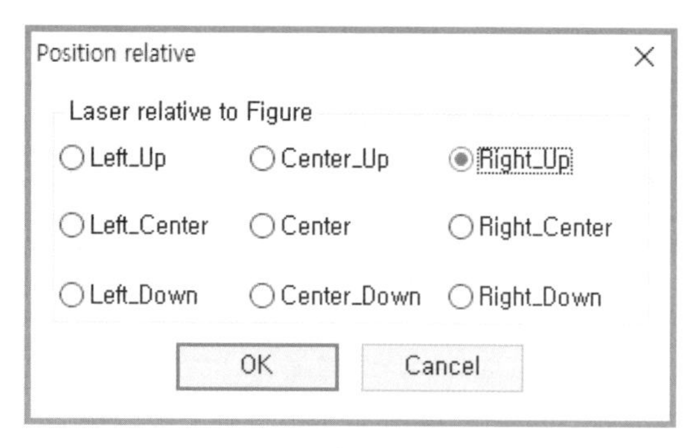

▲ 그림 205 레이저 시작점 설정

⑨ Edit Cutting Guide Line : 'Auto Cutting Guide Line'을 실행하면 가이드라인이 만들어져 있는 상태에서 'Cutting in' 또는 'Cutting Out'의 위치, 거리를 사용자가 변경할 수 있다. 객체의 커팅라인에 생성된 Cutting Guide Lind에 표시된 붉은 점을 이동하면 된다.

⑩ Auto Cutting Guide Line : 절단작업을 시작할 때 객체의 시작점에서 바로 절단하는 것이 아니라 시작점에서 일정 거리, 각도를 떨어트려 절단을 시작한다. 'Cutting In', 'Cutting Out' 사용 유무와 거리, 각도를 입력할 수 있다.

⑪ Estimate Work Time : 작업시간을 알 수 있다.

⑫ Simulate : 레이저 작업이 진행되는 순서를 미리 알 수 있다.

④ Draw Tool Bar

LaserCAD에서 객체를 생성하는 메뉴들의 모음이다.

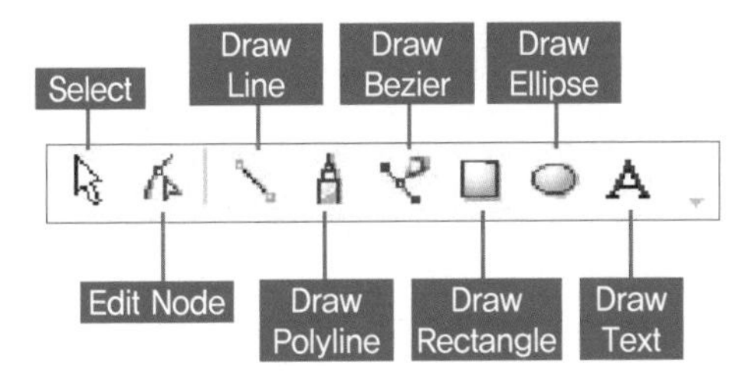

▲ 그림 206 Draw 아이콘

① Select : 객체를 선택할 수 있다. 만약 다른 메뉴를 선택하여 작업을 하였다면 자동으로 'Select' 메뉴로 전환되지 않으며 사용자가 직접 변경해 주어야 한다.
※ RDWorks는 자동으로 선택 기능으로 복귀한다.

② Edit Node : 생성된 객체의 꼭짓점 위치, 곡선의 각도를 수정할 수 있다.

③ Draw Line : 점과 점을 연결하는 선을 그린다. 그러나 연속된 선을 그릴 수는 없다. 90도 방향으로 직선을 그리고 싶다면 'CTRL' 키를 누른 상태에서 마우스를 이동하면 직선을 그릴 수 있다.

④ Draw Polyline : 연속된 선을 그릴 수 있다. 연속된 선을 그릴 때 'CTRL' 키를 누른 상태에서 직선을 그릴 수 있다.

⑤ Draw Bezier : 베지(임의 지점)에 곡선을 생성할 수 있다. 3D 모델링 프로그램에서 사용하는 Spline과 비슷하다. 각 점을 클릭만 한다면 직선을 생성하지만 클릭한 상태에서 이동하게 되면 곡선이 만들어진다.

❻ Draw Rectangle : 사각형을 그릴 수 있다. 정사각형을 그리기 위해서는 'CTRL' 키를 누른 상태에서 마우스를 이동하면 정사각형을 그릴 수 있다.

❼ Draw Ellipse : 원 또는 타원을 그릴 수 있다. 'CTRL' 키를 누른 상태에서는 원을 그릴 수 있고 'CTRL' 키를 누르지 않으면 타원을 그리게 된다.

❽ Draw Text : 글자를 입력할 수 있다. 글자를 입력할 위치에서 더블 클릭하면 글자를 입력할 수 있는 창이 나타난다. LaserCAD에서 작성된 텍스트는 그룹으로 지정되지 않는다. 만약 정렬 기능을 사용하게 되면 글자의 간격이 변경되기 때문에 글자의 간격을 유지하기 위해서는 'Edit 〉 Group'을 먼저 지정하고 정렬해야 한다.

⑤ Align Tool Bar

생성된 객체를 정렬할 때 사용한다.

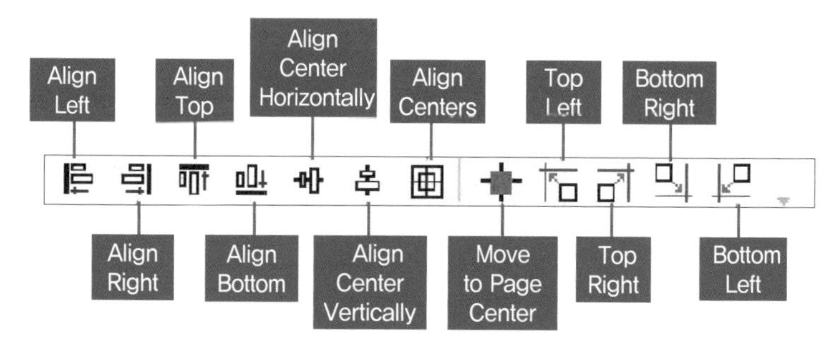

▲ 그림 207 정렬 아이콘

❶ Align Left : 2개 이상의 객체 왼쪽을 기준으로 정렬한다.

❷ Align Right : 2개 이상의 객체 오른쪽을 기준으로 정렬한다.

❸ Align Top : 2개 이상의 객체 위쪽을 기준으로 정렬한다.

❹ Align Bottom : 2개 이상의 객체 아래쪽을 기준으로 정렬한다.

❺ Align Center Horizontally : 2개 이상의 객체 가로방향으로 가운데 정렬한다.

❻ Align Center Vertically : 2개 이상의 객체 세로방향으로 가운데 정렬한다.

❼ Align Centers : 2개 이상의 객체 가로, 세로방향으로 가운데 정렬한다.

❽ Move to Page Center : 선택한 객체를 작업 영역의 가운데로 이동하면서 가운데 정렬한다.

❾ Top Left : 선택한 객체의 간격을 유지한 상태에서 작업 영역의 왼쪽 상단 모서리로 이동한다.

⑩ Top Right : 선택한 객체의 간격을 유지한 상태에서 작업 영역의 오른쪽 상단 모서리로 이동한다.

⑪ Bottom Right : 선택한 객체의 간격을 유지한 상태에서 작업 영역의 오른쪽 하단 모서리로 이동한다.

⑫ Bottom Left : 선택한 객체의 간격을 유지한 상태에서 작업 영역의 왼쪽 하단 모서리로 이동한다.

⑥ Edit Tool Bar

생성하거나 불러온 객체의 위치, 크기 복사 등을 할 수 있다.

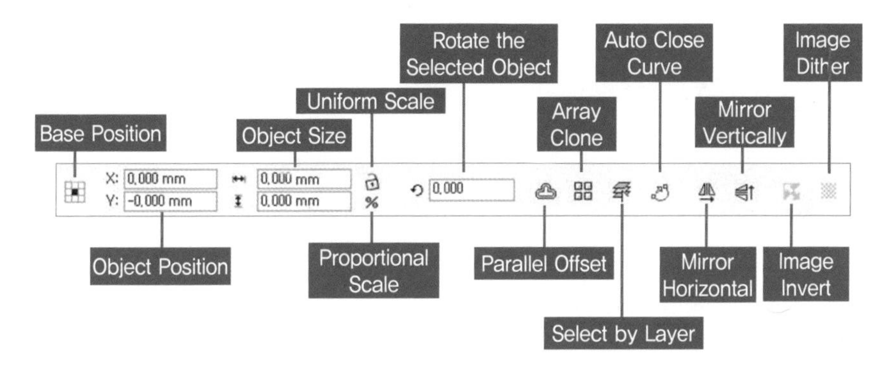

▲ 그림 208 Edit Tool 아이콘

① Base Position : 객체의 기본 위치를 설정할 수 있다. 기본 위치에 따라서 'Object Position'에 표시되는 위치가 달라진다.

② Object Position : 선택된 객체의 중심 좌표를 알 수 있다.

※ 객체의 중심에 표시된 'X' 표시는 이동할 때 마우스를 올리면 객체를 이동할 수 있다.

③ Object Size : 선택한 객체의 크기를 알 수 있다. 만약 2개 이상을 선택한 경우 전체 크기로 표시되며 단위는 'mm'이다.

④ Uniform Scale : 열쇠 모양은 기본적으로 열려있다. 이 경우 가로, 세로 비율을 유지하지 않고 개별로 크기를 변경할 수 있다. 그림이나 글자와 같이 가로, 세로 비율을 유지해야 한다면 열쇠를 잠근 상태에서 가로 또는 세로의 'Object Size'를 변경하면 나머지 값도 변경된다.

균등비율 X, 균등비율 ○

⑤ Proportional Scale : 객체의 크기를 배율을 이용하여 변경할 수 있다. 배율을 이용하여 크기를 변경하는 경우에 '☑Lock ratio'를 선택하면 가로, 세로 비율을 유지한 상태로 크기를 변경할 수 있다.

⑥ Rotate the Selected Object : 선택한 객체를 회전시킬 수 있다. 회전 방향은 반시계 방향으로 회전된다. 회전하려는 각도를 입력하고 입력 창 앞에 있는 아이콘을 클릭해야 실행된다.

⑦ Parallel Offset : 선택한 객체를 기준으로 밖 또는 안쪽으로 설정값만큼 이동하면서 객체를 복사한다.

⑧ Array Clone : 선택된 객체를 기준으로 가로, 세로방향으로 복제를 원하는 개수와 객체와의 간격을 설정하고 생성 방향을 선택하면 복제할 수 있다.

⑨ Select by Layer : 레이저 조각기에서 색상별로 작업 방법, 속도, 파워를 설정할 수 있다. 만약 화면에 객체가 많아서 선택이 어려운 경우 색상별로 선택할 수 있다.

⑩ Auto Close Curve : 만약 선택한 객체가 닫혀 있지 않다면 절단되지 않거나 Engrave(=Scan)는 실행되지 않는다. 이런 경우 열려 있는 선을 닫혀 있는 폐곡선으로 만들 때 사용한다. 'Create Image Outline'을 이용하여 그림에서 선을 추출한 경우에도 곡선이 닫혀 있지 않고 열려 있는 경우가 있다. 이런 경우에도 사용할 수 있다.

⑪ Mirror Horizontal : 선택한 객체를 가로방향으로 객체의 중심을 기준으로 반전시킨다.

⑫ Mirror Vertical : 선택한 객체를 세로방향으로 객체의 중심을 기준으로 반전시킨다.

⑬ Image Invert : 흑백으로 변환되어 있는 이미지에 대하여 적용할 수 있다. 선택한 이미지의 색상을 반전시킨다.

⑭ Image Dither : 비트맵 이미지를 점묘화로 변환할 수 있고 점묘화로 변환할 때 한 점의 크기를 설정할 수 있으며 점의 크기가 작을수록 그림이 잘 표현된다. 그러나 레이저 한 점의 크기보다 작게 설정하면 출력되지 않을 수 있다. 기본은 0.4로 되어 있고 정밀하게 표현하고 싶다면 0.1~0.2로 설정하면 된다.

⑦ Layer Options – 출력 설정하기

레이어 옵션에서는 각 레이어에 대한 작업모드, 속도, 출력을 설정할 수 있다. 설정 값을 변경할 때에는 원하는 레이어를 더블 클릭하면 변경할 수 있다. 작업을 하다 보면 동일한 위치에서 하나의 레이어에 대한 작업만 하고 싶을 때 작업하고자 하는 레이어만 'Output'을 선택하고 나머지는 해제한다면 선택되지 않은 객체의 위치를 유지하면서 작업할 수 있다.

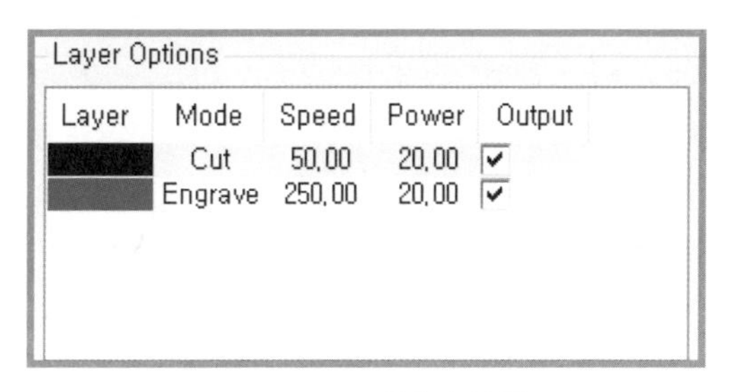

▲ 그림 209 레이어 옵션

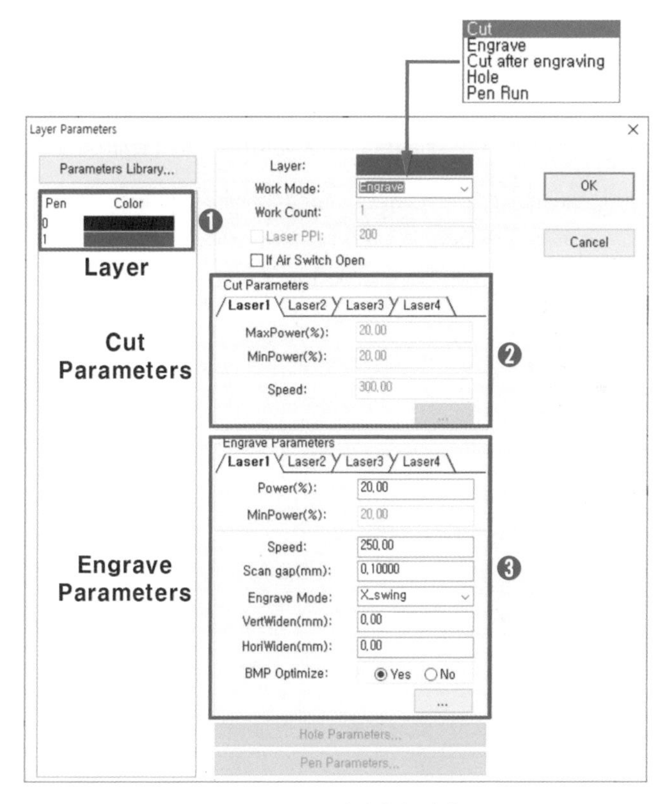

▲ 그림 210 레이어별 설정

❶ Work Mode : 레이저 작업 방법을 설정할 수 있다. 일반적으로 'Cut'과 'Engrave'를 사용하며, 'Cut'과 'Engrave' 작업을 선택하면 값을 입력할 수 있는 설정 위치가 다르게 활성화된다.

❷ Cut Parameters : 선 또는 곡선을 절단하기 위한 설정을 할 수 있다. 일반적으로 사용하고 있는 레이저의 출력이 50W 이상이라면 '속도 15~20mm/s', 'MinPower 40%, MaxPower 45%'에서 MDF 3mm 재료가 절단된다.

❸ Engrave Parameters : 폐곡선의 안쪽을 모두 태우는 작업으로 이미지를 재료에 그리는 설정이기도 하다. 일반적으로 'Speed 200mm/s~300mm/s', 'Power 20%'를 많이 사용한다. 만약 좀 더 진하게 Engrave를 하고 싶다면 속도를 줄이거나 파워를 높이는 방법이 있으며, 속도를 높이는 것은 권장하지 않는다.

⑧ 데이터 저장하기

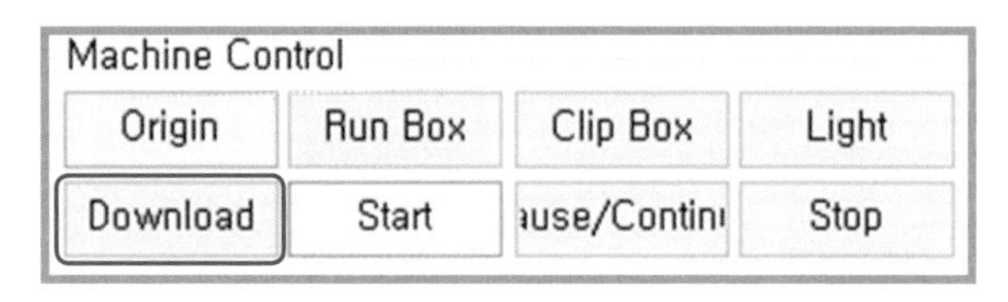

▲ 그림 211 Machine Control

데이터를 작성 후 수정할 수 있는 데이터와 레이저 커터가 작동할 수 있는 데이터를 저장하는 2가지 형식이 있다. 레이저 커터가 작업을 하기 위한 데이터를 저장하기 위해서는 'File 〉 Save'를 하는 것이 아니라 'Machine Control 〉 Download'를 하며 'Save Documents to Ufile', 'Download Document'를 선택할 수 있다. 'Save Document to Ufile'은 이동식 디스크에 저장하여 레이저 조각기에서 데이터를 찾아 작업을 실행하는 방식이고, 'Download Document'는 컴퓨터와 레이저 조각기가 연결되어 있는 경우 데이터를 전송하는 방식이다.

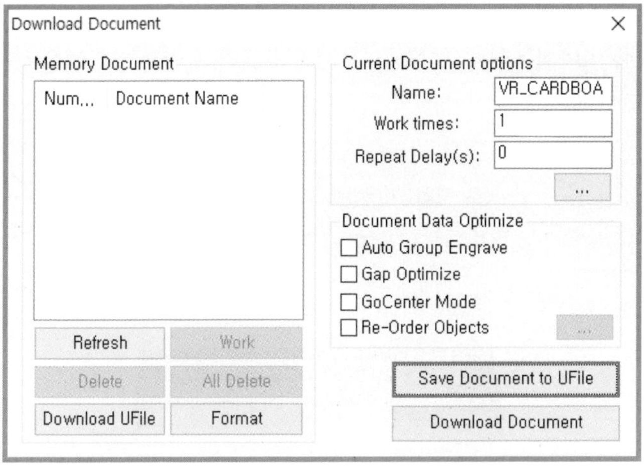

▲ 그림 212 이동식 디스크에 저장

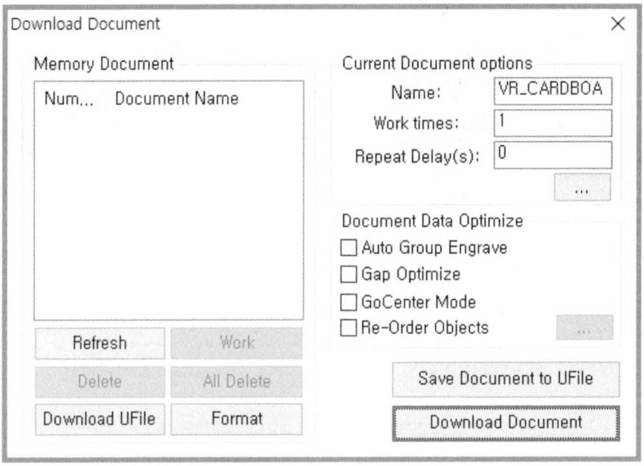

▲ 그림 213 데이터 전송

3 페이퍼 커터

페이퍼 커터는 레이저 커터와 비슷하지만 블레이드가 재료에 접촉한 상태로 절단 작업을 하며, 비닐 커터로 알려진 제품을 많이 사용한다. 비닐 커터의 경우 롤 용지와 A0 사이즈의 종이를 사용할 수 있고, 페이퍼 커터는 A3 사이즈 이하의 재료를 사용할 수 있으며, 페이퍼 커터는 재료의 두께가 2mm 이하인 경우 사용할 수 있다. 기종에 따라서 1mm 초과하는 두께의 재료를 절단하는 작업을 할 경우 전용 블레이드로 교체해야 하는 경우가 있다. 또한 하드보드지 등 두꺼운 종이 재료를 절단작업을 해야 한다면 평판 커터를 사용할 수 있는데, 최근 10mm 이상의 종이 합판을 이용한 가구 및 골판지를 이용하여 제품을 만들기 위해서 평판 커터를 도입하는 메이커 스페이스가 증가하고 있다.

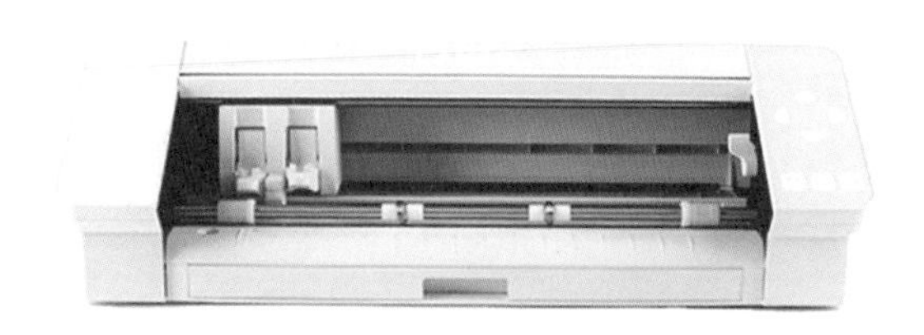

▲ 그림 214 카메오4(출처 : ispry.co.kr)

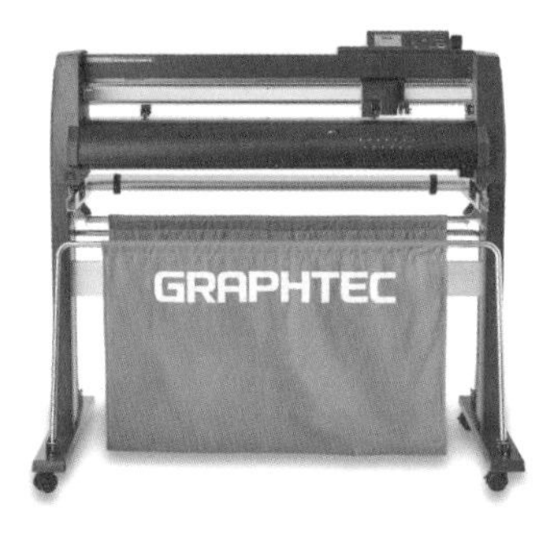

▲ 그림 215 Graphtec 비닐 커터
(출처 : Graphtec)

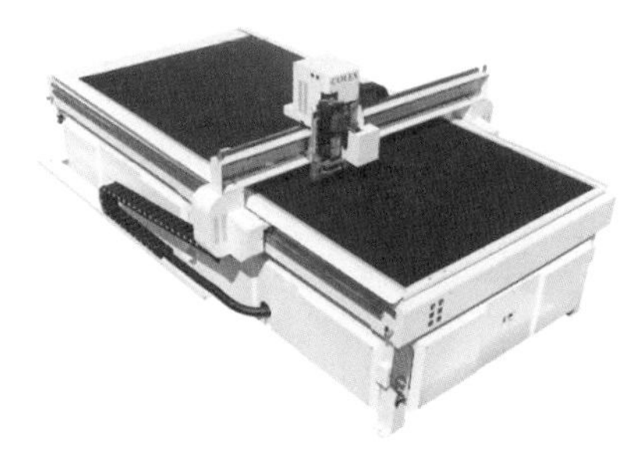

▲ 그림 216 평판 커터
(출처 : Colex)

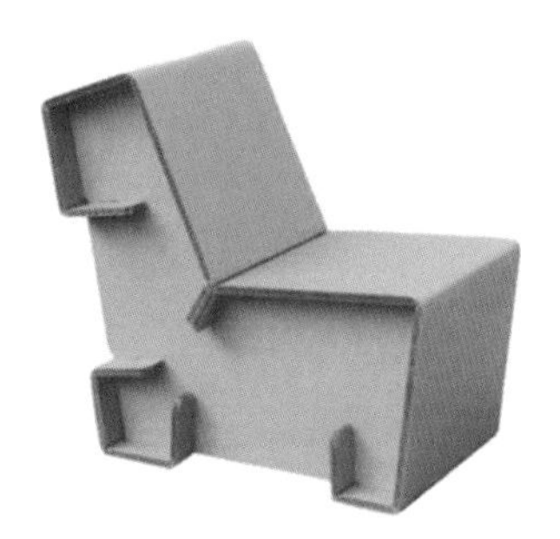

▲ 그림 217 골판지 가구
(출처 : chairgami.com)

▲ 그림 218 Paper Craft
(출처 : Amazon.com)

페이퍼 커터를 많이 사용하는 분야는 제품 포장과 관련된 분야이고, 취미 등에서 많이 사용되고 있다. 페이퍼 커터는 절단작업이 주를 이루고 있는데, 인쇄된 그림을 절단할 경우 스캐너 기능이 있는 제품을 사용해야 한다. 국내에서는 Brother사의 'Scan & Cut' 제품이 있지만 작업 영역이 A4 사이즈로 크지 않다. 그러나 실루엣에서 출시한 제품의 경우 제품에는 스캔 기능이 포함되어 있지 않지만, 스캔 기능을 할 수 있는 커팅 매트와 스마트폰 카메라를 이용할 수 있는 앱이 제공되어 어느 정도 아쉬움을 지울 수 있다.

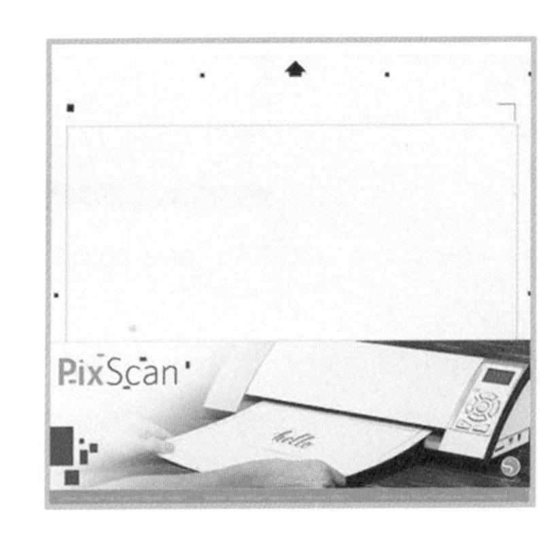

▲ 그림 219 실루엣 PixScan(출처 : ispry.co.kr)

창직 및 오픈마켓에서 판매하는 토퍼를 제작하기 위해서 페이퍼 커터를 많이 사용하고 있다. 저렴한 장비 가격과 아이디어만 있으면 누구나 쉽게 만들 수 있는 장점이 있어서 많은 사람이 오픈마켓에서 판매하고 있다.

▲ 그림 220 여행 토퍼(출처 : ebabyland.co.kr)

페이퍼 커터는 잉크젯 프린터와 비슷하다. 커팅에 사용되는 블레이드, 커팅 매트 등 모든 것이 소모품으로 되어 있어서 구매 시 6개월 이상 사용할 수 있는 소모품을 함께 구매하는 것이 좋다.

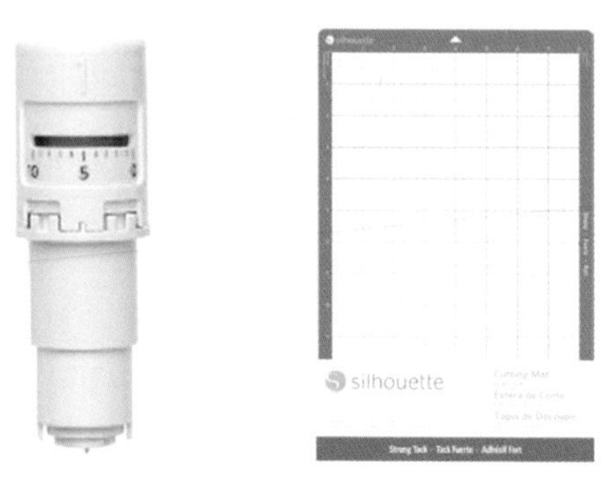

▲ 그림 221 소모품(출처 : ispry.co.kr)

페이퍼 커터에는 후작업을 위한 다양한 도구가 있는데 고무 커팅 매트, 스페츄라, 후크 등 거딩 매트에서 재료를 분리하는 도구와 절단이 제대로 되지 않았을 때 사용하는 매트와 아트 나이프가 대표적이다.

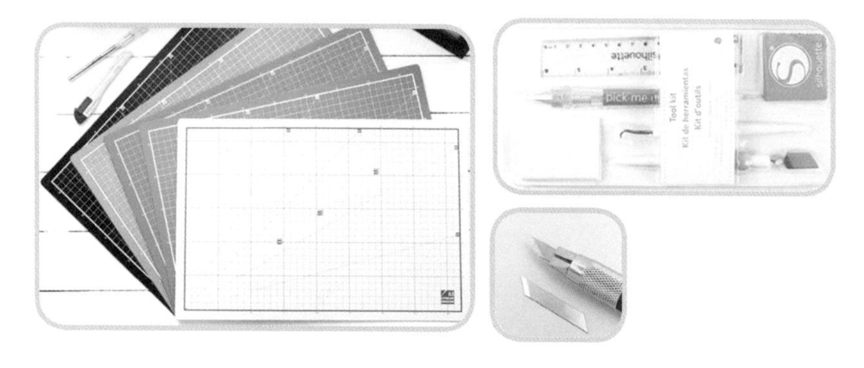

▲ 그림 222 후 작업 도구(출처 : ispry.co.kr)

페이퍼 커터는 주로 평면작업의 절단작업을 할 수 있다. 평면으로 절단된 재료를 조립하여 입체 모형으로 만들 수 있도록 지원하는 프로그램이 있으며, 3D 모델링 데이터를 전개도로 바꿔주는 프로그램을 이용한다면 다양한 3D 입체 제품을 만들 수 있다. 전개도로 변환해 주는 프로그램은 여러 종류가 있지만 일본 타마소프트의 'Pepakura Designer'가 대표적이다. 페이퍼 커터 제조사에서도 소프트웨어를 판매하고 있지만 사용자 입장에서는 부족하게 느껴진다. 그러나 'Pepakura Designer'의 경우 많은 아티스트가 사용하고 있고 초보자 입장에서도 기본 기능에 충실하기에 사용하기 쉽다. 그리고 팝업북, 입체 카드를 만들 수 있는 기능을 지원하고 있다. 실루엣 스튜디오 번들 프로그램에서도 이러한 기능을 사용할 수 있지만, 중복된 선을 제거하기 불편하고 만들어질 입체 모형을 바로 확인할 수 없어서 제작자의 공간지각 능력이 필요하다. 또한 3D 모델링 프로그램 중 Autodesk 사의 'Fusion 360'에서도 이러한 기능을 제공하고 있다. 그 외 'Paper Craft Software'로 검색하면 다양한 프로그램이 나오는데, 체험판을 설치하여 사용자에게 맞는 프로그램을 구매하는 것도 좋다.

▲ 그림 223 Tamasoft(출처 : tamasoft.co.jp)

페이퍼 커터를 메이커 스페이스에서 교육 프로그램으로 운영한다면 커팅하기 위한 데이터가 필요하다. 사용자가 데이터를 만들 수 있다면 문제없지만, 초보자를 대상으로 하는 경우 데이터 작성에서부터 문제가 될 수 있다. 이러한 부분을 보충할 수 있는 사이트가 있는데, 일본 Canon 사에서 운영하고 있는 'Canon Creative Park'로, 자사의 잉크젯 프린터로 출력해서 종이공작을 위한 데이터를 공유하고 있다. 그 외 'Paper craft'로 검색하면 다양한 사이트를 볼 수 있다.

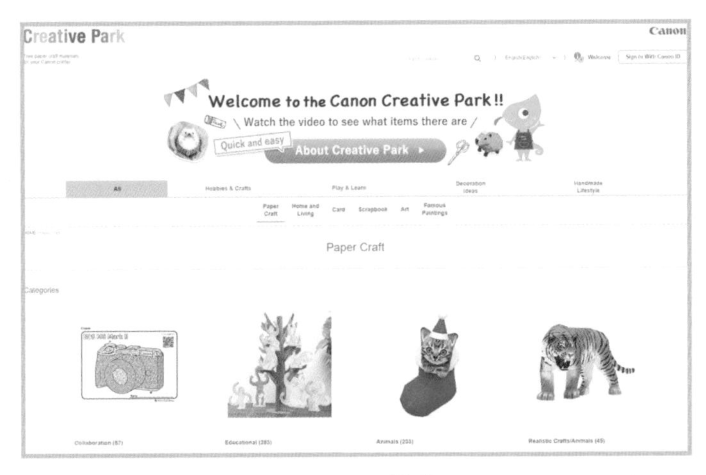

▲ 그림 224 Canon Creative Park(출처 : creativepark.canon)

페이퍼 커터에서 사용할 수 있는 종이 종류가 많지만, 일반적으로 사용하고 있는 A4용지(80g)는 부적합하다. 페이퍼 커터에서 사용하기 위해서는 최소한 120g 이상의 재료를 사용하는 것을 권장하며, 접착시트 등 특수한 재료는 제조사에서 판매하는 재료나 유사한 규격의 재료를 사용하면 된다.

▲ 그림 225 종이 색상(출처 : smartstore.naver.com/ssamzy)

① 실루엣 스튜디오 사용법

페이퍼 커터를 사용하기 위해서는 레이저 커터와 같이 벡터 그래픽 파일이 필요한데 일반적으로 일러스트, 코렐드로우를 사용하지만, 오토캐드 등을 사용할 수도 있다. 앞에서 언급한 프로그램은 유료 프로그램이고 배우는 데 시간이 필요한 프로그램들이다. 실루엣 사에서 제공하는 '실루엣스튜디오' 프로그램도 번들과 기능에 따라서 유료 버전으로 구분하지만, 번들 프로그램으로도 다양한 작업을 할 수 있다. 페이퍼 커터는 절단하기 위한 선만 있으면 되는데, 만약 절취선을 만들고 싶다면 벡터 그래픽 프로그램에서 점선을 그리면 된다. 다양한 도형을 그리는 것은 어렵지만, 공개된 자료를 이용하여 절단선을 만드는 것은 쉽게 구현할 수 있다.

㉠ 실루엣 스튜디오

실루엣 스튜디오는 번들 프로그램과 유료 프로그램으로 나뉘어 있다. 번들 프로그램에서는 아래와 같은 파일을 열 수 있고, 유료 프로그램에서는 다양한 벡터 그래픽 프로그램의 파일을 읽을 수 있으며, 다른 프로그램 형식으로 저장할 수 있다.

Graphics Files (Standard)
Silhouette Studio V3
Silhouette Studio V2
GSD
AutoCAD Interchange File
PNG
JPEG
BMP
GIF
TIFF
All Files

▲ 그림 226 지원 프로그램 형식

페이퍼 커터에서 기본적으로 가장 많이 사용하는 기능을 알아보자.

ⓐ 이미지 절단선 만들기

이미지에서 절단선을 만들어 보자. 우선 인터넷을 검색하여 '실루엣 이미지'를 검색하고 원하는 이미지를 저장한다. 저장할 때 검색 페이지를 저장하는 것이 아니라 '이미지를 다른 이름으로 저장'해야 한다. 페이퍼 커터 프로그램에서 '파일 〉 열기'를 이용하여 저장한 이미지를 불러온다.

▲ 그림 227 인터넷 검색 이미지

이미지를 화면의 중앙에 위치시킨다. 화면의 중앙에 배치하기 위해서 화면 상단의 아이콘 [아이콘]을 선택하면 자동으로 화면 중앙으로 이미지를 배치시킨다.

▲ 그림 228 이미지를 불러온다.

실루엣 이미지에서 외곽선을 찾기 위해서 화면 오른쪽에 위치한 아이콘 [아이콘](추적)을 선택한다. 새로운 창이 나타나면 첫 번째로 추적할 영역을 선택해야 하는데, 전체 영역을 선택해도 되고 필요한 부분만 선택해도 상관없다. 글자 또는 그림이 있는 경우 이미지 추적 후 필요 없는 부분을 삭제할 수 있다.

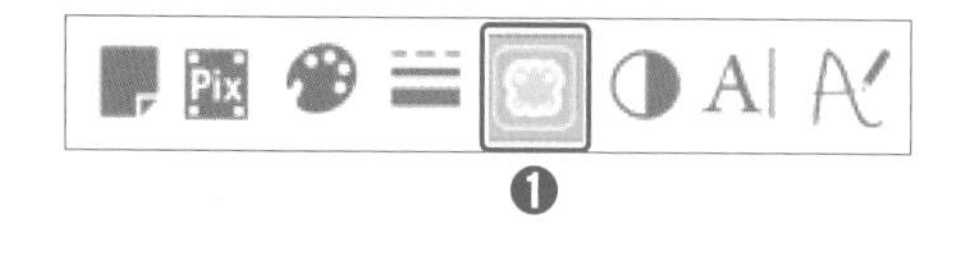

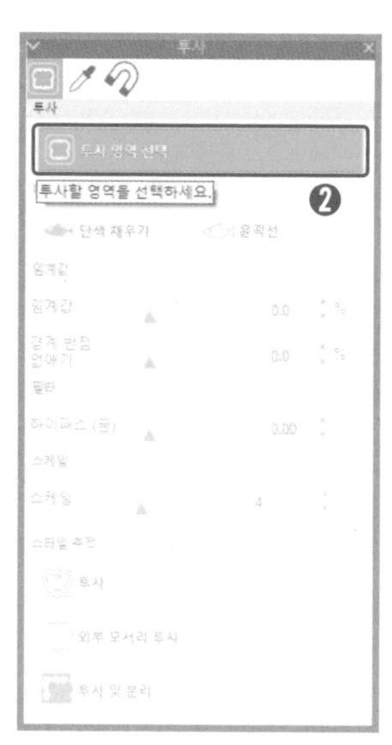

▲ 그림 229 투사 영역 선택 창

추적할 영역을 선택하면 이미지의 검은색 부분이 노란색으로 변경된다. 이때 '미리보기 추적' 옵션은 '단색 채우기'로 되어 있다. 필요에 따라서 '윤곽선'을 선택한다.

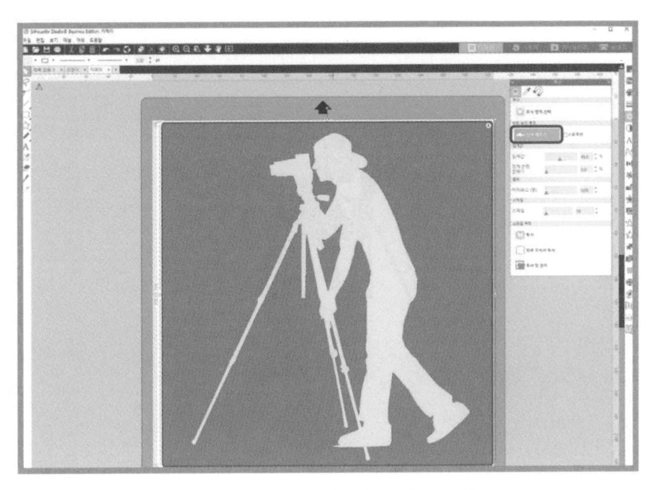

▲ 그림 230 추적 영역 미리보기

'단색 채우기'에서 임곗값을 조정하여 외곽선을 선택하도록 할 수 있고 '윤곽선'을 선택하여 실루엣의 외곽선을 선택할 수도 있다. 선택을 완료하였다면 '스타일 추적'에서 '투사', '외부 모서리 투사', '투사 및 분리' 중에서 작업을 선택하면 된다.

▲ 그림 231 추적 결과 미리보기

투사가 완료되면 실루엣과 윤곽선이 같이 있다. 이때 실루엣이 필요 없다면 삭제하면 된다. 아래 그림은 '투사'를 선택한 결과이며 남자와 여자 그림자의 팔 부분을 보면 투사는 생성된 윤곽선을 모두 만들어 준다.

▲ 그림 232 투사 결과

'외부 모서리 투사'를 선택하면 아래의 그림과 같이 남자와 여자의 팔 부분이 다른데, 외부 윤곽선만 생성되는 것을 알 수 있다.

▲ 그림 233 외부 모서리 투사 결과

윤곽선을 만드는 작업이 완료되었다면 이제는 절단하기 위한 설정을 해야 한다. 이때 화면 상단에 있는 '보내기'를 선택하는데, '보내기'에서는 각 도구(2개의 도구를 삽입할 수 있다)마다 설정이 가능하다. 자르는 방법, 블레이드(칼날) 종류, 재료의 종류, 속도, 강도를 설정할 수 있다. '보내기'를 선택하면 아래와 같은 옵션들이 나타나며 오른쪽에 위치한 '소재', '액션', '도구'의 설정이 중요하다.

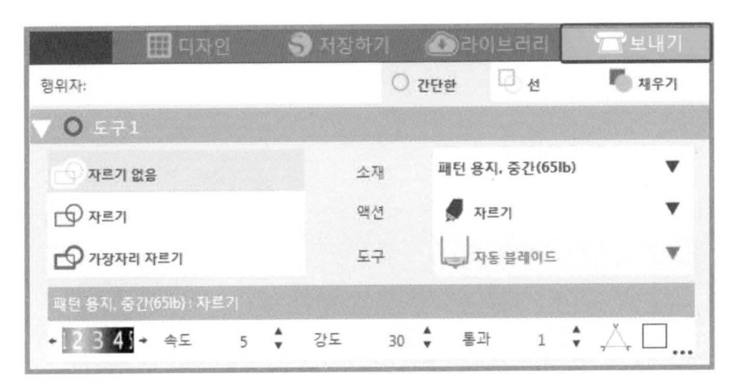

▲ 그림 234 자르기 옵션

'소재'의 경우 사용할 재료의 두께를 알고 선택해야 하는데, 소재의 두께에 따라서 칼날의 돌출되는 길이가 달라진다. 일반적으로 150~200그램의 종이는 칼날의 길이가 '3~4'이다.

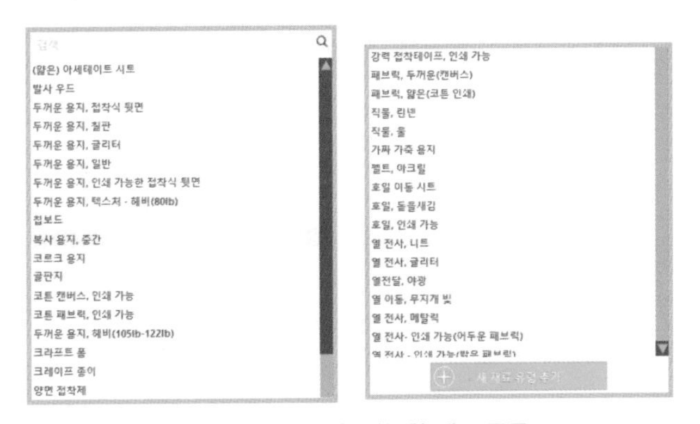

▲ 그림 235 사용 가능한 재료 목록

'액션'의 경우 도구에 따라서 작업이 가능하다. 특히 실루엣 Curio의 경우 엠보싱 도구인 블레이드와 엠보싱용 매트를 설치하면 가능한 작업들이다.

▲ 그림 236 작업 방법 설정

▲ 그림 237 다양한 종류의 블레이드(왼쪽부터 오토, 얇은선, 굵은선, 에칭)

'도구'는 칼날의 종류를 선택할 수 있는데, 일반적으로 제공되는 '오토 블레이드'의 경우 제조사에서 1mm 이내의 재료를 자를 때 권장하고 1mm 이상일 때 '깊은 커팅 칼날'을 사용하며, 깊은 칼날은 패브릭 천(펠트)을 사용할 때도 사용된다. 오토 블레이드는 칼날의 길이를 자동으로 조절해 주며, 사용하는 재료가 두꺼울수록 작동 중 칼날의 깊이가 바뀌거나 높이를 조정하는 버튼 부분 고장이 발생하기도 한다.

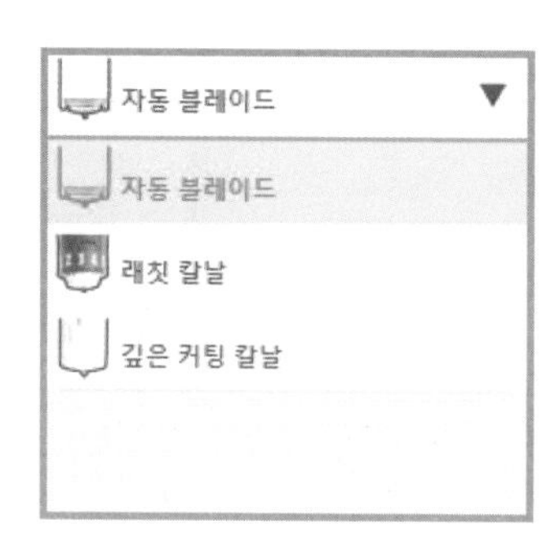

4 CNC

CNC(Computer Numerical Control)는 공작기계이다. 다양한 절삭 공구를 사용 할 수 있고, 재료를 가공하는 데 있어서 정밀하게 제작할 수 있는 장점이 있다. 일반적으로 CAD(Computer Aided Design)와 CAM(Computer Aided Manufacturing)의 데이터를 사용한다. CNC는 CAD 소프트웨어를 사용하여 부품을 설계하면, CAM 소프트웨어에서 G-Code를 생성하고 이동 경로를 입력하여 사용한다. 복잡한 형상을 제작할 때 몰드를 이용하는 제품도 있지만, 많은 부분에서 CNC를 이용하는 경우가 많다.

CNC 밀링은 주로 드릴링 및 절단과 유사한 밀리를 수행한다. 가장 기본적인 경우 CNC 밀링은 회전 절삭 공구를 사용하여 밀링 공구에 공급될 때 공작물에서 가공물의 필요 없는 부분을 제거한다. CNC 밀링 머신의 회전하는 원통형 도구는 여러 축을 따라 이동하여 부품의 고유한 모양, 슬롯, 구멍 및 세부 사항을 생성할 수 있는데, 대부분의 공작 기계에는 3~5개의 축이 있어 최첨단 절삭 공구가 매우 복잡한 형상으로 복잡한 가공을 수행할 수 있다.

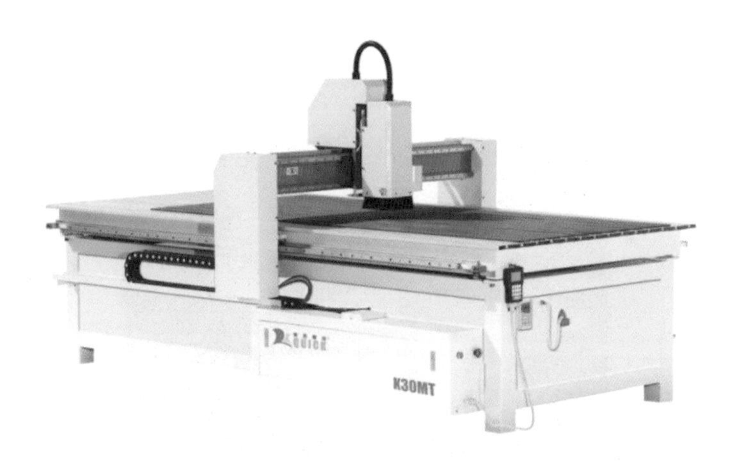

▲ 그림 238 CNC 장비(출처 : desheng-precision.com)

최신 CNC 밀링 머신은 조립을 위한 수평 머시닝 센터와 수직 머시닝 센터 모두에서 사용할 수 있고, 금속 가공 외에도 플라스틱, 세라믹 및 복합 재료도 가공할 수 있다. CNC는 높은 정밀도와 자동화를 달성하고 특정 디지털 코드를 직교 좌표로 변환할 수 있는 컴퓨터 수치 제어를 의미하므로 제조된 각 부품이 일관된 정확도로 생산되도록 한다. CNC 밀링 작업에는 다양한 옵션이 있는데, 각 유형에는 고유한 장점과 응용 프로그램이 있다.

① 평면 밀링은 외주와 끝면 모두에 톱니가 있는 공구를 사용한다. 이 도구는 평평한 표면을 만들고 윤곽을 매끄럽게 만들며 다른 성형 방법보다 높은 품질을 생성하는 데 사용된다.

② 평면 밀링은 큰 재료 조각을 형성할 수 있다. 더 넓은 절단 이빨은 재료의 넓은 영역을 형성할 수 있는 반면, 더 좁은 절단 이빨은 더 깊은 절단을 수행할 수 있다.

③ 앵글 밀링은 도구의 각도를 조정하여 모따기, 톱니, 홈 및 기타 각도 형상을 생성할 수 있다.

④ 성형 밀링은 성형 도구를 사용하여 원형 캐비티, 윤곽 및 복잡한 패턴을 처리한다.

⑤ 스트래들 밀링은 하나의 기계로 여러 조각을 절단하는 프로세스이다. 커터는 커터 바에 의해 연결되고 인접한 표면에서 동시에 이동한다.

⑥ 휠 밀링은 한 기계에서 여러 도구를 사용한다. 이러한 절단 도구는 동일한 작업을 수행하여 더 짧은 시간에 복잡한 부품을 생성할 수 있다.

⑦ 윤곽 밀링은 공작물에서 수직 또는 각진 경로를 절단하는 프로세스를 말한다.

▲ 그림 239 CNC 가공(출처 : desheng-precision.com)

CNC 밀링은 재료를 절단하고 드릴링 하는 과정이다. 밀링 머신은 밀링 커터라는 회전하는 원통형 도구를 사용하며, 밀링 커터는 스핀들에 고정되어 있으며 형태와 크기가 다를 수 있다.

밀링 머신과 다른 드릴 머신의 주요 차이점은 다른 각도로 절단하고 다른 축을 따라 이동할 수 있다는 것이다. 따라서 모션 축수로 지정되는 여러 밀링 머신이 있다.

① 2축 밀링 머신은 X축과 Z축에 구멍과 슬롯을 절단할 수 있다. 즉, 이 기계는 수평 및 수직 방향으로만 절단된다(하지만 한 방향으로만).

② 3축 밀링 머신은 Y축을 추가한다. 이것은 밀링 머신의 가장 일반적인 유형이다. 어떤 방향으로든 수직으로 자를 수 있지만, 공과 같은 물체는 한 번에 반으로 잘라야 한다. 3개의 축을 사용해도 아래에서 절단할 수 없기 때문이다.

③ 4축 밀링 머신은 선반과 유사하게 X축 회전 능력을 증가시키기 때문에 더 복잡하다.

④ 5축 밀링 머신은 X축과 Y축 모두에 회전 기능이 있으며 가장 완벽한 밀링 머신이라 말할 수 있다. 뼈대, 항공우주 구조물, 자동차 모델, 의료 제품 및 상상할 수 있는 거의 모든 다양한 모양을 만들 수 있다.

⑤ CNC 밀링 머신은 임의의 수의 축(2~5)을 가질 수 있지만 컴퓨터로 작동할 수 있으며 수동 조작이 필요하지 않는 장점이 있다.

CNC 공작 기계에는 많은 장점이 있다.

① 신뢰성 : 기계가 안정적으로 작동한다.

② 높은 출력 : 일반적으로 비교적 짧은 시간에 많은 작업을 완료하고 유연하다.

③ 노동력 감소 : 기계가 작동 중일 때 필요한 것은 약간의 감독과 정기적인 유지관리만 하면 된다. CNC 밀링은 프로그래밍 되어 있으며 일반적으로 자체적으로 작동할 수 있다.

④ 동일 제품 : 고속에도 불구하고 오차가 거의 없는 균일한 제품을 생산할 수 있다.

CNC 밀링은 다양한 재료에서 사용 가능하다.

① 합금 및 공구강(예 4140, 4340, D2, A2, O1) : 광범위한 적용

② 알루미늄 6061 : 항공 등급, 저렴하고 가공하기 용이하다.

③ 황동 C360 : 가공성 및 표면조도 우수

④ 저탄소강(예 1018, 1045, A36) : 널리 사용되는 높은 비용 성능

⑤ 스테인리스 스틸(예 304, 316, 2205) : 부식 및 내화학성

⑥ 니트릴 부타디엔 스티렌(ABS) : 인성 및 내충격성

⑦ 고밀도 폴리에틸렌(HDPE) : 고강도 대 밀도 비율

⑧ 나일론 6 : 내마모성 및 내화학성

⑨ PEEK : 높은 기계적 및 내화학성

⑩ 폴리카보네이트(PC) : 강하고 가공이 용이하다.

⑪ Delrin : 큰 기계적 부하를 위해 설계되었다.

⑫ 테프론 : 소수성 및 낮은 마찰 계수

5 진공성형기

진공성형이란 재료를 열에 노출시켜서 사용하는 성형 방법 중 하나로, 다품종 소량을 위한 방법이라 할 수 있으며 대량 생산이 가능한데, 시트를 롤 형태로 사용하여 연속적으로 진공성형을 할 수 있는 열 성형 방법이 있다. 진공성형기는 다양한 산업체에서 다양한 품목을 생산하는 데 사용하는 장비로, 일반적으로 메이커 스페이스에서 사용하는 열 성형 방법으로 시트지에 열을 가하여 유연해진 시트지에 압을 가하여서 성형하는 방법이다.

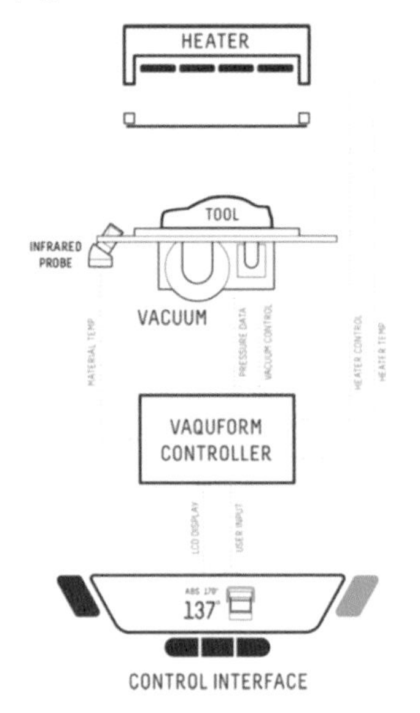

▲ 그림 240 진공성형과정(출처 : hdcinfo.co.kr/vaquform)

진공성형기 열 성형 방법의 특징은

① 다품종 소량 생산이 가능하다.

② 3D 프린팅 한 제품으로 금형 제작이 가능하다.

③ 작업하는 시간이 짧다.

④ 여러 가지 재료로 사용 가능하다.

(HIPS, ABS, PETG, PVC, Acrylic, Polyethylene, Polypropylene, Polycarbonate, Kydex, EVA)

⑤ 디자인 변경이 용이하다.

Chapter 02 디지털(메타버스, VR, AR 등) 관련 도구와 장비

메이커 스페이스를 이용할 때 대부분 디지털 공작기계 등을 말한다. 그러나 창업 지원 업무를 놓고 본다면 디지털 공작기계만큼 중요한 것이 디지털 관련 장비이다. 특히 컴퓨터의 경우 대부분 저렴한 노트북으로 되어 있는데, 교육을 목적으로 할 때 노트북이 이동 및 관리가 편한 장점이 있지만, 성능 면을 본다면 노트북보다는 데스크톱이 좋다. 특히 그래픽 카드의 경우 노트북의 온보드 그래픽 카드보다 외장 그래픽카드가 좋다. 3D 모델링 등 최근 메타버스와 관련된 작업을 하기 위해서는 GTX-1050 이상의 그래픽 카드가 필요하다. Windows 10에서 VR을 지원하는 데 기본 성능으로 제시하고 있는 그래픽 카드가 GTX-1050이다. 컴퓨터 사양을 잘 모른다면 게이밍 PC를 기준으로 하면 된다. 대부분의 게이밍 PC는 외장 그래픽 카드와 8GB의 RAM을 포함하고 있기 때문이다.

최근 디지털 콘텐츠를 창업 아이템으로 선정하고 창업을 준비하는 경우도 많다. 특히 웹툰, 메타버스(VR) 아이템 창작의 경우 고성능 데스크톱 PC와 함께 태블릿이 필요하며, 드로잉 및 영상 편집에 많이 사용하고 있다. 경북콘텐츠코리아랩에는 27인치 장비를 보유하고 웹툰 창작자에게 시설을 제공하고 있다.

▲ 그림 241 와콤 씬티크(출처 : wacom.com)

유튜브 크리에이터와 라이브 커머스를 지원하기 위해서는 다양한 장비가 필요하며 기본적으로 캠코더 또는 디지털카메라, 조명, 삼각대, 편집 프로그램이 기본 장비가 될 수 있다. 여기에 전문적으로 작업하는 이용자를 위해서 녹음실 또는 방음이 되는 스튜디오와 전문 편집 장치가 있으면 좋다. 영상을 촬영하고 편집을 키보드로 할 수 있지만, 편집 시간을 줄이기 위해서 별도의 편집 장비를 사용하면 좋다. 또한 라이브 커머스를 위해서 비디오 스위치를 많이 사용하는데 최근 4개의 카메라를 조정하고 라이브로 송출할 수 있는 소형 제품들이 나오고 있다. 라이브 커머스의 장점을 살리기 위해서 현장에서 촬영해야 한다면 이동이 쉽기 때문에 많이 사용한다.

▲ 그림 242 비디오 스위치
(출처 : Blackmagicdesign.com)

▲ 그림 243 편집장비
(출처 : loupedeck.com)

그 외 다양한 하드웨어, 소프트웨어 장비들이 있다. 모든 것을 구비할 수 없지만 메이커 스페이스 성격에 따라서 구비하여 이용자들에게 제공할 수 있도록 소개한다.

1 소프트웨어

1 3D 모델링

메이커 스페이스에서 디지털 공작기계를 사용할 수 있게 되면서 기본이 되는 프로그램이 3D 모델링 프로그램이다. 3D 모델링 데이터를 기반으로 3D프린터, 레이저 커터, 페이퍼 커터 등 다양한 프로그램에 필요한 데이터로 변환하면 되기 때문이다.

3D 모델링 프로그램은 Solid, Nurbs, Polygon 등 다양한 방식의 프로그램들이 있다. 그러나 메이커 스페이스에서 도입하기 위해 모델링 용도에 따라서 기계, 제품(디자인), 캐릭터로 구분해서 소개하고 있다. 모델링 방식의 차이가 있지만 어떤 프로그램을 선택하더라도 제품, 캐릭터 등을 모델링 할 수 있다. 단지 어렵게 하는지, 조금이라도 쉽게 할 수 있는지 정도로 보면 되겠다. 프로그램에 따라서 유·무료가 있으며 사용자층이 두터운 경우와 그렇지 않은 경우가 있는데, 구성하고자 하는 메이커 스페이스에서 지원할 서비스 또는 사용자층에 따라서 선정하는 것이 좋다.

① 기계 부품 모델링

㉠ Fusion 360

기계나 제품(부품)을 설계할 때 사용할 수 있는 프로그램으로, 최근 사용자가 늘어나고 있는 Fusion 360도 있고 전통적인 Autocad, 기업에서 많이 사용하고 있는 Solidworks, Catia, Inventor 등이 있다. 모두 유료 프로그램으로 클라우드 작업을 지원하면서 월간 사용료를 받는 프로그램이 있고 단일 프로그램으로 판매하는 경우가 있는데, 각 프로그램의 가격은 판매처를 통하여 알 수 있다. 기계 및 제품(부품)을 설계하는 방식의 프로그램은 Solid 방식과 Nurbs 방식으로 모델링을 많이 한다. 디지털 공작기계를 위한 데이터 작성에는 Solid 방식 모델링이 편리하지만, 복잡한 곡선을 그리기에는 초보자 입장에서 어려울 수 있다.

▲ 그림 244 Fusion 360(출처 : autodesk.com)

3D 모델링을 배운 전공자가 아니거나 3D 모델링을 처음 접하는 사용자에게는 Autodesk 사의 Fusion 360을 권장한다. 3D 모델링, 애니메이션, 조립, CAM, 각종 해석이 가능하다. 월 사용료는 USD 60으로 저렴하지 않지만 그

렇다고 비싸지도 않다. 월 단위로 사용할 수 있기 때문에 필요할 때 월 단위로 사용할 수 있는 장점과 클라우드에 데이터를 저장할 수 있기에 다양한 컴퓨터에 설치하고 자신의 계정으로 접속하면 어디서든 사용할 수 있다. 그러나 Fusion 360이 가지는 단점 중 가장 큰 것은 컴퓨터 사양이 높아야 한다는 것이다. 물론 3D 모델링 프로그램 중 컴퓨터 사양이 낮은 상태에서 원활히 운영되는 프로그램은 없지만, 그래도 Fusion 360은 고사양에서 운용되는 프로그램이다.

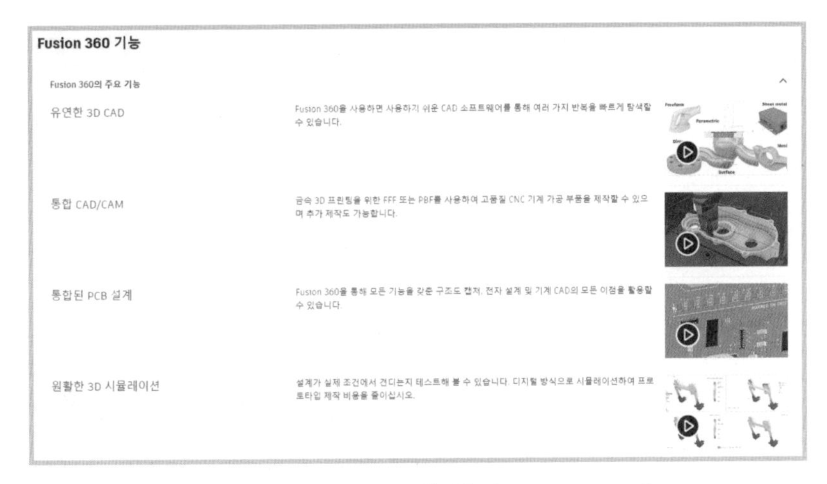

▲ 그림 245 Fusion 360 기능(출처 : autodesk.com)

Fusion 360을 3D 모델링이 처음인 사용자에게 권하는 이유는 다양한 작업을 할 수 있기 때문이다. 제품 설계도 가능하지만 Surface, Sculpt 모델링이 가능하고 3D 프린팅 데이터 작성, 레이저 작업을 위한 부품 배열에서부터 데이터 생성, CNC 작업을 위한 CNC 모델 또는 메인보드에 따른 작업 데이터 생성이 가능하다. 클라우드 방식으로 지원하고 있기 때문에 기능 업데이트가 원활하며 유튜브를 통해서 모델링 방법 및 기능 사용법을 쉽게 익힐 수 있다.

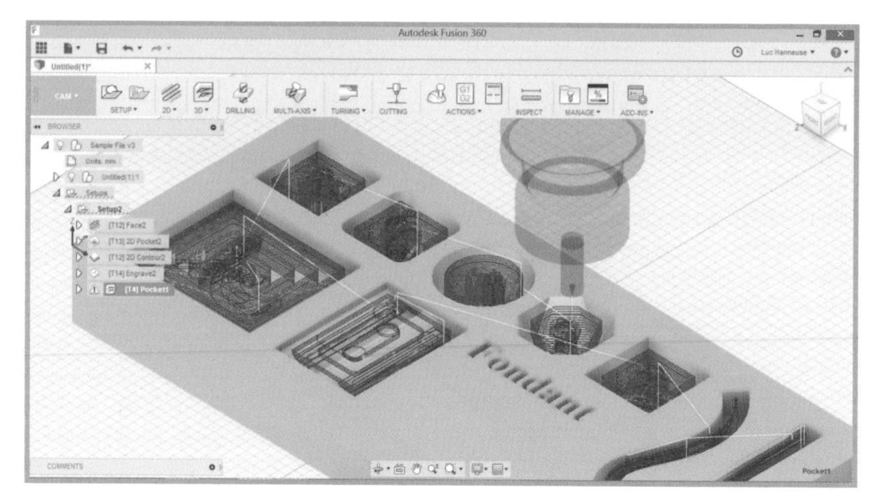

▲ 그림 246 CNC데이터 미리보기(출처 : wiki.imal.org)

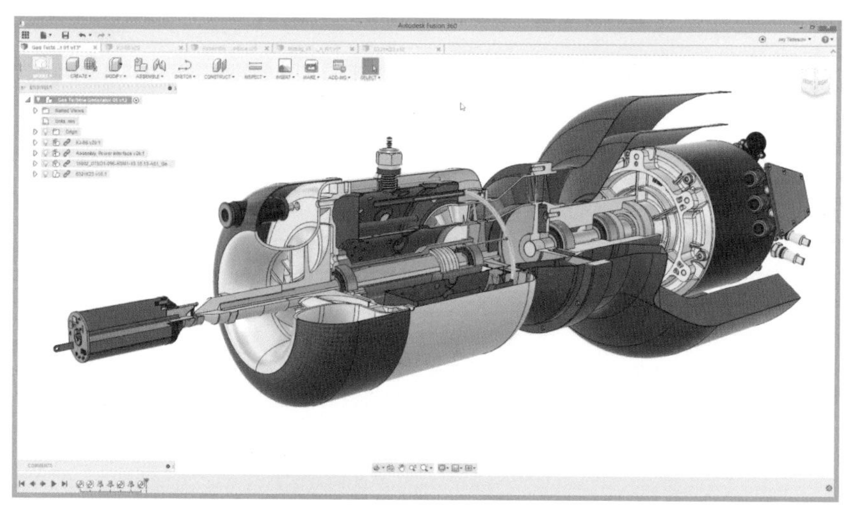

▲ 그림 247 Fusion 360 Assembly(출처 : soildsmark.com)

ⓛ Inventor, Solidworks, Catia

기업에서 사용하고 있는 전문가 수준의 3D 모델링 프로그램으로, 다양한 기능을 가지고 있고 사용자의 숙련도에 따라서 기능을 최대화할 수 있는 프로그램들이며 기계 부품, 자동차, 선박 등 대부분의 설계 영역에서 사용하는 프로그램이다. 그러나 유료 프로그램이며 추가적인 프로그램(Plug in)을 통해서 프로그램에 최적화된 기능을 추가할 수 있다. 또한 이러한 프로그램을 배울 수 있는 기회는 많지 않으며 취업 프로그램에서 이러한 프로그램을 교육하는 경우는 있지만, 대부분 기본적인 사용법 정도만 배울 수 있다. 사실 3D 모델링 프로그램을 익힌다는 것은 혼자서 다양한 3D 모델을 그려본다는 것이다. 아무리 능력 있는 교수자라고 하더라도 모든 기능을 익히게 하는 것은 어렵기 때문에 기본적인 기능을 숙지시키고 연습을 많이 시키는 것이 가장 좋다.

Fusion 360이 엔트리급 프로그램이라면 위에서 언급한 프로그램은 미들급 이상의 프로그램이다. 전공으로 배운 사용자에게 유리하며 기업에서 많이 사용하고 있기 때문에 취업교육용으로 사용하는 것이 좋을 수 있다.

▲ 그림 248 Inventor(출처 : autodesk.com)

▲ 그림 249 솔리드웍스, 카티아(출처 : 3ds.com/)

기능은 좋지만 메이커 스페이스에서 구매하여 사용하기에는 부담되는 프로그램들이다. 가격적인 부분도 문제가 되지만 시설 이용자를 지원해야 하는 메이커 스페이스 입장에서는 이러한 프로그램을 중급 이상으로 사용할 수 있는 관리자를 고용한다면 상당한 임금을 부담해야 하는 문제도 있다.

ⓒ TinkerCAD, 123D Design

두 프로그램 모두 Autodesk 사에서 무료로 제공하는 프로그램이다. 고급 기능은 없고 기본적인 3D 모델링을 체험하고 익힐 수 있는 프로그램으로 배우는데 어렵지 않으며, 이 프로그램을 잘 활용하면 3D 모델링을 하는 데 필요한 공간지각 능력을 향상시킬 수 있는 장점이 있다. 그러나 초·중·고등학생 대상 교육에는 좋지만 성인 대상 교육에는 부족한 것이 문제이다.

TinkerCAD는 사이트에 접속하여 사용하는 방식이며, 123D Design은 서비스가 종료되었지만 인터넷을 검색하면 다운로드할 수 있는 사이트가 아직도 여럿 존재한다. 서비스가 종료된 123D Design 프로그램을 아직도 사용하는 이유는 초보자가 3D 모델링을 이해하는 데 적합하기 때문이다. TinkerCAD는 기본적으로 제공되는 3D 객체를 이용하여 모델링을 할 수 있고, 123D Design은 기본적으로 제공하는 3D 객체 외에도 스케치가 가능하여 사용자가 원하는 모양을 쉽게 만들 수 있기 때문이다.

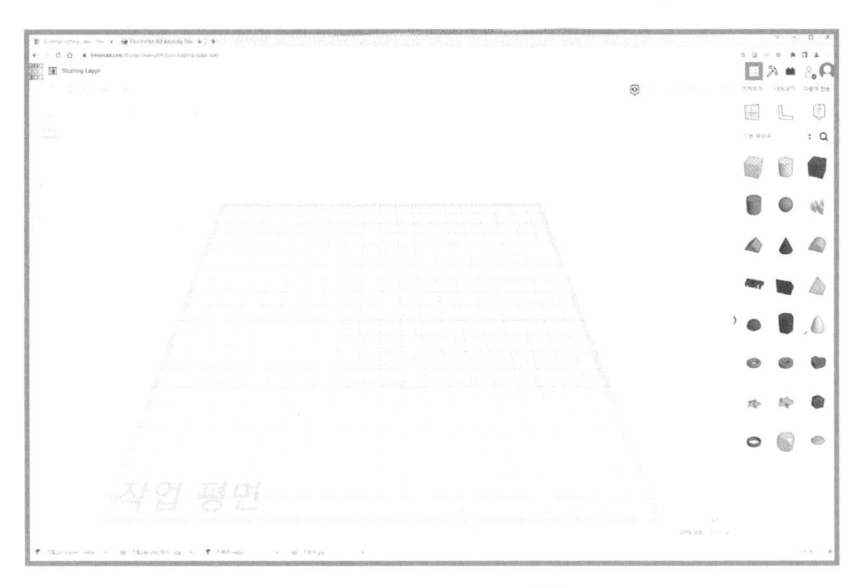

▲ 그림 250 TinkerCAD 화면

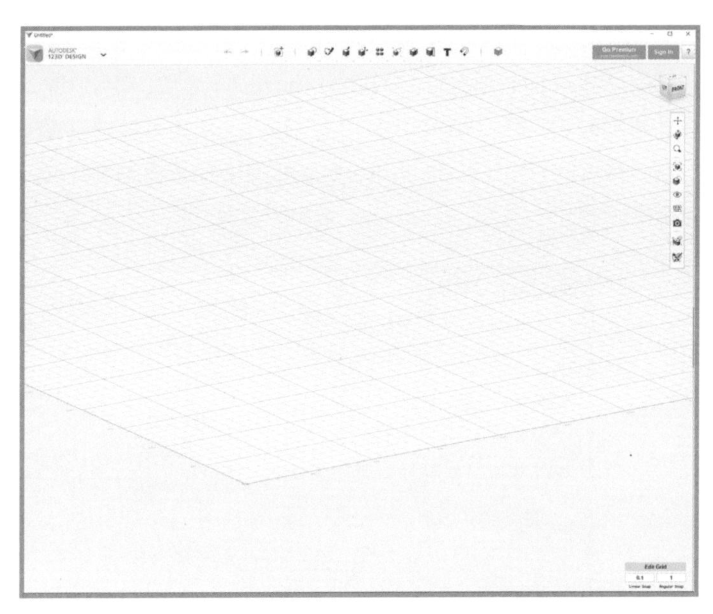

▲ 그림 251 123D Design 화면

TinkerCAD는 3D 디자인, 회로, 블록 코딩을 이용한 설계가 가능하다. 초기에 3D 모델링만 가능했지만, 4차 산업혁명시대의 STEAM 교육을 위해서 다양한 기능이 추가되었다. 회로의 경우 아두이노, 마이크로비트 등의 MCU를 위한 블록 코딩이 가능하고 전자부품을 연결하여 전자회로를 구성해서 시뮬레이션이 가능하다.

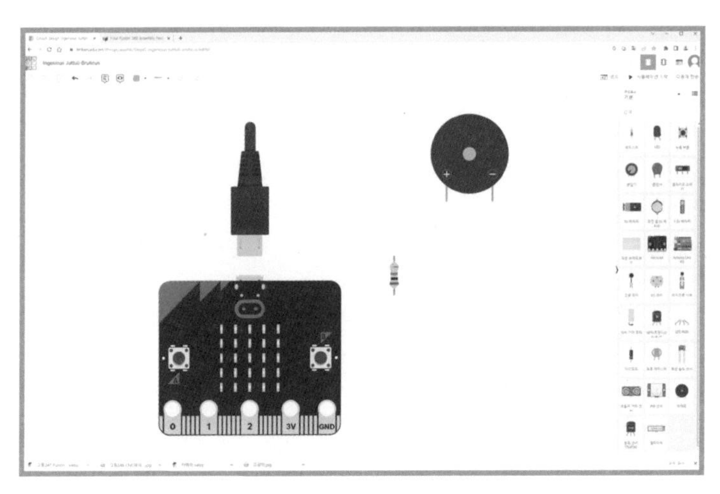

▲ 그림 252 회로설계 화면

TinkerCAD에서 작성한 데이터를 다양한 형식으로 저장할 수 있다. 3D 프린팅을 위해서 STL 형식의 데이터를 사용하지만 OBJ 형식 3D 프린팅도 가능하며 AR, VR 프로그램에 적용할 수 있다. 또한 레이저 커터에서 사용할 수 있는 데이터는 DXF, SVG 형식이면 되기 때문에 초급 사용자 또는 리터러시 교육에 적합할 수 있다.

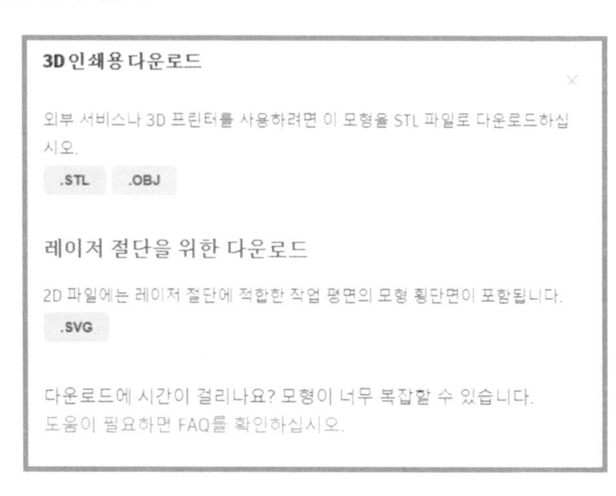

▲ 그림 253 TinkerCAD 다운로드 화면

123D Design 프로그램은 Autodesk 사의 지원이 종료된 프로그램이지만 교육현장에서는 많이 사용되고 있다. TinkerCAD에서 하기 힘든 스케치 기능을 이용해서 모델링을 좀 더 쉽게 할 수 있기 때문이다. 그러나 서비스가 종료되어 버그나 작업 중 강제 종료되는 경우가 있다. 123D Design에서는 스케치된 모형을 입체로 만들 수 있는 Construct 기능이 있다. Construct에는 Extrude, Revolve, Sweep, Loft가 있으며, 이 기능들은 대부분의 3D 모델링 프로그램에 있기 때문에 자신이 어떤 프로그램을 사용할지 정하지 못한 이용자들에게 3D 모델링의 기본적인 이해를 높이고 자신에게 맞는 3D 모델링 프로그램을 찾는 데 도움이 된다.

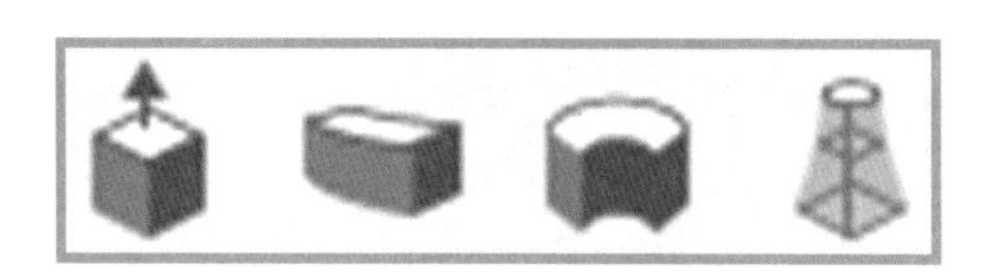

▲ 그림 254 Construct 아이콘

123D Design을 익힌 사용자라면 Fusion 360을 익히는 데 어렵지 않은데 실제 123D Design의 기본적인 기능과 사용법이 Fusion 360에서 동일하기 때문이다. 그래서 취미 또는 간단한 3D 모델링을 하는 경우라면 123D Design을 이용하는 경우가 많다.

② 제품 디자인 모델링

제품 디자인 모델링이라고 하면 사실 앞에서 언급한 기계 부품 모델링과 크게 차이가 나지 않지만, 외형 모델링을 프로그램이라고 전재하고 소개한다. 앞에서 소개한 프로그램으로도 충분히 모델링이 가능하지만 최근 경향을 보면 제품의 모양을 만들고 3D프린터로 출력하는 데 많이 사용되고 있는 프로그램이 Rhinoceros(이하 라이노)이다. 대학 학부과정에서도 많이 교육하고 있고 사용자가 많아 정보를 얻기도 쉽다.

▲ 그림 255 라이노(출처 : rhino3d.com)

자유 형상을 설계하는 데 많이 사용되고 있으며, Surface 방식의 3D 모델링 프로그램으로 사용자 교육의 결과를 보면 초급자도 쉽게 접근할 수 있는 장점이 있다. 부산 D 대학의 조형학부 학생들의 졸업작품 제작 과정에서 라이노를 이용하여 3D 모델링하고 SLA 방식 3D프린터로 출력 후 몰드를 만들어 금속공예품을 만들고 있다. 물론 몰드를 만들고 금속제품으로 만드는 과정은 외부 전문기업에 의뢰한다. 초기 디자인을 바로 제작하는 것이 아니라 여러 번의 수정을 거쳐서 최종 선정된 작품만 금속제품으로 만들기 때문에 완성도가 높아진다. 메이커스페이스에서도 충분히 가능한 작업과정이라서 3D 모델링 데이터 수정 및 3D프린터 출력 최적화를 위해서 1개 이상의 프로그램을 설치하여 사용하고 있다.

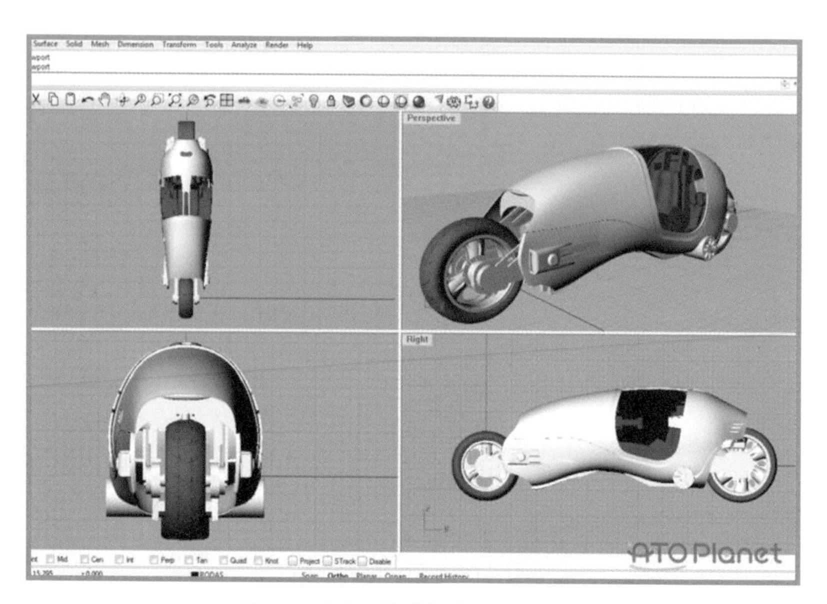

▲ 그림 256 라이노 화면(출처 : ato-planet.com)

라이노는 맵핑 및 렌더링 기능이 강력하기 때문에 실제 제품의 재질이 적용된 상태의 이미지를 확인할 수 있다.

▲ 그림 257 라이노 렌더링 이미지(출처 : discourse.mcneel.com)

다양한 디자인 3D 모델링 프로그램이 있지만, 사용자가 많고 정보를 얻기 쉬운 프로그램을 메이커 스페이스에서 보유하고 있는 게 이용자 지원 측면에서 유리하다고 할 수 있다.

③ 캐릭터 모델링

캐릭터 모델링의 경우 Z-Brush가 가장 많이 알려져 있지만, 유료 프로그램이며 원활한 사용을 위해서는 전문적인 교육을 받아야 한다고 알려져 있다. 국내에서는 Z-Brush가 강세를 보이지만 해외의 경우 개인 창작자들이 Blender 3D를 많이 사용하고 있다. 일단 Blender 3D는 개인이 사용하기에 무료이며 국내 자료보다 해외 자료가 많다.

Z-Bruch는 3D 모델링, 텍스처링, 페인팅이 가능한 디지털 조각 도구로 알려져 있다. 또한 생성한 모델들에 대한 조명, 재질, 색상 등의 정보를 저장할 수 있으며 영화, 게임, 애니메이션 등 고해상도 모델을 만드는 데 사용된다.

▲ 그림 258 Z-Brush 화면(출처 : toolfarm.com)

▲ 그림 259 Z-Bruch 다나와 가격(출처 : danawa.com)

캐릭터 디자인, 영화, 애니메이션에서 많이 사용하기 때문에 다양한 Plug-in이 존재한다. 창작활동에 많은 도움이 되지만 메이커 스페이스에서 사용하기에는 많은 부분을 고려해야 한다.

Blender 3D는 무료라는 장점과 해외 사용자층이 두터워 정보를 얻기 쉽고 Z-Bruch와 비슷한 기능을 제공하고 있기 때문에 많이 사용하고 있다. 최근 메타버스에 대한 관심이 높아지면서 사용자가 디자인한 캐릭터의 움직임을 모션 캡처를 통해 지정할 수 있는데, 비싼 상용 제품을 이용하는 것이 아니라 X-Box one에서 사용하는 Kinect를 이용하여 모션 캡처 데이터를 작성하는 방법이 소개되고 있다. 이러한 추가적인 하드웨어와 연계하는 경우 최소한의 비용으로 3D 모델링뿐 아니라 메타버스에서도 사용할 수 있는 데이터를 만들 수 있다.

▲ 그림 260 Blender 3D 작업화면(출처 : blender.org)

2021년 기준으로 Blender 3D 사용법에 대한 국내 번역서가 1권 출간되어 있다. 어떻게 보면 국내에서는 Blender 3D가 인기가 없을 수 있지만, 이웃 나라인 일본 및 해외의 서점에 가보면 다양한 영역에서 활용할 수 있는 Blender 3D 관련 서적이 많이 있다. 그만큼 무료이면서도 프로그램이 가지고 있는 성능이 부족하지 않다는 반증이라고 본다. 공공기관 또는 창업 지원 기관에서 Blender 3D를 교육하는 경우가 있지만 수강생들의 후기를 보면 만족스럽지 않다고 한다. 만약 메이커 스페이스에서 메타버스 전문가 양성 및 시제품 제작을 위한 교육 프로그램으로 Blender 3D를 선택한다면 교육생의 만족도 및 성과를 위해서 업계 전문가를 강사로 초청해야 성과가 높아질 것이다.

창작자 또는 크리에이터가 디지털 제품을 만들어서 판매할 수 있는 기회가 메타버스에서 늘어나고 있다. 특히 메타버스 플랫폼인 Zepeto에서 아바타가 입는 옷, 액세서리 등을 Blender 3D로 작업하여 판매하는 창작자들이 늘어나고 있다. 다양한 툴을 사용하여 3D 모델을 만들고 있지만 Blender 3D가 추천 프로그램에 들어가 있는 것은 무료이면서도 기능적으로 부족하지 않기 때문으로 보인다. 메이커 스페이스를 구축하고 운영하는 데 있어서 3D 모델링 소프트웨어 설치 시 발생할 수 있는 저작권 침해 문제에서도 자유로울 수 있다(※ 자세한 내용은 blender.org 정책을 확인해야 한다).

메이커 스페이스에서 3D 스캐너를 운영한다면 3D 모델링 프로그램이 필요하다. 고가의 3D 스캐너라고 하더라도 스캔 데이터에서 수정해야 하는 부분이 발생한다. 대부분의 스캐너 제조사에서 소프트웨어를 제공하여 수정이 쉽도록 지원하고 있지만, 추가적인 3D 모델링을 하려면 3D 모델링 프로그램이 필요하다.

위에서 언급한 3D 모델링 프로그램 외에도 Sketch-up, 3D Max, Maya 등 너무나 많은 프로그램이 있다. 사용자에 따라서 선택한 프로그램이 다를 수 있기에 이러한 문제로 메이커 스페이스에 문제를 제기하는 경우도 많다. 이용자의 창작, 창업활동을 지원해야 하지만 모든 프로그램을 구비할 수 없기 때문에 메이커 스페이스에서는 누구나 사용할 수 있는 보편적인 프로그램 또는 무료 프로그램으로 대응하는 것이 좋다. 그 외의 프로그램에 대해서는 사용자가 직접 준비하여 개인 PC 또는 노트북에 설치하여 사용하도록 안내하여 저작권 침해에 대한 대비가 필요하다.

2 사진, 이미지, 영상 프로그램

레이저 커터, 페이퍼 커터 등의 디지털 공작기계를 사용하거나 디지털 저작활동을 위해서 필요한 프로그램을 소개한다. 사실 이러한 프로그램의 경우 개인 컴퓨터에 설치하여 사용하는 것을 권장하지만 시제품 제작이나 소규모 제작 과정을 지원하기 위해서 필요하다. 초기 창업자의 경우 모든 장비를 구비할 수 없기 때문에 메이커 스페이스를 공유 팩토리 개념으로 창업 초기에 활용할 수 있도록 지원하기 위해서이다.

이미지, 사진 프로그램은 Adobe 사의 제품들이 유명하다. 개인 사용자의 경우 1개월에 약 7만 원 내외의 금액으로 대부분의 Adobe 제품을 이용할 수 있고, 대학(원)생의 경우 1개월에 약 3만 원 정도의 이용료를 내면 대부분의 프로그램을 사용할 수 있다. 물론 특정 프로그램 한 가지만 사용한다면 월 2만 원 이하로 사용할 수 있다. Adobe 사의 프로모션이 바뀔 수 있기 때문에 Adobe.com에서 미리 확인해야 한다.

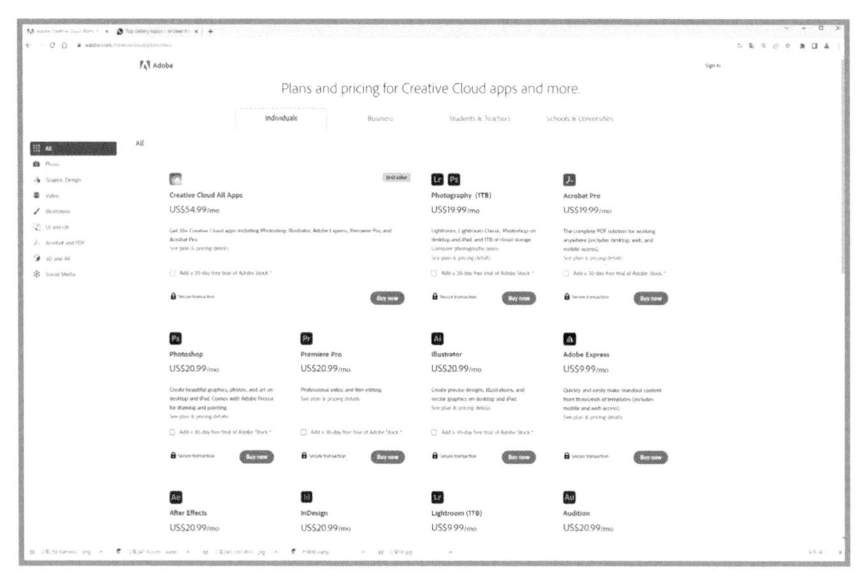

▲ 그림 261 Adobe 라이센스 플랜

일반적으로 벡터 그래픽, 영상 편집, 사진 편집 프로그램을 많이 사용한다. 이용자 본인의 PC에 설치하여 사용해야 하지만, 메이커 스페이스에서 구매하여 설치한다면 벡터 그래픽 프로그램과 영상 편집 프로그램 정도가 좋다. 사실 위에서 언급한 프로그램을 사용하는 경우 사용자가 프로그램이 설치된 공용 PC를 오랜 시간 점유하는 문제가 발생할 수 있다. 메이커 스페이스에 PC가 많이 있다면 큰 문제가 안

되지만 이용할 수 있는 PC가 적다면 이용자 간 분쟁의 소지가 될 수 있다.

① Adobe Illustrator(일러스트레이터)

Adobe 사의 일러스트레이터는 벡터 그래픽 이미지를 만들 수 있는 드로잉 프로그램으로 레이어 방식으로 다양한 그림을 표현할 수 있다. 또한 벡터 그래픽 데이터를 만들 수 있어서 레이저 커터, 페이퍼 커터에서 사용할 수 있는 데이터를 만들 수 있다. 최근 페이퍼 커터를 이용하여 토퍼를 만드는 창작자들의 경우 일러스트레이터를 이용하여 다양한 형태의 제품을 디자인하고 있다. 창작이라고 하는 부분은 개인의 역량에 달려있기에 제외하고, 사용법은 어렵지 않기 때문에 기본적인 사용법만 알고 있더라도 다양한 디자인을 쉽게 만들 수 있다.

▲ 그림 262 Adobe Illustrator 시작화면

Adobe 사의 Illustrator(이하 일러스트레이터)와 비슷한 오픈소스 기반의 Inkscape(이하 잉크스케이프)는 SVG 형식의 벡터 그래픽 편집기로 리눅스, 맥, 윈도, 유닉스 등의 운영체제에서도 사용할 수 있다. 잉크스케이프는 Adobe 사의 일러스트레이터를 지원하기 때문에 무료 프로그램을 선호하는 개인 사용자에게 좋다.

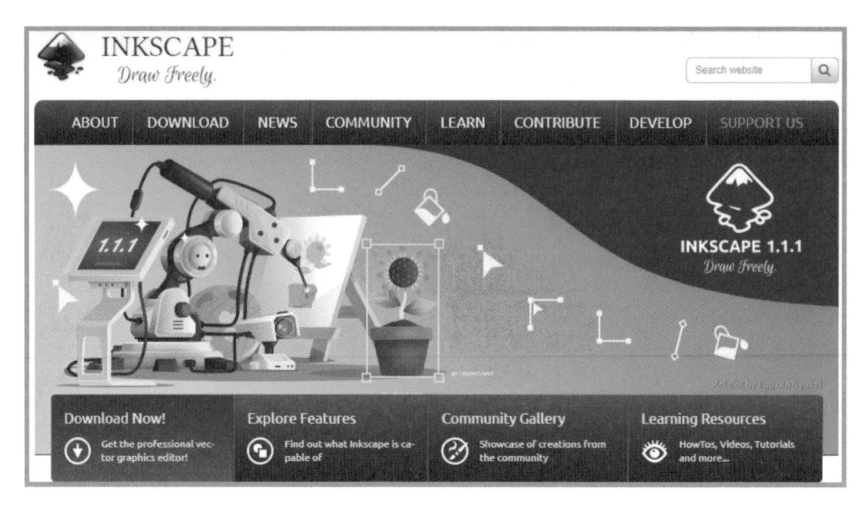

▲ 그림 263 Inkscape.org

개인 사용자 중 일러스트레이터가 사용하기 쉽다고 하는 경우가 있지만, 잉크스케이프가 가지고 있는 장점 중 하나가 무료이고 많은 기능을 가지고 있기 때문에 메이커 스페이스 이용자가 개인 PC에 설치해서 사용하고 싶은 경우 inkscape.org를 소개하여 사용하도록 지원할 수 있다.

일러스트레이터로 작업한 데이터를 레이저 커터에서 불러오려면 일러스트레이터 형식으로 저장하면 되고, 버전을 'Ilustrator 8'로 선택하면 RD-Works, LaserCAD 프로그램에서 오류 없이 불러올 수 있다. 또한 페이퍼 커터의 경우 유료 버전은 문제가 없지만 번들 버전의 페이퍼 커터 프로그램에서는 파일 형식을 '.dxf'로 저장하면 불러올 수 있다.

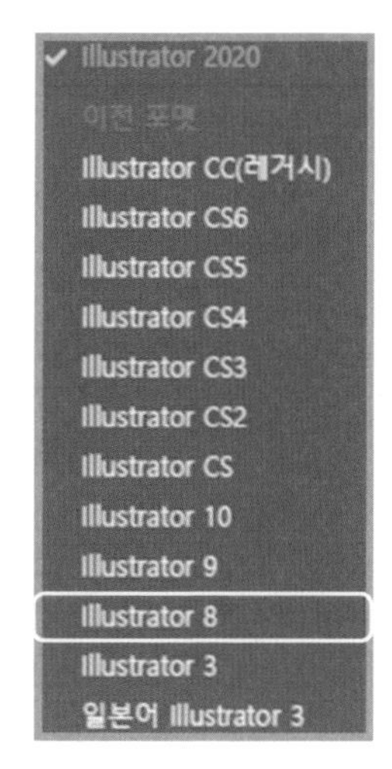

▲ 그림 264 버전 설정

② 영상 편집

Adobe 사의 프리미어와 맥 OS에서 사용할 수 있는 파이널 컷 프로, 그리고 다빈치 리졸브, 베가스 프로가 있다. 이 프로그램들은 전문 편집자들이 많이 사용하고 있으며 다양한 추가 기능이 가능한 유·무료 플러그인이 있다. 그 외에 인터넷을 검색하면 기본적인 편집이 가능한 무료 프로그램도 많다. 메이커 스페이스에 영상 편집을 위한 별도의 PC를 구축하는 경우 Apple 사의 맥(Mac) 시리즈와 Windows 계열 PC로 구축할 수 있으며, 맥 PC를 구축하는 경우 '파이널 컷 프로'를 추가로 구입하면 된다. 영상 편집자들의 경우 파이널 컷 프로를 많이 권하는데, 윈도 계열 프로그램보다 랜더링 하는 시간의 단축과 편집의 편리함이 장점이다.

▲ 그림 265 파이널 컷 프로

윈도 계열 PC를 사용한다면 프리미어 프로와 다빈치 리졸브, 베가스 프로가 있다. 영상 편집 프로그램으로 검색하면 많이 나오는 프리미어 프로의 경우 일러스트레이터, 포토샵, 애프터 이펙트 등 Adobe 사의 다른 그래픽 프로그램과 연계하여 사용하기 좋다.

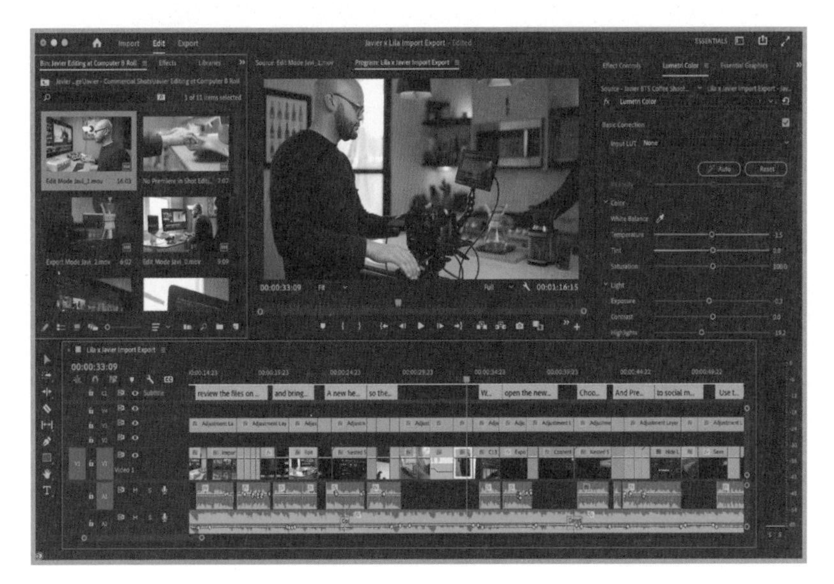

▲ 그림 266 프리미어 프로 작업화면(출처 : adobe.com)

그 외 개인적으로 영상을 편집하여 보관하는 경우 베가스 프로를 사용하기도 한다. 위에서 언급한 영상 편집 프로그램을 잘 사용하기 위해서는 기본적인 사용 교육이 선행되어야 하며, 편집한 영상을 렌더링 하는 시간을 단축하기 위한 컴퓨터 하드웨어적인 지원이 필수적이다. 예를 들어 하드디스크는 SSD 타입으로 구성되어야 하고, 그래픽 카드는 온보드형이 아닌 외장형이어야 한다. 그 외 편집을 쉽게 할 수 있는 USB 방식 하드웨어도 있으면 좋다.

최근에는 휴대폰으로 영상을 촬영하고 휴대폰 앱을 이용해서 바로 편집한다. 휴대폰마다 기본적인 편집 툴이 있지만, 휴대폰에서 사용할 수 있는 앱 정보를 시설 이용자에게 제공하는 것도 한 가지 방법이다. 유료 앱이지만 키네마스터를 추천할 수 있는데 휴대폰에 저장된 영상을 편집하기에 부족함이 없고, 무료 버전의 경우 워터마크가 삽입되지만 초보자 입장에서 앱을 체험하기에도 좋다.

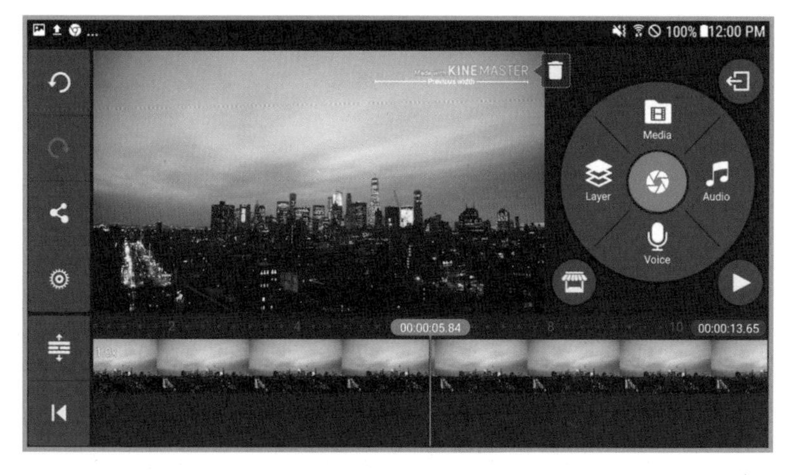

▲ 그림 267 키네마스터 화면(출처 : 2022.co.id)

2 하드웨어

1 컴퓨터

컴퓨터는 작업용 PC를 기준으로 성능을 정할 수 있다. 사실 최신형 게이밍 PC 정도의 사양이라면 크게 문제될 부분이 없지만, 한정된 예산안에서 구축되어야 하는 메이커 스페이스의 특성상 모든 PC를 최고 사양으로 구축할 수 없기 때문에 어느 정도 기준이 필요하다. 게이밍 PC로 할 때 추가해야 할 부분이 RAM과 SSD이다. 그래픽 작업을 한다면 RAM 16GB 이상이 좋고 그래픽 카드의 경우 GTX1050 이상이면 대부분의 그래픽 프로그램은 운영 가능하다. 3D 모델링 작업을 위한 PC의 모니터는 27인치 이상, FHD 이상의 해상도를 가지는 모니터가 좋다. 그리고 영상 편집의 경우 듀얼 모니터로 구성하는 것도 이용자 측면에서 사용하기 편하다.

아래의 그림은 각 프로그램별 시스템 요구사항이다. 사용하고자 하는 프로그램에 맞게 컴퓨터 시스템을 구성하면 된다.

CPU 유형	x86 기반 64비트 프로세서(예: Intel Core i, AMD Ryzen 시리즈), 4코어, 1.7GHz 이상; 32비트는 지원되지 않음 ARM 기반 프로세서는 Rosetta 2를 통해서만 부분적으로 지원됨 - 자세한 내용은 이 게시물을 참조하십시오.
메모리	4GB RAM(통합 그래픽에서는 6GB 이상 권장)
그래픽 카드	DirectX11(Direct3D 10.1 이상 버전) 1GB 이상의 VRAM을 갖춘 전용 GPU 6GB 이상의 RAM을 갖춘 통합 그래픽
디스크 공간	3GB 저장 용량
해상도	1366 x 768(100% 축척에서 1920 x 1080 이상 권장)
포인팅 장치	HID 호환 마우스 또는 트랙패드, 선택적 Wacom® 태블릿 및 3Dconnexion SpaceMouse® 지원
인터넷	2.5Mbps 이상의 다운로드 속도, 500Kbps 이상의 업로드 속도
종속성	SSL 3.0, TLS 1.2 이상, .NET Framework 4.5 이상(충돌 보고서 제출에 필요)

▲ 그림 268 Fusion 360 시스템 요구사항(출처 : autodesk.com)

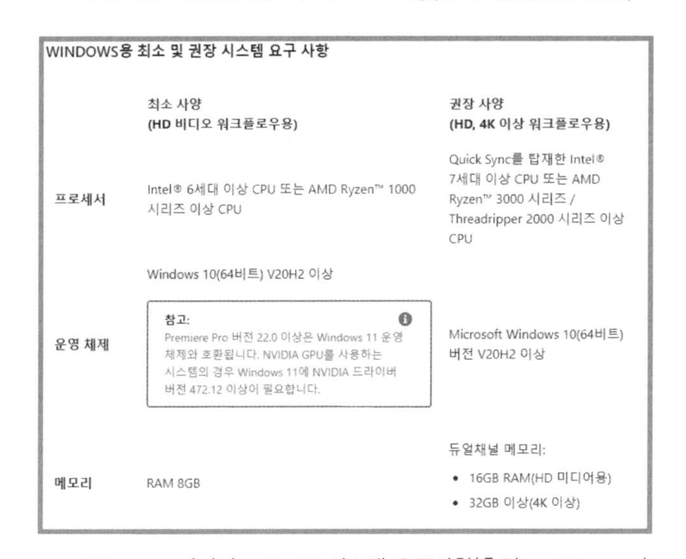
WINDOWS용 최소 및 권장 시스템 요구 사항

	최소 사양 (HD 비디오 워크플로우용)	권장 사양 (HD, 4K 이상 워크플로우용)
프로세서	Intel® 6세대 이상 CPU 또는 AMD Ryzen™ 1000 시리즈 이상 CPU	Quick Sync를 탑재한 Intel® 7세대 이상 CPU 또는 AMD Ryzen™ 3000 시리즈 / Threadripper 2000 시리즈 이상 CPU
운영 체제	Windows 10(64비트) V20H2 이상 참고: Premiere Pro 버전 22.0 이상은 Windows 11 운영 체제와 호환됩니다. NVIDIA GPU를 사용하는 시스템의 경우 Windows 11에 NVIDIA 드라이버 버전 472.12 이상이 필요합니다.	Microsoft Windows 10(64비트) 버전 V20H2 이상
메모리	RAM 8GB	듀얼채널 메모리: • 16GB RAM(HD 미디어용) • 32GB 이상(4K 이상)

▲ 그림 269 프리미어 프로 CC 시스템 요구사항(출처 : adobe.com)

○ 시스템 요구 사항

하드웨어

- CPU : Intel i5 / i7 / Xeon or AMD 동급.
- RAM : 최소 8GB (16GB 이상 권장)
- HDD : 100GB의 하드 디스크 여유 공간 (SSD 드라이브 권장)
- 펜 태블릿 : Wacom 또는 Wacom 호환. (WinTab API)
- 모니터 : 32 비트 컬러의 1920x1080 모니터 해상도 이상

OS / Microsoft Windows

- Windows vista 이상 /64 bit

OS /Apple macOS

- Mac OSX : 10.10 이상.

▲ 그림 270 Z-Brush 시스템 요구사항(출처 : pixologic.com/)

Mac의 최소 시스템 요구 사항

- macOS 10.12.6 시에라
- 16GB의 시스템 메모리가 권장되며 최소 8GB가 지원됩니다.
- Blackmagic Design Desktop Video 버전 10.4.1 이상
- CUDA 드라이버 버전 8.0.63
- NVIDIA 드라이버 버전-GPU에 필요한
- RED Rocket-X Driver 2.1.34.0 및 펌웨어 1.4.22.18 이상
- RED 로켓 드라이버 2.1.23.0 및 펌웨어 1.1.18.0 이상

Windows의 최소 시스템 요구 사항

- Windows 10 Pro
- 16GB의 시스템 메모리가 권장되며 최소 8GB가 지원됩니다.
- Blackmagic Design Desktop Video 버전 10.4.1 이상
- NVIDIA / AMD / Intel GPU 드라이버 버전 – GPU에 필요한
- RED Rocket-X Driver 2.1.34.0 및 펌웨어 1.4.22.18 이상
- RED 로켓 드라이버 2.1.23.0 및 펌웨어 1.1.18.0 이상

▲ 그림 271 다빈치 리졸브 시스템 요구사항(출처 : freelife9907.tistory.com)

CPU	인텔 i5-11500 로켓레이크S	CPU	인텔 i5-11500 로켓레이크S
메인보드	고성능 H510M	메인보드	고성능 H510M
메모리	DDR4 PC4 8GB x2	메모리	DDR4 PC4 8GB
그래픽	GTX1650 4G	그래픽	GTX1050Ti 4G
SSD	컬러풀 NVME M.2 256GB	SSD	컬러풀 NVME M.2 256GB
파워	수트마스터 AXE 500W	파워	수트마스터 AXE 500W
케이스	마이크로닉스 M60	케이스	마이크로닉스 M60

▲ 그림 272 다나와 PC 사양 예시

교육을 위한 컴퓨터라면 노트북도 괜찮은 선택이다. 다만 사용하는 3D 모델링 프로그램에 따라서 그래픽 카드와 RAM의 사양이 높아져야 하는데, 이런 경우 가격

이 크게 오르게 된다. 그래서 노트북을 이용한 교육은 코딩 관련 교육에서 많이 사용된다. 노트북의 사양은 아래와 같은 구성을 기준으로 하면 좋다.

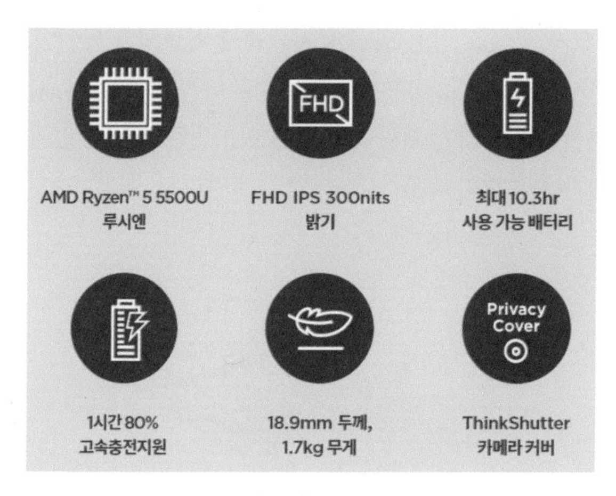

▲ 그림 273 레노버 ThinkPad E15 사양

CPU의 경우 Intel 제품으로 구성된 노트북도 상관없다. 다년간 노트북을 교육에 사용한 경험으로 볼 때 무게는 크게 상관없다. 대부분 메이커 스페이스 내에서 이동하여 사용하기 때문에 실제 노트북을 사용하는 것처럼 들고 다닐 일이 없기 때문이다. 단, 노트북에 USB 포트가 많으면 좋다. 최근 노트북에는 1~2개의 USB 포트가 대부분인데, USB 마우스를 설치하게 되면 실제 사용할 수 있는 포트는 1개로 줄어들기 때문에 아두이노, 마이크로비트, ESP32 등 다양한 MCU를 이용한 코딩을 할 때 불편함이 많다. 그래서 별도의 USB 허브를 추가로 구비하여 사용하면 이러한 어려움을 줄일 수 있다. 최근에는 3D프린터를 사용할 때 USB 저장 장치를 사용하기도 하지만, 아직도 SD Card를 저장매체로 사용하는 경우도 있다. 그런 경우 USB 허브에 카드 리더기가 추가된 제품도 좋다.

▲ 그림 274 USB 허브
(출처 : ez-net.co.kr)

▲ 그림 275 멀티 USB 카드리더기
(출처 : sjnetwork.co.kr)

2 빔프로젝터

컴퓨터 화면을 크게 보여주기 위해서 필요하다. 일반적인 빔프로젝터는 거리에 비례하여 화면을 크게 보여주지만, 화면 투사거리가 확보되지 않는다면 단초점 빔프로젝터가 효과적이다. 그리고 빔프로젝터와 컴퓨터를 연결할 때 HDMI 단자를 활용할 수 있고 무선 디스플레이 기능이 지원된다면 별도의 연결 없이도 사용 가능하다. 그러나 무선 디스플레이의 경우 사용 환경에 따라서 시간차가 발생하거나 무선 연결이 끊어지는 경우가 있다.

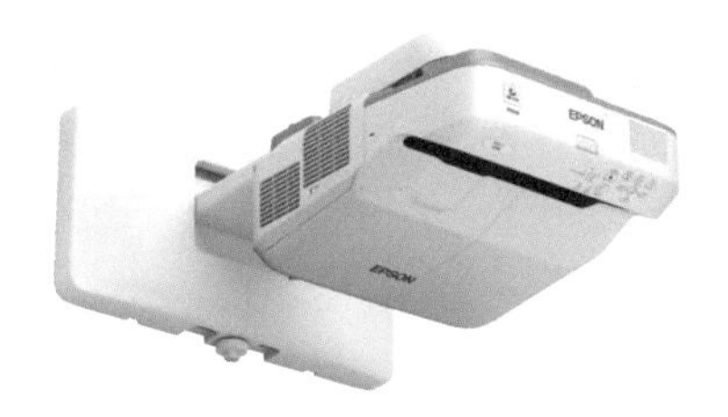

▲ 그림 276 Epson 단초점 프로젝터(출처 : epson korea)

단초점 빔프로젝터가 불편하다면 전자칠판을 이용할 수도 있다. 전자칠판의 경우 86인치까지 있어서 PDF 자료 화면 위에 필기를 할 수 있어서 사용하기에 편리하고 별도의 스탠드를 사용할 경우 이동이 가능하다.

▲ 그림 277 BenQ 전자칠판(출처 : harleyseducational.com)

3 촬영 스튜디오

미디어 콘텐츠 제작을 위해서 필요하다. 또한 제품 촬영도 가능하기 때문에 고정된 시설을 구축할 수 없다면 소형 또는 이동형 스튜디오를 구축하는 것도 방법이다. 최근 유튜브 크리에이터 관련 제품이 많이 소개되면서 메이커 스튜디오에서는 기존 촬영 테이블에서 이제는 스튜디오를 설치하기도 한다. 스튜디오로 구성하는 경우 라이브 커머스에도 활용할 수 있다.

소규모로 구성하는 경우 배경 또는 이동식 크로마키 배경을 이용하여 필요할 때만 거치하여 사용하면 된다. 배경 천(지)보다는 크로마키 배경을 이용하면 여러 장의 배경이 필요 없고, 영상 편집에서 별도의 배경을 넣을 수 있기 때문에 편리하고 경제적이다. 단, (소형) 제품 촬영에는 크로마키 배경이 적합하지 않다.

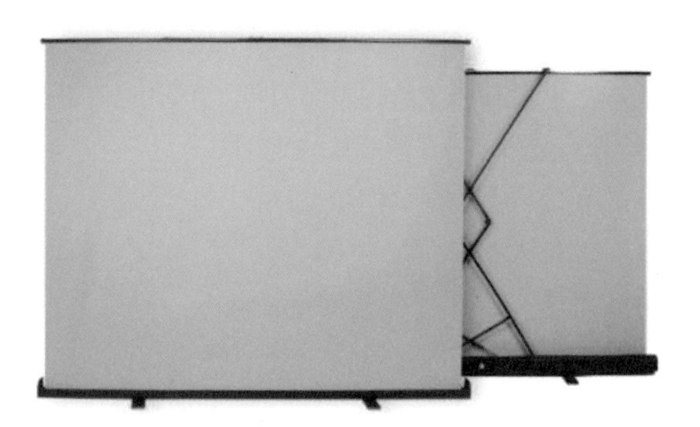

▲ 그림 278 이동식 크로마키 배경(출처 : plthink.com)

조명도 있어야 하는데 크리에이터의 얼굴만 나오는 경우라면 LED 소형 조명을 사용하면 되지만, 크리에이터의 전신이 나오는 경우라면 대형 조명이 필요하다. 기본적으로 2개가 있어야 하며 상황에 따라서 Top 조명과 Back 조명이 필요할 수 있다.

▲ 그림 279 LED 룩스패드(출처 : plthink.com)

▲ 그림 280 스탠드 조명(출처 : plthink.com)

다양한 각도에서 촬영할 때 수직 촬영 스탠드를 사용하기도 한다. 무게추를 이용하여 중심을 잡을 수 있고 길이와 높이가 조절되며, 사용 환경에 따라서 조명 박스를 설치하거나 카메라를 설치하여 수직으로 촬영할 수 있다. ㈜하이브리드에듀에서 운영하는 유튜브 채널의 영상 제작 과정을 보면 조립작업을 보여줄 때 수직촬영 스탠드에 카메라를 설치하여 촬영하고, 크리에이터가 설명하는 장면에서는 Top조명 스탠드를 이용하고 있다.

▲ 그림 281 수직 촬영 스탠드(출처 : plthink.com)

별도의 스튜디오를 구성할 수 있다면 우선적으로 방음시설이 되어야 한다. 양산 동원과학기술대학교에 설치된 유튜브 촬영실의 경우 동영상 강의를 촬영할 수 있는 스튜디오와 자유롭게 구비하여 촬영할 수 있는 2개의 스튜디오로 구성되어 있다. 모든 스튜디오는 방음이 되어 있으며 스튜디오 입구에 촬영 중인 것을 알 수 있게 하는 'On Air'등이 설치되어 있어서 이용자의 편의를 제공하고 있다.

▲ 그림 282 1인 방송 스튜디오(출처 : brunch.co.kr/@nspace/155)

촬영 스튜디오에서 사용하는 카메라는 캠코더와 미러리스 카메라가 주를 이루고 있다. 최근 판매되고 미러리스 카메라는 4K 동영상까지 촬영이 가능하지만, 렌즈 교환식이기 때문에 카메라 보디와 함께 렌즈를 함께 구매해야 한다. 야외 사진촬영이 아니므로 망원렌즈보다는 표준 렌즈를 많이 사용하며, Sony사의 α6500이 동영상 촬영에서 많이 사용되고 있다. 물론 풀프레임 카메라가 더 좋지만 가격이 높기 때문에 미러리스 크롭 보디 카메라가 적당할 수 있다. 4K 촬영과 그 외 부가 기능을 보고 선택하면 되는데, 부가 기능에는 하이퍼랩스(인터벌 촬영), 슬로우모션 촬영 등이 있다. 사진의 경우 Photoshop처럼 보정 프로그램이 잘되어 있기 때문에 보정을 통하면 사진의 품질이 나쁘게 나오지는 않는다.

▲ 그림 283 소니 α6500(출처 : 소니코리아)

캠코더의 경우에도 다양한 종류가 있는데, 전문가 영역의 장비를 구축할 계획이 아니라면 4K 영상을 녹화할 수 있는 제품 정도면 적당하다. 캠코더와 미러리스 카메라의 차이는 우선 녹화 시간이다. 대부분의 미러리스 카메라는 카메라의 촬상 소자의 안전성을 위하여 30분 이상 녹화하지 않게 되어 있다. 즉 30분 녹화 후 다시 녹화 버튼을 눌러줘야 하지만, 캠코더의 경우 녹화 시간의 제한이 없기에 메모리가 가득 찰 때까지 녹화가 가능하다.

▲ 그림 284 소니 FDR-AX43(출처 : 소니코리아)

카메라의 경우 보디와 렌즈, 메모리카드만 있으면 되는 것이 아니라 여유분의 배터리와 튼튼한 삼각대가 필요하다. 촬영을 하면 배터리가 빨리 소진되기 때문에 보통 3개 이상의 추가 배터리를 구매한다. 삼각대의 경우 사진촬영용 삼각대가 아니라 캠코더용 삼각대가 안정적이며, 삼각대 제조사에 따라서 카메라 리모컨이 추가된 경우도 있어서 사용하기 편리하다.

▲ 그림 285 캠코더용 삼각대(출처 : plthink.com)

마이크의 경우 무선 마이크와 유선 마이크가 있는데 강의(형) 영상이라면 무선 마이크가 좋다. 보통 Sony사의 무선 마이크를 많이 사용하며 Rode, Saramonic 등 다양한 브랜드의 마이크가 있으며, 모두 유·무선 마이크를 판매하고 있다. 특히 무선 마이크의 경우 주파수에 따라서 잡음이 녹음되는 경우가 있기 때문에 주파수 대역 및 설정 방법을 숙지해야 한다.

▲ 그림 286 Saramonic 무선 마이크 (출처 : plthink.com)

▲ 그림 287 Shure MV88 (출처 : shure.com)

메이커 스페이스에서 전문 스튜디오를 구성하기 어렵지만, 그래도 다양한 영상을 촬영하거나 라이브 방송을 한다면 비디오 스위치가 필요하다. 캠코더를 만드는 회사에서 판매하는 제품과 영상 관련 제품을 전문으로 만드는 회사에서 모두 판매하고 있다. 최근 유튜브 라이브와 라이브 커머스를 위해서 BlackmagicDesign 사에서 나온 Atem mini 시리즈를 많이 사용하고 있는데, 크기도 작고 사용법도 간단하여 초보자도 쉽게 배울 수 있다.

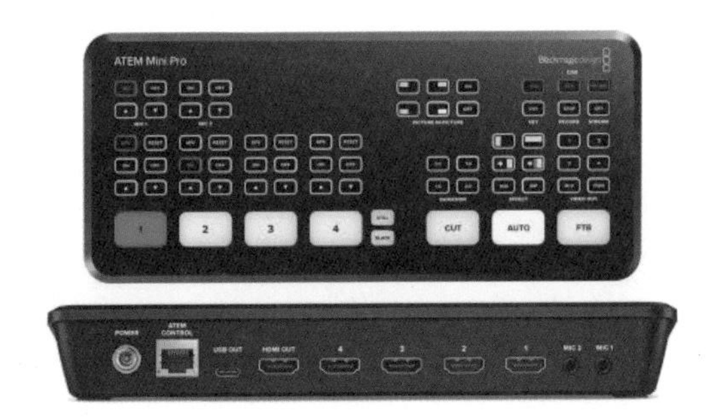

▲ 그림 288 Atem mini ISO(출처 : blackmagicdesign.com)

Atem mini 시리즈는 입력 채널에 따라서 가격이 다르다. 기본형이 4채널의 영상을 입력받을 수 있고 최대 8채널의 영상을 입력받을 수 있다. 또한 SSD를 연결할 경우 동시 녹화도 가능하고 LAN을 연결하면 라이브 방송도 가능하며 크기가 작아서 이동형으로 사용하기에도 문제가 없다.

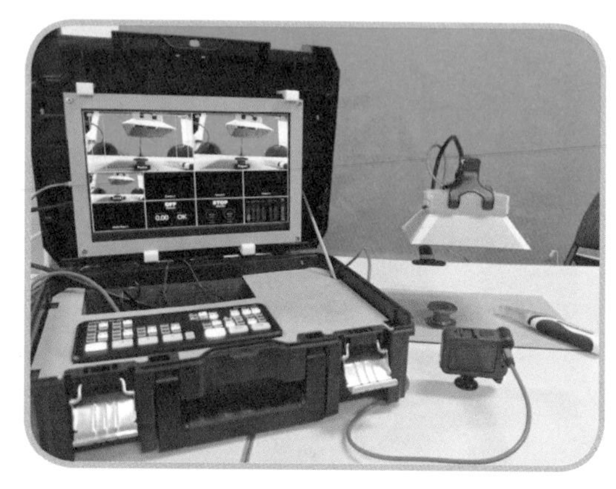

▲ 그림 289 이동형 비디오 스위치 박스(출처 : 하이브리드에듀)

4 3D 스캐너

3D 스캐너를 구비하여 기업 및 창업자의 역설계를 지원하기 위해서 구축할 수 있다. 3D 스캐너는 접촉식과 비접촉식이 있는데 대부분의 메이커 스페이스에는 비접촉식 스캐너가 준비되어 있다. 비접촉식 스캐너는 이용자가 스캐너를 들고 직접 스캐닝 하는 방식과 레이저 또는 패턴광을 조사하여 스캐닝 하는 방식이 있다. 핸드헬드 방식의 스캐너로는 3D System 사의 Sence 시리즈를 많이 사용하는데, 다른 스캐너 대비 가격도 저렴하고 초보자도 스캔 된 데이터를 수정할 수 있는 프로그램을 쉽게 사용할 수 있다.

▲ 그림 290 Sence 2 스캐너
(출처 : sindoh.com)

핸드헬드 방식의 스캐너는 이용자가 장치를 들고 직접 스캔하는 방식으로 이용자가 스캐닝 작업에 익숙하지 않다면 실수를 많이 하게 되며, 또한 시간이 많이 필요하다. 무선이 아니라 유선 방식이라서 데이터를 처리할 컴퓨터 또는 노트북을 들고 스캔하는 불편함을 해소하기 위해서 스캐너를 삼각대에 고정한 상태에서 턴테이블에 스캔 대상물을 올려놓고 스캐닝 하기도 한다. 핸드헬드 방식은 스캔 대상물의 크기가 큰 경우에 적합하다.

비접촉식 스캐너 중에서 패턴광 조사 방식의 스캐너도 많이 사용하는데, 이 방식의 스캐너는 스캔 정밀도는 높지만 스캔할 수 있는 대상물의 크기가 제한된다.

▲ 그림 291 3D Systems Capture(출처 : 3D Systems)

작은 부품을 역설계할 때 많이 사용하는데 전동 턴테이블이 스캔할 대상을 자동으로 회전시키면서 스캔한다. 스캐너를 사용할 때는 조명도 중요하며 빛의 반사를 이용하여 스캔하기 때문에 광택 재질이나 검은색인 경우 스캔이 어려울 수도 있기에, 이런 경우 대상물 표면의 광택을 줄이는 작업을 한 후 스캔해야 한다.

접촉식 스캐너의 경우 기계부품 등의 역설계에 많이 이용되며, 프로브라고 하는 탐침이 스캔 대상물을 찍어가면서 스캔한다. 접촉식 스캐너의 경우 재질이 연하거나 약한 경우 파손이 일어나기 때문에 스캔 전 대상물을 확인해야 한다. 접촉식 스캐너의 경우 가격이 매우 높기 때문에 메이커 스페이스에서 쉽게 구축할 수 없는 장비 중에 하나이지만, 이용자의 요청이 있다면 장비를 구축하는 게 아니라 장비를 보유하고 있는 다른 메이커 스페이스를 소개하는 것이 바람직하다.

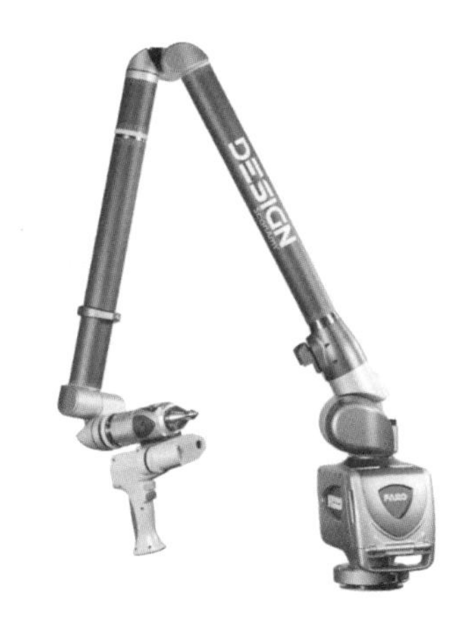

▲ 그림 292 접촉식 스캐너 (출처 : faro.com)

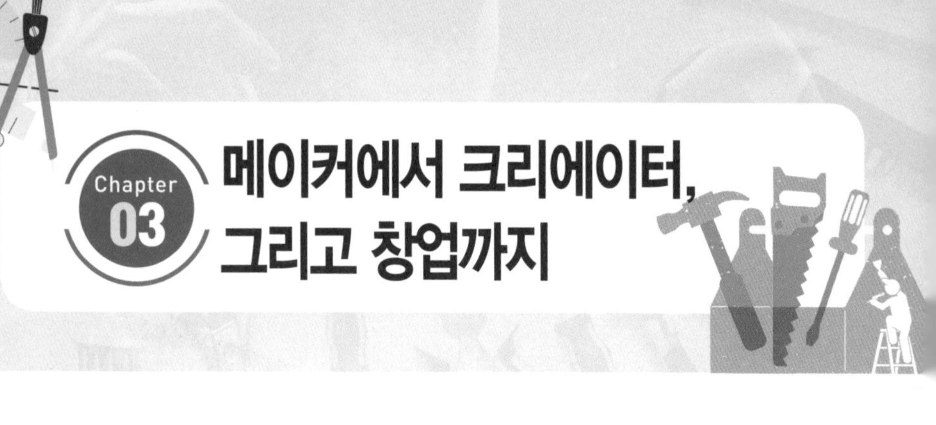

Chapter 03 메이커에서 크리에이터, 그리고 창업까지

메이커의 시작은 취미활동에서 시작하며, 내가 관심 있고 좋아하는 것을 만들기 위한 활동이 메이커의 시작이다. 어떻게 보면 DIY와 크게 다르지 않지만 메이커 활동을 위해서 온·오프라인에서 정보를 얻게 되면서 시작된다고 할 수 있다. 이러한 활동이 성장하면서 자기만의 제작 활동을 통한 제품을 만들게 되고, 이러한 제품들이 소비자에게 인정받거나 오픈마켓을 통해 판매되면서 창업으로 연결되기 때문에 다양한 메이커 활동이 소개되고 정보가 공유되어야 한다. 물리적인 제품을 만드는 메이커도 있지만 디지털 상품을 만드는 메이커도 있다. 특히 메타버스에 대한 인식과 활동이 확대될수록 디지털 메이커 활동도 성장할 것이다. 그래서 메이커와 크리에이터로 구분하여 소개하고자 한다. 메이커는 물리적인 제품을 만드는 사람으로 정의하고, 크리에이터는 디지털화된 제품 또는 상품을 만드는 사람으로 정의한다. 메이커는 프로슈머(Prosumer)에 가깝고 크리에이터는 크리슈머(Creasumer)라고 할 수 있다.

1 메이커(오프라인 메이커)

다양한 공작기계를 이용하여 제품을 만드는 메이커로, 취미로 시작하여 창업까지 연계할 수 있다. 보통 3D프린터가 궁금해서 시작하는 경우가 많은데 3D프린터를 사용하면서 자신의 생활 속에서 만들 수 있는 것들을 직접 설계하고 출력하면서 메이커 활동을 활발하게 하게 된다. SNS를 이용하여 자신의 작품을 알리기도 하며 캐릭터 및 피규어를 출력하고 도색하는 카페가 대표적으로, 창작 피규어도 있지만 유명한 캐릭터를 자신이 원하는 모습으로 모델링 한 후 3D프린터로 출력해서 도색까지 한다. 자신만의 도색 방법으로 관련 교육을 개설하거나 3D프린터로 제작한 시제품의 후가공 작업을 대행하기도 한다.

▲ 그림 293 캐릭터 도색(출처 : 양성호. 인스타그램)

메이커 활동을 하면서 이용자가 가지고 있는 다양한 경험을 바탕으로 새로운 제품을 만들기도 한다. 전자부품과 코딩에 대한 소양을 가지고 있는 상태에서 3D 모델링을 통해 가습기, 공기청정기를 설계하고 3D프린터로 출력한다. 상품의 가치도 충분하지만 이렇게 모델링과 출력에 대한 강의도 하고 있다.

▲ 그림 294 가습기(출처 : 노상균. 페이스북)

레이저 커터와 전자부품, 코딩을 통해 한글 시계를 만들고 판매하는 경우도 있다. 시계라고 한다면 흔한 아이템일 수 있지만, 시간을 알려주는 시, 분, 초침이 있는 것이 아니라 한글로 시간을 표현하는 멋진 아이디어 상품이다. 완성품으로 판매도 할 수 있고 제작 과정 자체를 콘텐츠로 수업이 가능하다.

▲ 그림 295 한글시계(출처 : 손하용作. 페이스북)

공학을 배우고 다양한 교구를 만들 수 있는데, '눌러떼'는 기어와 태엽을 이용하여 앞으로 가는 제품이다. 대부분의 제품을 3D프린터로 출력하여 만들었는데 아이디어와 제품의 기능이 뛰어난 작품이다.

▲ 그림 296 눌러떼(출처 : 김창양. 페이스북)

이처럼 생활 속에서 또는 자신의 전공, 업무에서 얻을 수 있는 아이디어를 가지고 쉽게 만들어 볼 수 있고, 이러한 과정을 거치면서 상품화가 가능하다. 메이커 활동으로 수익을 창출하고 싶다면 SNS를 이용해야 하는데, 내가 만든 제품 또는 작품을 나만 알고 있는 게 아니라 인스타그램, 페이스북, 블로그 등을 이용하여 널리 알려야 한다. 만약 제품화를 통해 수익을 창출하고 싶다면 클라우드 펀딩 사이트를 이용하는 것도 좋은 방법이다. 최근 클라우드 펀딩 사이트에서 개발자 또는 창작자의 제품을 클라우드 펀딩을 통하여 판매할 수 있도록 기회를 제공하고 있다.

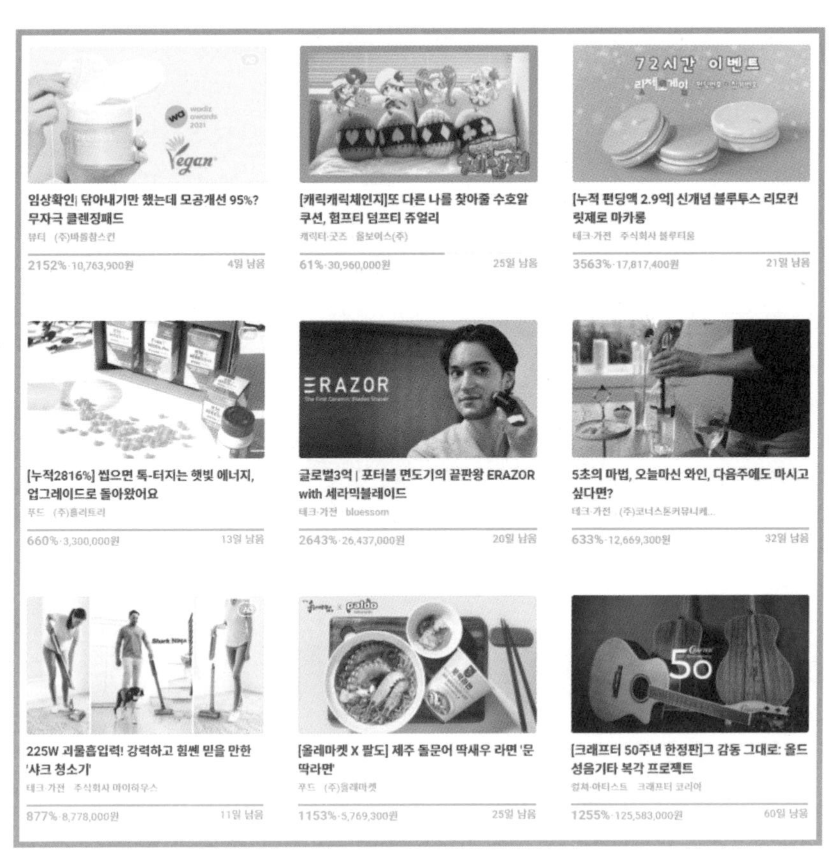

▲ 그림 297 클라우드퍼딩 와디즈(출처 : wadiz.kr)

PART 03 히스토리 및 동향

2 크리에이터(온라인 메이커)

크리에이터로 정의한 온라인 메이커는 유튜버, 웹툰 작가 등이 대표적이라고 할 수 있다. 최근 메타버스에서 아바타를 꾸미기 위한 다양한 아이템을 만들고, 로블록스에서 게임을 만들고, 자신만의 음악을 만드는 것도 메이커 활동이다. 그 외에 다양한 온라인 창작활동이 포함될 수 있다.

로블록스를 보더라도 로블록스라는 플랫폼에 사용자들이 게임을 즐기기도 하지만 다양한 게임을 만들어서 공개한다. 무료 게임도 있고 유료 게임도 있는데, 무료 게임이라고 하더라도 게임에 필요한 아이템을 구매할 수 있도록 하여 수익을 얻고 있다. 지금까지 일반적으로 알고 있던 메이커 활동과는 다른 모습이기도 하지만, 이러한 현상은 보편화될 것이다.

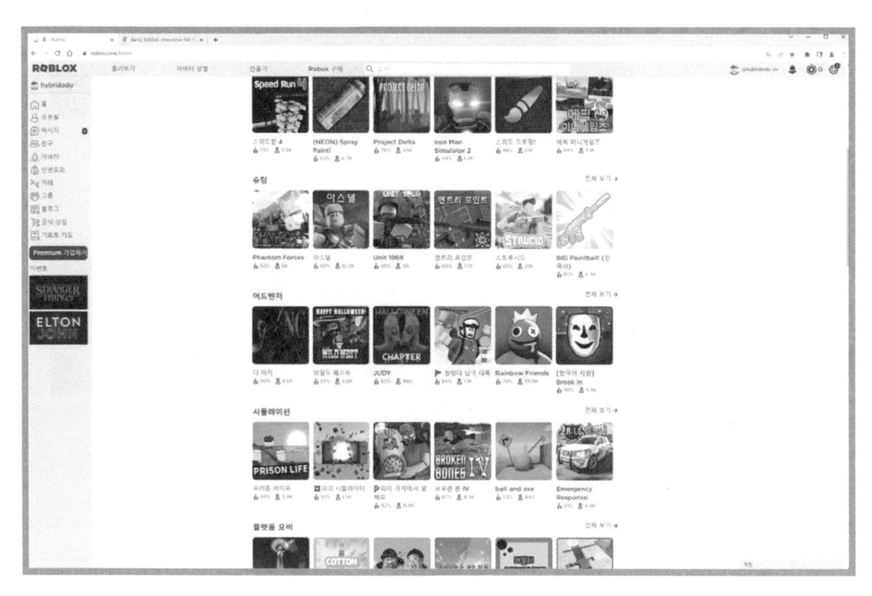

▲ 그림 298 ROBLOX(출처 : Roblox.com)

유튜브를 보더라도 구독자가 많고 시청 시간이 길면 길수록 수익을 더 많이 창출할 수 있다. 게임, 스포츠, 놀이, 영화, 재테크, 정치 등 다양한 분야의 콘텐츠를 제공하고 수익을 얻고 있다. 유튜브로 수익을 창출하는 미디어의 소개로 인해서 많은 사람이 유튜브에 참여하고 있지만 유의미한 수익을 얻는 유튜브는 많지 않다.

2022 대한민국 파워 유튜버 100_셀러브리티 리그

순위	채널	구독자수(만 명)	시청횟수(억 건)	업로드(건)	추정 연소득(원)	전년 순위
1	방탄TV	6960	173.1	1762	136억0840만	1
2	블랙핑크	7550	244.6	395	109억1190만	2
3	싸이 공식	1730	97.7	119	47억9735만	신규
4	세븐틴	809	30.0	1195	34억0563만	4
5	선미	144	4.1	236	33억3706만	신규
6	에스파	397	7.9	189	23억6308만	9
7	있지	748	16.1	724	22억9543만	신규
8	(여자)아이들 공식	404	15.7	333	20억8633만	신규
9	임영웅	139	15.6	611	18억0919만	신규
10	침착맨	173	11.8	6222	18억0703만	신규
11	케플러	215	3.6	158	17억3664만	신규
12	빅뱅	1480	73.3	776	14억6067만	신규
13	nct dream	513	7.8	408	14억6028만	3
14	이지금 [아이유 공식]	779	16.0	148	14억6022만	8
15	아이브	163	2.8	141	14억5891만	신규
16	엔하이픈	644	8.3	578	13억9211만	신규
17	트레저	619	14.9	477	13억8825만	신규
18	위너	396	13.4	576	12억4922만	신규
19	흔한남매	240	26.2	948	11억8340만	신규
20	숏박스	207	2.3	48	11억8105만	신규
21	청하 공식	146	4.3	302	11억1386만	신규
22	투모로우바이투게더 공식	947	8.5	1142	11억1353만	10
23	레드벨벳	510	10.0	197	11억1045만	13
24	쏘영	838	10.2	621	10억4431만	11
25	마마무	671	20.7	714	9억0260만	6
26	에이핑크	141	4.7	746	9억0168만	신규
27	박재범	314	9.0	163	8억3436만	신규
28	비투비 공식	188	5.5	829	6억9625만	신규
29	낄낄상회	153	5.0	429	6억8624만	신규
30	KARD	345	7.1	334	6억1931만	신규

※2022년 7월 25일 기준 **원천데이터** 소셜블레이드

▲ 그림 299 2022년 대한민국 파워 유튜버 순위(출처 : 포브스)

2019년 유튜브 종합순위를 보면 콘텐츠가 다양하다. 또한 연 소득 추정치를 보더라도 많은 사람이 유튜브에 채널을 개설하고 싶은 마음이 들게 한다. 자신이 좋아하거나 잘하는 것에 대한 채널이 성공하는 것을 알 수 있기에 영상과 콘텐츠 기획에 대한 관심이 있다면 도전해 볼 수 있다.

중·고등학교에서 학생들과 진로에 대하여 이야기하다 보면 웹툰 작가 또는 웹 소설 작가에 관심 있는 학생들이 많다. 단순히 미술을 잘해서, 만화를 잘 그려서 등 다양한 이유가 있겠지만 이러한 디지털 메이커 활동에 거부감이 없다. 네이버 웹툰의 '도전만화' 카테고리만 보더라도 많은 창작자들이 참여하고 있으며, 예전과 다르게 K-문화가 세계에서 큰 호응을 얻으면서 크리에이터로 활동할 수 있는 영역이 넓어지고 있다.

▲ 그림 300 네이버 웹툰(출처 : https://comic.naver.com/index)

자신의 노하우를 디지털 콘텐츠로 판매할 수도 있는데, COVID-19로 인한 비대면 생활이 지속되면서 온라인 강의 분야도 성장하고 콘텐츠도 다양해지고 있다. 진학을 위한 강의에서 취미, 문화생활 등 다양한 콘텐츠를 제작하여 일정 구독자가 충족되면 강의를 개설할 수 있는 플랫폼이 있는데, 자신이 가진 노하우를 온라인을 통해서 전달할 수 있는 강의 플랫폼이다.

▲ 그림 301 클래스101(출처 : class101.net)

누구나 소비자가 될 수 있고 판매자가 될 수도 있다. 디지털 공작기계 사용이 보편화되면서 이런 디지털 공작기계를 이용해 제작할 수 있는 데이터를 사고팔 수 있다. 페이퍼 커터 제조사인 실루엣 아메리카의 온라인 사이트에서는 페이퍼 커터를 이용하여 만들 수 있는 다양한 디자인 데이터를 판매하고 있으며, 디자인 데이터를 구매할 수도 있지만, 내가 디자인한 데이터를 적정한 가격에 판매할 수도 있다.

▲ 그림 302 실루엣 디자인 스토어(출처 : silhouettedesignstore.com)

3D 프린팅을 대행해 주는 쉐이프웨이즈에서는 'MarketPlace' 영역에서 출력을 대신하는 것이 아니라 3D 모델링 데이터만 구매할 수 있다. 유명한 디자이너의 작품에서부터 아마추어 작품까지 누구나 판매할 수 있으며, 가격은 판매자가 정한다.

▲ 그림 303 Shapeways(출처 : shapeways.com)

크리에이터는 유튜브 등 미디어를 이용한 창작활동도 포함되지만 다양한 종류의 데이터만 만들고 판매하는 활동도 포함되며, 이러한 활동을 지원할 수 있는 메이커 스페이스도 필요하다. 대부분의 활동이 인터넷 온라인과 연결되고 스마트폰으로 언제든 연결할 수 있는 초연결시대에는 이러한 크리에이터가 새로운 직업 또는 창업 아이템이 되기 때문에 기존의 메이커와 다른 새로운 메이커를 지원하는 것도 메이커 스페이스에서 고민해야 한다.

PART 04

메이커에서 크리에이터, 창업

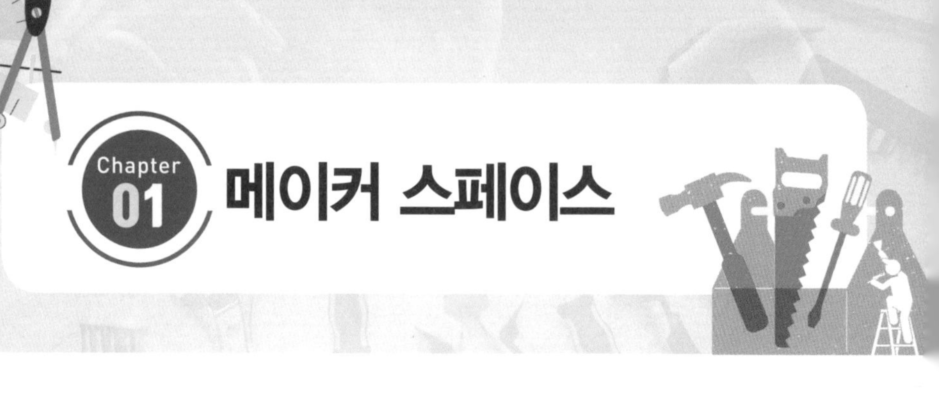

Chapter 01 메이커 스페이스

SNS를 통해 활동을 소개하고 있는 메이커와 전국의 메이커 스페이스 중 몇 곳을 소개한다. 소개할 시설들은 장비 및 시설이 뛰어난 곳보다는 이용자를 위한 지원이 좋은 곳을 선정하였고, 시설마다 평가가 달라질 수 있지만 다년간 메이커로 활동하면서 방문하거나 시설 관련 정보를 얻은 곳이다.

1 메이커 스페이스

국내에 메이커 스페이스가 생겨나면서 초창기 일본의 시설을 많이 방문하여 참고하였고 지금의 전문 랩과 일반 랩의 모티브가 된 곳도 있다. 2020년 Fabcross에서 조사한 자료에 따르면 2015년부터 2019년까지 시설이 완만하게 증가하다 2020년 COVID-19가 발생하면서 개인이 운영하는 시설은 줄어들고 기업과 기관이 협업하는 시설이 소폭 증가하였는데, 아직도 활발하게 운영되는 곳이다.

① 메이커스 베이스(Makers Base)

도쿄도 메구로구 나칸긴 1-1-11(토큐도요코센도립 대학역)에 위치한 메이커스 베이스는 개인 및 단체를 위한 워크숍과 장비 사용법을 배울 수 있는 프로그램과 개인 창작자를 위한 공간을 제공하고 장비 대여를 하고 있다. 또한 개인이 제작한 물품을 판매할 수 있는 온라인 사이트를 운영하고 있어서 'Personal Brand Supporter'라는 슬로건에 맞는 지원을 하고 있다. 2018년 기준 27종의 워크숍을 운영하고 있는데, 대부분의 워크숍 프로그램이 공예 분야이다. 메이커

스 베이스가 이용자로부터 사랑을 받고 6,000명 이상의 유료회원을 보유한 이유는 누구나 어렵지 않게 접근할 수 있는 공예 분야에 특화되어 있기 때문이라고 본다.

▲ 그림 304 메이커스 베이스 로고(출처 : makers–base.com)

홈페이지에 소개된 워크숍을 보면 다양한 공예활동이 있다. 금속, 가죽, 패션, 도예, 목공예 등 일반적인 사용자가 관심을 가질 수 있는 내용들이고, 6층으로 구성된 시설은 작업 분야에 맞게 각 층별로 구분되어 있어서 메이커가 방문하여 작업하기 편하게 되어 있다.

▲ 그림 305 메이커스 베이스 워크숍(출처 : http://makers–base.com)

▲ 그림 306 메이커스 베이스 장비

구성된 장비를 보더라도 3D프린터나 전자 공작을 위한 장비들은 없다. 2015년에는 3D프린터가 있었지만, 산업용이 아닌 개인용 3D프린터로는 메이커 활동을 지원하기 부적합해서 제외하였고, 대신 텍스타일 관련 장비들이 생겼다. 지하에 있는 목공실에는 원판 목재를 작업할 수 있는 넓은 공간과 집진 시설을 갖추고 있다.

메이커스 베이스의 수익구조를 보면 워크숍 운영, 장비 대여, 제품 판매 등이 있다. COVID-19 이전에는 매월 진행되는 워크숍에 신청자가 많았지만 2020년 이후로는 이용자가 많이 줄어들었다.

메이커스 베이스에 구비되어 있는 장비와 도구들을 보면 얼마나 많은 이용자가 사용했는지 알 수 있다. 우리나라 메이커 스페이스를 방문해 보면 포장도 뜯지 않은 공구와 장비들이 있는 경우도 있는데, 사용자가 없거나 사용법을 몰라 쓰지 않는 경우가 많다. 그러나 메이커스 베이스는 공예에 특화되어 있다 보니 모든 도구에 사용자의 손길이 느껴질 만큼 흔적을 가지고 있다.

▲ 그림 307 도구와 재료

<table>
<tr><td>상호</td><td colspan="2">Makers Base</td></tr>
<tr><td>주소</td><td colspan="2">도쿄도 메구로구 나칸긴 1-1-11(토큐도요코센도립 대학역)</td></tr>
<tr><td>홈페이지</td><td colspan="2">http://makers-base.com</td></tr>
<tr><td>특징</td><td colspan="2">• 회원제 운영
• 공방형 시설
• 제작 관련 워크숍 - 27개 운영 중
• 체험 프로그램 별도 운영
• 온라인 스토어 별도 운영</td></tr>
<tr><td rowspan="2">사용자</td><td>회원 수</td><td>사용자</td></tr>
<tr><td>약 6,000명</td><td>3~4명 / 일</td></tr>
</table>

② 해피프린터(Happy Printers)

도쿄 시부야에 위치한 해피프린터는 공유 오피스의 1층에 위치하고 있다. 이곳은 UV 프린팅과 텍스타일에 특화된 시설로, 해피프린터의 운영사는 'Happy Fabric' 사이트로 텍스타일 제품화를 지원하고 있다.

▲ 그림 308 Happy Printers 작품

해피프린터는 다른 메이커 스페이스와 다르게 개인이 작업할 수 있는 공간은 별도로 제공하지 않으며 디자인이 완료된 데이터와 재료를 가지고 오면 만들어 주는 곳으로 시제품 제작실과 같은 곳이라고 할 수 있다. 실제 이곳에서 텍스타일 디자인한 상품을 샘플 책으로 만들어서 섬유회사에 자신의 디자인을 판매하는 상담이 이루어지기도 한다. 이곳에서는 한국에서 잘 볼 수 없는 아크릴 판재 Miyuki 사 아크릴(도쿄 팹 시설 대부분이 사용하고 있다)을 사용하고 있다.

제품 출력 외에도 현장에서 재료를 구매하여 제작할 수 있는 체험 프로그램을 운영하고 있는데, 시설 규모 자체가 작다 보니 1명 이상이면 체험을 진행할 수 있다. 예를 들어 백색 아크릴 카드지갑을 구매하고 원하는 그림을 선택하면 현장에서 바로 제작할 수 있다.

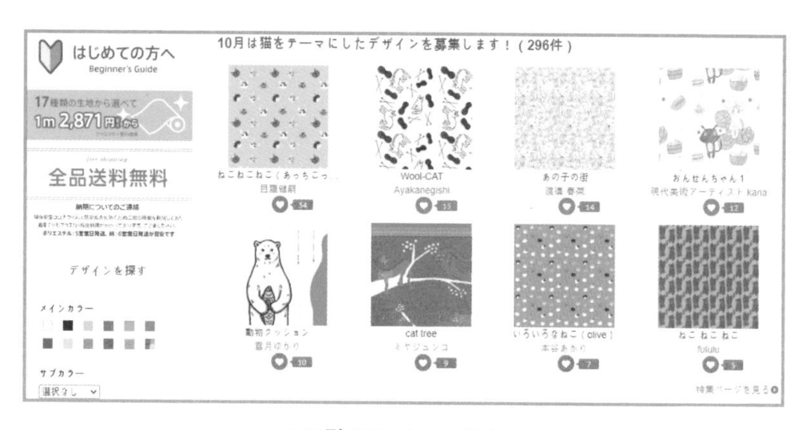

▲ 그림 309 Happy Fabric

회원제로 운영하지 않는 시설이며 미리 인터넷을 통하여 신청하면 누구나 사용할 수 있고, 보유한 장비의 특성상 운영자가 직접 장비를 조작하고 비용은 출력하는 크기에 따라서 지불하면 되는 구조이다. 'Happy Printers'와 함께 'Happy Fabric'도 운영하고 있는데, 'Happy Fabric'은 원단에 인쇄해 주는 서비스로, 사용자가 원하는 디자인을 원하는 길이만큼 인쇄하는 서비스이다. 'Happy Fabric'은 디자이너가 자신의 디자인을 판매할 수 있고, 출력은 'Happy Fabric'에서 하고 배송까지 해준다. 'Shapeways'와 비슷하다고 볼 수 있다.

상호	Happy Printers	
주소	도쿄도 미나토구 미나미아오야마 7-1-12 다카키마치 하이츠 1F	
홈페이지	http://happyprinters.jp/	
특징	• 제품 제작 지원 시설 • 소규모 공방형 • 레이저 커터, UV 프린터 • 디자인 제품	
사용자	회원 수	사용자
	–	5명 / 1일

③ 나노랩(Nano Lab)

아키하바라에 위치한 나노랩은 전자상가와 떨어져 있으며 시설 규모가 작아서 발견하기 쉽지 않다. 규모는 작지만 전자 관련 공작을 할 수 있는 곳으로, 초창기에는 전자상가에서 구매한 부품을 납땜할 수 있는 곳으로 시작하여 지금은 PC 조립, 아두이노, 라즈베리파이 등 전기·전자 관련 작업을 할 수 있는 공간이다. 나노랩에서 판매하는 부품을 구매하여 작업할 수도 있고, 인근 아키하바라 전자상가에서 부품을 구매하여 작업할 수도 있다.

▲ 그림 310 나노랩 내부

나노랩의 장비들은 많지 않은데 3D프린터, 레이저 커터, PCB CNC, 납땜 장비가 대부분이다. 그러나 이 시설은 많은 사람이 방문하고 있는데, 이곳의 운영자가 일본 내에서 활발히 활동하고 강연 및 워크숍을 진행하다 보니 전자 공작 관련 조언과 지원을 제공할 수 있어서 메이커들의 방문이 계속되고 있으며, 시설 규모 대비 방문자가 많은 시설이다.

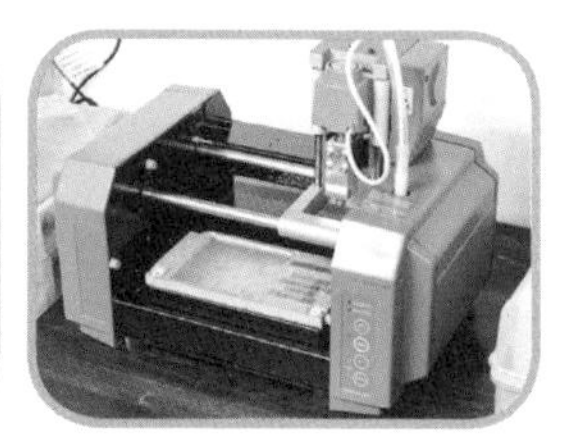

▲ 그림 311 나노랩 장비

나노랩에서 직접 개발해서 운영하고 있는 '휴대폰 앰프 만들기', '스파이더 로봇 만들기' 프로그램은 전국적으로 방문하여 프로그램을 진행하는 인기 있는 콘텐츠이다. 메이커 스페이스 운영자가 메이커 활동을 하고 있는 경우 시설의 규모와 상관없이 동일한 관심을 가지고 있는 메이커의 방문으로 이용자 유치에 유리하다.

▲ 그림 312 휴대폰 앰프 만들기

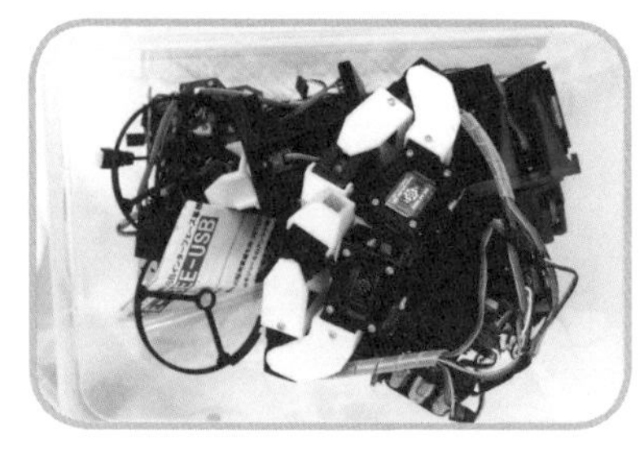

▲ 그림 313 사족 스파이더 로봇

회원제로 운영되는데 시설 이용은 오후부터 할 수 있으며, 오전부터 사용하고 싶으면 담당자에게 미리 신청하면 된다. 공간 임대는 2시간에 500엔으로 저렴하며, 공간 임대에서 발생하는 수입보다는 자체적으로 운영하고 있는 온라인 상점의 'Nano Lab'에서 개발한 제품 판매가 더 크다고 한다.

<table>
<tr><th>상호</th><td colspan="2">Nano Lab</td></tr>
<tr><th>주소</th><td colspan="2">도쿄도 치요다구 소토칸다 1-6-3 쿠마빌딩 4F</td></tr>
<tr><th>홈페이지</th><td colspan="2">http://nanolab.jp</td></tr>
<tr><th>특징</th><td colspan="2">• 전자제품 제작
• 공간 임대형
• 전기, 전자, 3D프린터, 레이저 커터</td></tr>
<tr><th rowspan="2">사용자</th><td>회원 수</td><td>사용자</td></tr>
<tr><td>미상</td><td>10~15명 / 주말
3명 이하 / 평일</td></tr>
</table>

④ DMM.Make Akiba

'메이커스 진화론'을 출판한 오가사와라 오사무(小笠原治)가 프로듀서로 있는 시설로, 일본 정부에서 진행하는 '신모노쯔꾸리'의 전진기지라고 할 수 있을 만큼 유명한 곳이다. 2개월 전에 견학 신청을 하지 않으면 입장하지 못할 정도인데, 도쿄의 아키하바에 위치하고 있기 때문이다. 이 시설은 아날로그 공작기계에서부터 전기·전자에 관련된 장비, 그리고 제품을 시험할 수 있는 장비를 가지고 있고, 한국의 (구)중기청에서 운영하는 시제품 제작실과 비슷하다. 이곳에는 3D 프린터에서부터 5축 CNC, PCB 관련 장비까지 모두 가지고 있다.

▲ 그림 314 DMM.MAKE Akiba 내부

DMM.Make 시설은 우리나라의 창업보육센터와 비슷하며 장비를 사용할 수도 있지만 (예비) 창업자에게 공간을 월 단위로 임대하기도 한다. 국내 메이커 스페이스 초창기에 한국에서 견학을 가장 많이 간 곳이기도 하며 창조경제혁신센터의 모티브가 된 시설이다. 메이커의 활동을 독려하기 위한 행사가 많은데 각종 콘테스트와 해커톤, 네트워킹 행사를 진행하여 메이커가 창업자로 변화하거나 동업자를 만날 수 있는 기회를 마련하고 있다.

▲ 그림 315 DM.Make 네트워킹 행사(2015년)

이곳에서 진행되는 네트워킹 행사는 우리나라에서 진행되는 네트워킹 데이보다 훨씬 자유롭다. 국내 행사가 식순에 의해서 진행되고 잠시 동안 참가자 간 교류에 그친다면, 이곳의 네트워킹 행사는 자유롭게 발언하고 교류할 수 있도록 진행된다. 2015년에 참가했을 때 밤새도록 서로 이야기하며 교류할 수 있도록 지원하는 게 인상적이었다.

DMM.Akiba의 DMM은 일본의 성인 콘텐츠 제작사이다. 이런 회사가 미래를 보고 오가사와라 오사무의 기획서를 바탕으로 이런 시설을 만들었다는 것이 참신하다.

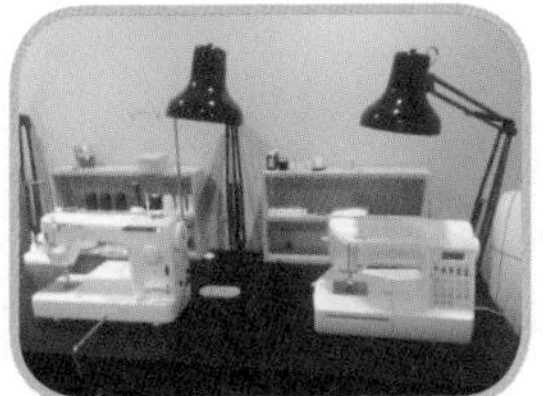

▲ 그림 316 DMM.Make 장비

▲ 그림 317 공유 사무실

▲ 그림 318 회의실+녹음실

▲ 그림 319 제작스튜디오

▲ 그림 320 컴퓨터실

⑤ 메이커스빌(Makers Ville)

부산 동의대학교 링크사업단에서 운영하고 있는 메이커 스페이스로, 대부분의 대학에서 운영하는 시설은 학과 또는 단과대학의 재학생만 사용할 수 있도록 하거나 학교 구성원들이 시설을 잘 몰라서 사용률이 저조한 시설이 많다. 그러나 메이커빌의 경우 재학생 및 산학협력관 입주업체, 지역주민 모두가 이용하는 시설이다. 시설에 구축되어 있는 장비로 본다면 화려한 시설이 아니고, 오히려 평범한 시설이라고 할 수 있지만, 이곳에 구축된 장비의 이용률을 보면 전국 최고라고 할 수 있다. 또한 대학이 가지고 있는 교수 네트워크 및 지역 메이커와 연계하여 이용자들에게 지원하고 있다. 방학기간을 제외한다면 월 1,000명 이상이 시설을 이용하고 있다고 한다.

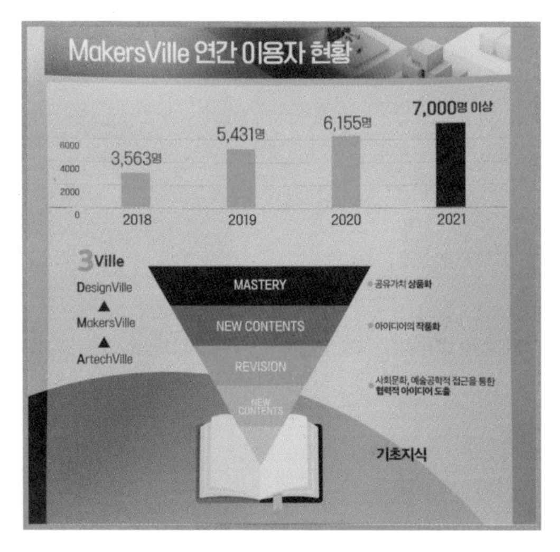

▲ 그림 321 메이커스빌 이용자 현황(2022년)

구축된 장비를 보면 FDM 3D프린터, SLA 3D프린터, 레이저 커터, 진공성형기, UV 프린터, UV 레이저 마킹기, 목공장비, 도색장비 등이 있다. 어느 시설에서나 볼 수 있는 기본적인 장비이지만 사용법이 쉬운 장비로 구성하고 Maker Crew를 선발하여 이용자들의 장비 사용을 돕고 있다. Maker Crew는 재학생을 대상으로 선발하여 3D 모델링, 장비 사용법에 대한 별도의 교육을 지원하고 3D프린터운용기능사, 메이커교육운용사 등의 자격증 취득을 지원하기 때문에 많은 재학생들이 지원하는 프로그램 중 하나이다. Maker Crew에게는 자유롭게 장비를 사용할 수 있는 특권이 있어서 더욱 지원자가 많다.

Apple 사의 Mac Pro로 구성된 별도의 PC 실과 환기, 온도, 습도 유지를 위한 3D 프린팅실, 레이저, 목공, 도색 작업실로 구성되어 있다. 메이커스빌의 내부는 넓은 홀로 되어 있어서 개인 작업 및 교육, 행사, 회의장으로 사용할 수도 있다.

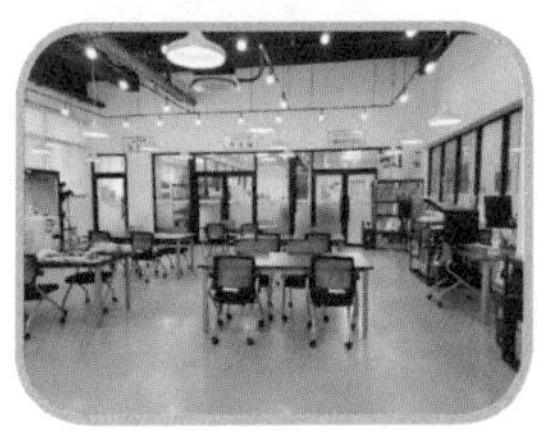

▲ 그림 322 메이커빌 내부

이용자들이 사용하기 쉽게 제품별 단일 브랜드 제품으로 구성되어 있는데, 3D 프린터의 경우 신도(Sindoh) 제품으로 되어 있다. 전용 필라멘트를 사용하는 제품이지만 한글 지원과 쉬운 사용법으로 인해서 초보자도 쉽게 쓸 수 있다. SLA 3D프린터의 경우 사용하는 레진(Resin) 별로 구성되어 있다. 1대의 3D프린터에 다양한 레진을 사용할 수 있지만, 그렇게 하다 보면 고장 및 관리가 어렵기 때문에 많이 사용하는 일반(ABS 계열), 클리어, 캐스팅 레진을 각 SLA 3D 프린터에 장착하여 사용하고 있다. 그 외의 레진은 관리자에게 문의하도록 되어 있다.

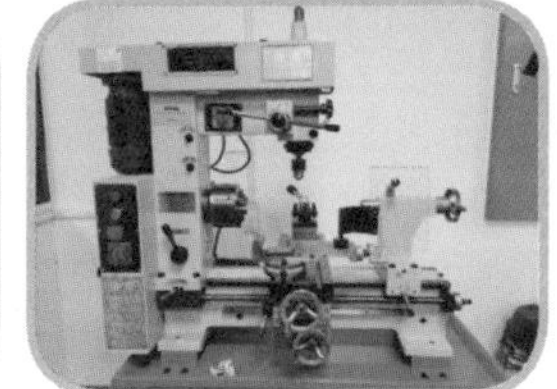
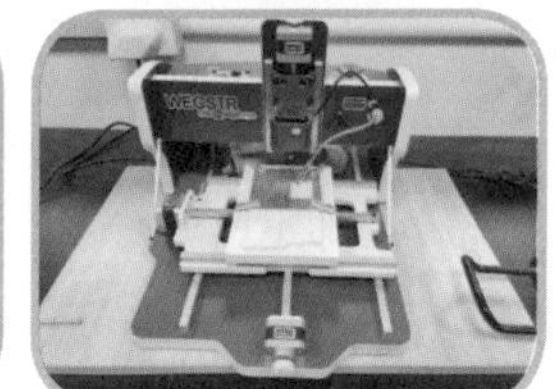

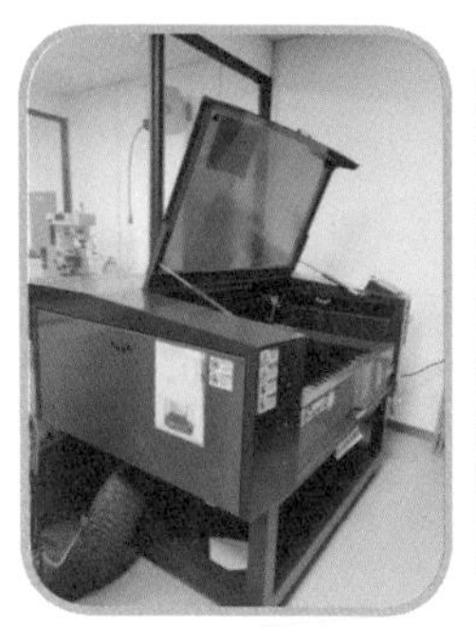

▲ 그림 323 디지털 공작기계

Chapter 02 창업 지원 사업

1 메이커가 창업하기

'창업전과자'라는 말이 있다. 웃기면서도 슬픈 말로, 창업을 통해서 사업을 성공시키기가 쉽지 않고 한 번 창업을 경험해 본 사람은 또다시 창업한다는 말이다. 아래에서 소개하는 내용은 저자의 개인적인 창업 방법을 소개한 것으로 절대적이지 않으며 지역에 따라서 현실과 맞지 않을 수 있다.

메이커로 활동하면서 자신만의 창업 아이템을 발견하거나 아이템을 가지고 메이커 스페이스에서 시제품을 만들어 창업하려는 경우가 있다. 이런 예비 창업자들을 상담해 보면 자신이 만들려고 하는 제품에 대한 지식만 있는 경우와 기초적인 창업 지원 사업에 대한 정보만 가지고 있는 경우가 많아서 대부분 '초기창업패키지' 사업 지원을 생각하고 있다. 그러나 창업과 폐업을 경험해 본 사람으로서 내가 하려는 사업의 규모와 종류에 따라서 슬기롭게 지원할 필요가 있다고 생각한다. 사업의 규모가 크고 고도의 기술이 필요한 경우와 기술의 난도가 높지 않고 시장의 규모가 크지 않으면 지원을 달리할 필요가 있다는 것이다. 또한 제조 기반 창업이 아닌 관광, 문화 등 콘텐츠 기반인 경우에도 지원받을 수 있는 사업이 달라질 수 있다. 물론 창업 지원 사업에서는 이러한 경우를 구분하지 않고 있지만, 지원자의 사업성을 평가하는 심사관의 입장에서는 충분한 고려사항이 될 수 있기 때문이다.

창업한 이후에 각종 정부사업에 지원하는 경우도 있는데, 창업 3년 내에 지원할 수 있는 사업이 가장 많고 지원도 다양하다. 그렇기 때문에 창업자들은 창업 후 3년 내에 가장 많은 창업 지원 사업 서류를 작성한다. 대부분의 창업자들은 자신의 아이템에 대하여 상당히 높은 지식을 가지고 있지만 마케팅, 세무, 회계 등에 대한 지식이 부족한 경우가 대부분이다. 그렇기 때문에 이러한 부분을 지원해 주는 창업 지원 사업을 통해서 창업하는 게 좋다. 사업을 한다는 것은 제품을 개발하고 만들고 판매하는 과정만 있는 것이 아니라 영업활동과 세무, 회계 등 익숙하지 않은, 아니면 알고 싶지 않은 부분도 창업자는 수행해야 하는데, 창업 지원 사업에서는 이에 대한 교육을 하기도 하고 전문가의 멘토링을 받을 수 있기 때문이다.

창업 지원 사업이 창업활동에 필요한 자금과 멘토링을 지원해 주는 것도 있지만 '예비창업패키지', '초기창업패키지', '창업사관학교' 등 집체교육이나 창업활동을 할 수 있는 공간을 지원하는 사업에서는 인적 네트워크를 만들 수 있는 좋은 기회를 제공하기 때문이다. 창업자들은 창업 준비과정 또는 사업을 진행하는 과정에서 정신적인 외로움을 많이 느낀다고 한다. 이러한 경우 사업내용은 모두 다르지만 '창업'과 '성공'이라는 공감대가 형성되는 사람들끼리 모여 있으면 서로 정신적인 위로를 주고받을 수 있다고 한다. 또한 서로의 관점이 다르기 때문에 서로의 사업에 대하여 객관적인 평가를 주고받을 수 있다. 서로 경쟁자이기도 하지만 모두 창업 초보이기에 가능한 상황이다.

메이커 활동에서 창업 아이템을 발굴하여 창업을 원하는 경우 공모전을 통해서 창업하는 것을 권한다. 사실 공모전에서 수상하게 되면 지원 사업에서 가산점을 받을 수 있기 때문에 메이커에 국한할 필요가 없다. 다만 메이커 관련 아이디어 공모전이 매년 여러 차례 진행되기 때문에 참가해 볼 만하고, 대회에 '메이커'란 말이 들어가 있어서 생각보다는 경쟁률이 낮은 경우가 있기 때문이다.

메이커의 창업 아이템 중에는 특정 지역을 기반으로 하는 경우도 있다. 공예, 관광 관련 아이템을 가진 메이커의 경우이다. 이런 경우라면 지자체에서 주관하는 창업 지원 사업이나 로컬 크리에이터 지원 사업을 먼저 지원하는 것도 좋은 방법이다. 지역적인 특색을 가지고 있기 때문에 지자체의 도움이 필요한 경우가 있고, 반대로 창업자의 아이템을 지자체에서 필요로 하는 경우가 있기 때문이다. 메이커 스페이스를 이용하여 소량의 제품을 제작 판매하는 창업을 하는 경우에도 포함될 수 있다(아직까지 대부분의 메이커 스페이스에서는 시제품 제작만을 지원하고 소량 생산에 대하여 지원하는 곳은 거의 없기에 힘들 수 있다).

창업에서 개인사업자로 할 것인지, 아니면 법인으로 할 것인지 선택해야 한다. 개인사업자와 법인 설립의 선택에서 정답은 없다. 소상공인이라면 개인사업자로 등록하겠지만 사업 규모를 크게 만들고자 한다면 법인 설립이 좋을 수 있다. 메이커가 창업을 한다면 당연히 사업자등록의 업태에 '제조업'을 넣는 게 좋다. 정부 지원 사업에서도 '제조업'의 경우 지원할 수 있는 사업도 많고 지원 금액도 많기 때문이다(인공지능, IOT 등 새로운 창업 트렌드도 중요하다).

창업 아이템을 가지고 있다는 가정하에서 아래의 그림과 같은 방법을 제시해 본다. 정답은 아니지만 창업과 폐업, 그리고 재창업 과정을 거치고 다양한 공모전에 참여해 보면서 느껴지는 부분을 그림으로 만들어 보았다.

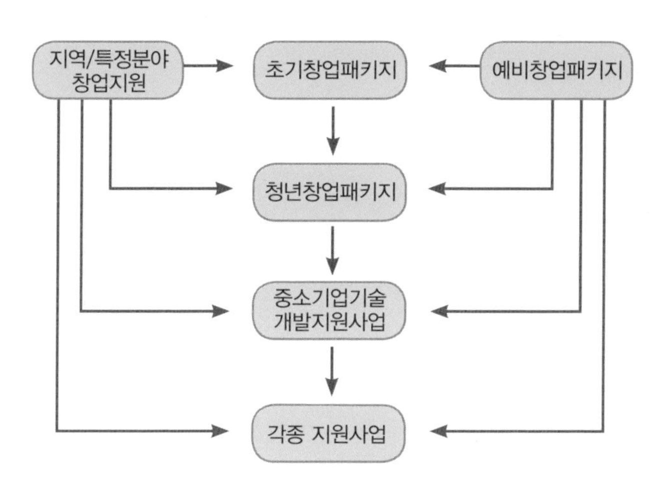

▲ 그림 324 창업 지원 사업 연계

그림에서 표시된 창업 지원 사업들은 신청제한이 있다. 특히 동시에 2개의 사업을 중복 신청할 수 없고 창업 기간이나 협약 종료시점으로 인하여 지원하지 못하는 경우가 있다. 그렇기 때문에 지원 사업 공고문을 꼭 확인해야 하며 내용을 잘 모를 경우 지원 사업 담당자에게 문의해야 한다.

창업 지원 사업마다 지원하는 지원금의 규모와 자부담금(현금+현물)의 비율이 다르기 때문에 확인할 필요가 있다. 어느 정도의 자금을 확보하지 않은 상태에서 창업한 경우 창업 지원 사업에 선정되더라도 자부담금 제공에 어려움을 겪는 경우가 있기 때문이다.

창업 지원 사업에 대한 정보는 K스타트업(k-startup.go.kr)에서 얻을 수 있다. 대부분의 사업은 1월부터 3월까지 공고되지만, 그 외의 개별적인 지원 사업에 대한 정보가 공고되기 때문에 자주 확인해야 한다. 지역에서 주관하는 사업도 공고되고 있지만, 각 지자체에서 운영하는 경제진흥원과 같은 기관 홈페이지 또는 지자체에서 운영하는 창업 지원 사이트를 통해서도 정보를 얻을 수 있다. 또한 연구개발 지원 사업의 경우 SMTech(smtech.go.kr)에서 얻을 수 있다.

법인 설립의 경우 법무사를 통해서 설립할 수 있지만, 법인 설립 및 등록을 간편하게 할 수 있는 '온라인 법인 설립시스템(startbiz.go.kr)'을 이용할 수 있다. 실제로 법인 등록을 하지 않더라도 법인 설립을 시험해 볼 수 있는 '법인 설립 체험관' 메뉴를 제공하기에 창업자가 혼자서 법인을 설립하는 과정에서 일어날 수 있는 문제를 미리 확인해 볼 수 있다.

2 창업 지원 사업

1 메이커 스페이스 구축 지원

[표 20] 2022년 메이커 스페이스 구축 사업(출처 : 중소벤처기업부)

사업명	지원 내용	지원 대상	예산 (억 원)	공고일	소관 부처	전담기관
메이커 스페이스 구축 사업	① 메이커 스페이스 구축·운영 경비 지원	민간·공공 기관 및 단체	437.3	1월	중기부	창업 진흥원

메이커 스페이스 구축을 지원하는 사업에는 일반 랩, 특화 랩, 전문 랩으로 신청할 수 있다. 구축 유형에 따라서 시설 규모가 정해져 있기 때문에 사업 신청 전 확인해야 하며 운영, 자립 등에 대한 계획이 수립되어 있어야 한다. 2020년부터 선정되는 시설들의 특징을 보면 지방자치단체, 공공기관, 창업 지원 시설과 연계한 시설의 선정률이 높았다. 물론 이렇게 공공기관의 참여로 구성하더라도 지원 및 운영에 대한 계획이 특화되어 있지 않다면 어려울 것이다. 실제로 민간 메이커 스페이스를 운영 중인 M 시설의 경우 전공 석사 이상의 학력자로 이루어져 있으며 전기·전자, 회로설계 등을 기반으로 교육 및 시제품 제작, 창업 지원을 특화해서 매년 지원을 하고 있지만 탈락하고 있다. 메이커 스페이스의 개별성과 이용자를 위한 지원을 위

해서는 필요하지만, 실제 심사에서는 좋은 성적을 받지 못하고 있다. 우리나라에서는 아직 특화된 메이커 스페이스에 대한 필요성을 느끼지 못하기 때문에 이런 결과가 나온다고 볼 수 있다.

2021년 선정된 시설 중 도서관을 기반으로 한 메이커 스페이스가 생겨나고 있다. 도서관이라고 하는 장소에 책 및 공예와 관련된 프로그램을 진행하여 메이커 문화 확산에 기여하고 있다.

▲ 그림 325 메이커라이브러리 금정(출처 : 메이커라이브러리 금정)

메이커 스페이스 구축 사업을 지원할 때 대응자금 조달도 많은 부분을 차지한다. 대부분의 대응자금은 지자체, 공공기관에서 제공하는 협약을 체결하여 제출한다. 대응자금이 크면 좋겠지만 선정된 결과를 보면 그렇지도 않은데, 2021년에 지원한 S 구의 창업 지원 시설은 S 구에서 약 5억 원의 시설 보증금 및 임대 비용을 대응자금으로 제출하였지만 탈락하였다. 어떻게 보면 시설 보증금이나 임대 비용보다 운영비용에 대한 대응자금이 중요할 수 있다.

2 창업 지원 사업

메이커 스페이스를 통해서 창업을 지원하는 것은 쉽지 않다. 우선 창업 아이템이 너무 다양하여 모든 것을 맞출 수 없기 때문이며, 경영지도사나 창업보육전문매니저가 있다 하더라도 쉽지는 않다. 그래서 메이커 스페이스에서 시제품 또는 소량 제작을 할 수 있도록 지원하고 창업과 관련하여 정부, 지자체 사업에 지원할 수 있도록 도와주는 것이 기본이 될 수 있다. 또한 메이커 스페이스 구성원의 인적 네트워크를 통해 제작 및 마케팅을 지원할 수도 있을 것이다.

창업과 관련된 정보는 창업진흥원에서 운영하는 k-startup.go.kr을 통해서 얻을 수 있는데, 대부분 창업 및 지원에 관련된 정보가 제공되고 있기 때문에 예비 창업자는 필수적으로 가입하는 사이트이다.

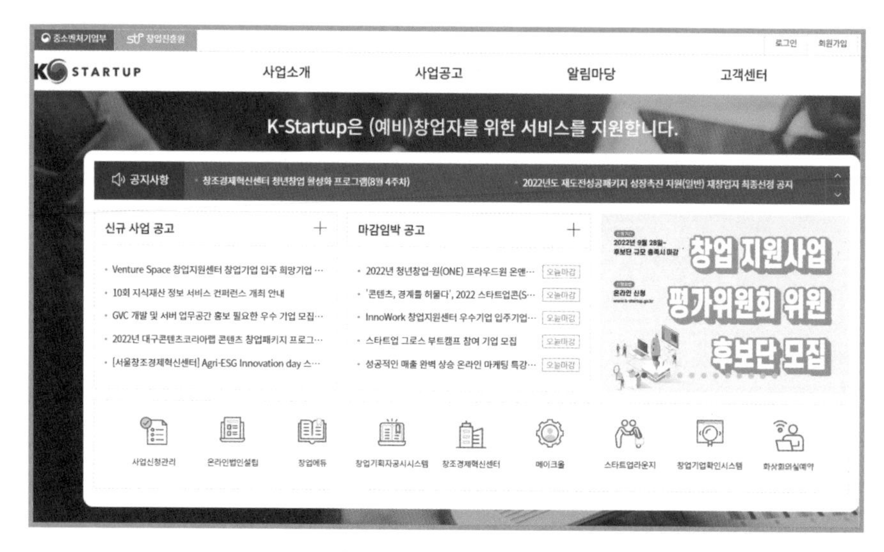

▲ 그림 326 K-STARTUP 홈페이지

R&D 과제 등에 관한 정보는 smtech.go.kr을 통해서 얻을 수 있다.

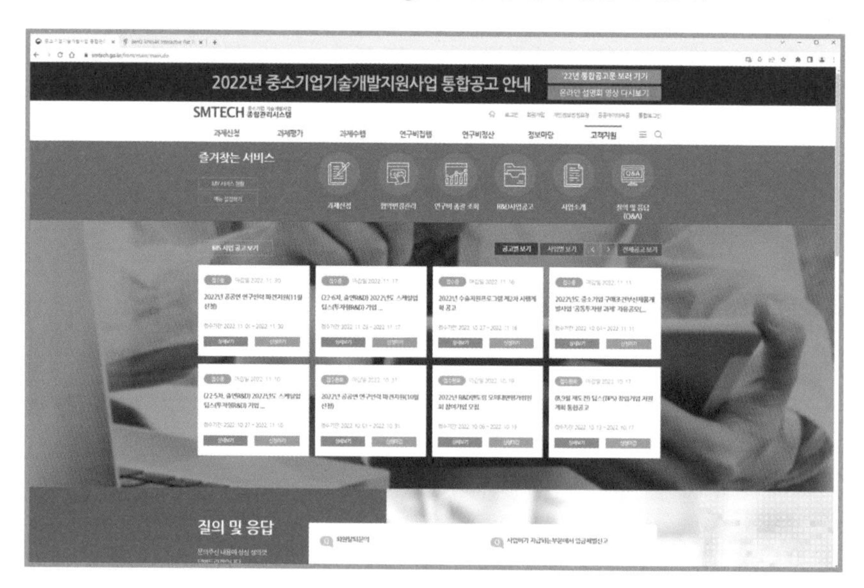

▲ 그림 327 중소기업 기술개발사업 종합관리시스템

온라인으로도 많은 정보를 얻을 수 있지만, 지원 서류 작성에 대한 정보나 지원할 때 주의사항 등은 메이커 스페이스에서 운영하는 교류회를 통해서 얻는 정보가 더 유용할 수 있다.

① 예비창업패키지

[표 21] 2022년 예비창업패키지(출처 : 중소벤처기업부)

사업명	지원 내용	지원 대상	예산 (억 원)	공고일	소관 부처	전담 기관
예비창업 패키지	① 사업화 자금 ② 창업교육, 멘토링	예비 창업자	982.89	2월 말	중기부	창업 진흥원

'예비창업패키지' 사업은 혁신적인 기술 창업 소재가 있는 예비 창업자를 육성하기 위해서 진행하는 사업으로, 이 사업을 통하여 사업화를 위한 자금, 창업교육, 멘토링 등을 제공한다. 2021년 기준으로 모집 분야는 일반, 특화, 비대면 분야가 있다. 일반분야의 지원 기술분야는 전 부분으로 대부분 지원이 가능하다. 청년(만 39세 이하)과 중장년(만 40세 이상)으로 구분하여 선정하며, 이 사업의 주관기관은 창조경제혁신센터와 일부 대학에서 주관한다. 특화분야의 경우 주관기관별 특화분야가 있고, 특화분야에 따라서 지역이 달라질 수 있으며, 모든 분야에 연령 제한 없이 지원 가능하다.

[표 22] 2021년 예비창업패키지 일반분야 모집 규모

주관기관	지원 규모(명)		소재지	주관기관	지원 규모(명)		소재지
	청년	중장년			청년	중장년	
강원창조경제 혁신센터	18	12	강원	포항창조경 제혁신센터	6	4	포항
경기창조경제 혁신센터	36	24	경기	건국대학교	18	12	서울
경남창조경제 혁신센터	15	10	경남	경기대학교	24	16	경기

경북창조경제 혁신센터	12	8	경북	계명대학교	12	8	대구
광주창조경제 혁신센터	15	10	광주	대구대학교	18	12	경북
대구창조경제 혁신센터	18	12	대구	동국대학교	18	12	서울
대전창조경제 혁신센터	15	10	대전	동아대학교	15	10	부산
부산창조경제 혁신센터	18	12	부산	부산대학교	15	10	부산
빛가람창조경제혁신센터	6	4	전남	성균관 대학교	20	13	경기
서울창조경제 혁신센터	36	24	서울	수원대학교	18	12	경기
세종창조경제 혁신센터	12	8	세종	연세대학교	24	16	서울
울산창조경제 혁신센터	12	8	울산	인천대학교	18	12	인천
인천창조경제 혁신센터	27	18	인천	전북대학교	18	12	전북
전남창조경제 혁신센터	15	10	전남	전주대학교	15	10	전북
전북창조경제 혁신센터	12	8	전북	한밭대학교	16	11	대전
제주창조경제 혁신센터	9	6	제주	한양대학교	24	16	서울
충남창조경제 혁신센터	15	10	충남	호서대학교	21	14	충남
충북창조경제 혁신센터	9	6	충북				

[표 23] 2021년 예비창업패키지 특화분야 모집 규모

특화분야	주관기관	지원 규모(명)	소재지
스마트관광	한국관광공사	30	서울
소셜벤처	벤처기업협회	100	서울
여성	한국여성벤처협회	100	서울
바이오	한국보건산업진흥원	30	서울
프로토콜 경제	한국핀테크지원센터	40	서울
자율주행	한국도로공사	10	경북(김천)
드론	한국임업진흥원	20	서울
그린경제	한국탄소융합기술원	20	전북(전주)
	서울과학기술대학교	50	서울
	고려대학교 세종산학협력단	30	세종
데이터(Data), 네트워크(Network)	한국특허정보원	40	서울
	한국발명진흥회	25	서울
인공지능(AI)	광주과학기술원	35	광주

[표 24] 예비창업패키지 사업화 자금 비목 정의 기준

비목	비목 정의	집행기준
재료비	사업계획서 상의 사업화를 위해 소요되는 재료 또는 원료, 데이터 등 무형 재료를 구입하는 비용	한도 없음 (양산자금 사용 불가)
외주용역비	자체적으로 시제품 제작을 완성할 수 없는 경우, 용역 계약을 통하여 일부 공정에 대해 외부 업체에 의뢰하여 제작하고, 이에 대한 대가를 지급하는 비용	
기계장치 (공구·기구, SW 등)	사업화를 위해 필요한 일정 횟수 또는 반영구적으로 사용 가능한 기계 또는 설비, 비품을 구입하는 비용	
특허권 등 무형자산 취득비	사업계획서 상의 창업 아이템과 직접 관련 있는 지식재산권 등의 출원·등록 관련 비용	

지급수수료	사업화를 위한 거래를 수행하는 대가로 요구하는 비용(기술이전비, 학회 및 세미나 참가비, 전시회 및 박람회 참가비, 시험·인증비, 멘토링비, 기자재 임차비, 사무실 임대료, 운반비, 보험료, 보관료, 회계감사비, 법인 설립비 등)	한도 없음 (양산자금 사용 불가)
여비	창업기업 대표, 재직 임직원이 소재지를 벗어나 타 국가로 업무 관련 출장 등의 사유로 집행하는 비용	
교육훈련비	창업기업 대표, 재직 임직원이 사업화를 위해 기술 및 경영교육 이수 시 집행하는 비용	
광고선전비	창업기업 제품과 기업을 홍보하기 위한 홈페이지 제작비, 홍보영상, 홍보물 제작 등의 광고 게재, 기타 마케팅에 소요되는 비용	
창업활동비	국내 출장여비, 소모품 구입비 등	월 50만 원 한도

예비 창업자라면 가장 먼저 도전하는 사업이라고 할 수 있다. 예비창업패키지 사업에서 지원된 자금에서 사업에 꼭 필요한 장비를 구매할 수 있기 때문이다.

② 지역 기반 로컬 크리에이터 활성화

[표 25] 2022년 로컬 크리에이터 활성화(출처 : 중소벤처기업부)

사업명	지원 내용	지원 대상	예산 (억 원)	공고일	소관 부처	전담 기관
지역 기반 로컬 크리에이터 활성화	① BM 구체화, 멘토링 등 성장단계별 맞춤형 프로그램 제공	예비 창업자 또는 업력 7년 이내의 로컬 크리에이터	69	2~3월	중기부	창업 진흥원

"로컬 크리에이터 간 협업을 통해 지역 자원(경제 자원 및 문화적 확산)의 활용가치 제고 및 지역 창업의 생태계 활성화 도모"를 목적으로 지역 기반 로컬 크리에이터 활성화 지원 사업은 지역의 자연환경, 문화적 자산을 소재로 창의성과

혁신을 통해 사업적 가치를 창출하는 크리에이터를 발굴, 육성하는 사업이다. 지역 기반 로컬 크리에이터 사업은 메이커 또는 메이커 기반 기업을 위한 사업이라고 할 수 있으며, 지역의 다양한 자원을 활용하기 때문에 지역주민과 지역 기업이 중심이 될 수밖에 없다.

[표 26] 로컬 크리에이터 정의 및 요건(출처 : 2021년 모집공고)

정의 : '지역의 자연환경, 문화적 자산을 소재로 창의성과 혁신을 통해 사업적 가치를 창출하는 창업가'

- 로컬 크리에이터는 지역 고유의 특성과 자원을 기반으로 혁신적인 아이디어를 접목하여 지역 경제 활성화에 기여하는 창업가로 7대 유형의 비즈니스모델로 분류

※ ① 지역 가치, ② 로컬푸드, ③ 지역 기반 제조, ④ 지역 특화 관광, ⑤ 거점 브랜드, ⑥ 디지털 문화체험, ⑦ 자연 친화활동

※ 세부 내역은 [참고1] 로컬 크리에이터 7대 분야 참조

① 지역의 자원과 특성을 기반으로 하는 자
– 지역의 유 · 무형 자원(역사 전통, 문화 예술, 자연 생태, 생활문화, 지역 특산물 등)을 기반으로 창의적인 아이디어를 제시하고 문제를 해결하는 자

② 혁신적인 아이디어를 접목하여 창업하는 자
– 지역의 자원과 특성을 활용한 혁신적인 비즈니스모델 수립을 통해 중소기업창업 지원법상 창업을 이행하는 자

③ 지역 경제 활성화를 도모하는 자
– 로컬 크리에이터는 지역 내 자원과 특성을 활용하는 속성을 지닌 만큼, 지역 내 고용 창출, 관광객 유치 등 다방면의 활약으로 지역 경제 활성화를 도모하는 자

지역자원을 활용한 창업 생태계 구축을 위한 사업의 경우 '지방 소멸'에 대한 문제를 고민하고 있는 지자체와 지역 기업이 함께 참여하여 지역에 생동감을 불어넣고 지역 경제 활성화에 기여할 수 있다. 제조 기반 사업과 무형의 콘텐츠도 가능하기 때문에 좋은 아이디어만 있으면 누구나 참여 가능하다.

[표 27] 로컬 크리에이터 7대 분야(출처 : 2021년 모집공고)

구분	내용
지역 가치	• 지역의 문화나 고유 특성을 기반으로 혁신적인 아이디어를 융합하여 새로운 경제적·문화적 가치를 창출
	• (기대효과) 플랫폼과 더불어 콘텐츠의 중요성이 더욱 강조되므로, 지역을 콘텐츠화하여 다양한 비대면 비즈니스모델 창출 가능
로컬푸드	• 지역의 특산물, 미활용 작물 등 농수산물을 활용한 식품가공 및 유통
	• (기대효과) 위생적인 환경에서 재배되는 스마트팜이나, 농수산 산지와 연결된 구독경제, 종자 개발부터 유통·제조·판매 등이 다양하게 결합된 6차 산업 발전
지역 기반 제조	• 지역에서 생산되는 소재를 활용하거나 지역 특색을 반영한 제조업
	• (기대효과) 수공업과 DIY 활동 증가가 예상되며, 이를 로컬제조업으로 육성
지역 특화 관광	• 관광자원(자연환경, 여행지 등)을 활용하여 해당 지역으로 관광객 유입 확대 • 지역 방문을 위한 원스톱 서비스 및 자연생태계의 지속 가능성
	• (기대효과) VR 등을 활용한 가상 관광, 체험 등의 관광 수요 증가 예상
거점 브랜드	• 지역 내 복합문화공간 등 지역거점 역할 • 지역성과 희소성을 기반으로 지역의 가치를 재창출
	• (기대효과) 쇼핑은 온라인 쇼핑으로 대체, 오프라인 소비는 단순 소비보다는 가치소비(Meaning Out)가 중요해져 지역별 거점 브랜드 육성이 필요
디지털 문화 체험	• 지역별로 역사와 문화가 담긴 유적지와 문화재 등을 과학 기술 및 ICT를 활용하여 재해석 또는 체험
	• (기대효과) AR, VR 등과 결합된 디지털 문화체험 콘텐츠 시장 확대 예상
자연 친화 활동	• 지역별로 상이한 자연환경(바다, 산, 강 등)에서 진행되는 서핑, 캠핑 등 아웃도어 활동을 위한 다양한 사업모델
	• (기대효과) 집단적 활동(테마파크 등)보다는 가족 또는 나홀로 단위의 레저활동(캠핑, 글램핑 등)의 수요 증가 예상

③ 재도전 성공패키지

[표 28] 2022년 재도전 성공패키지(출처 : 중소벤처기업부)

사업명	지원 내용	지원 대상	예산 (억 원)	공고일	소관 부처	전담 기관
재도전 성공 패키지	① 사업화 자금 ② 교육 및 멘토링 ③ 보육공간 등	예비 또는 재창업 3년 이내 기업의 대표 *TIPS-R, IP전략형은 재창업 7년 이내	168.3	1월	중기부	창업 진흥원

재도전 성공패키지는 폐업 후 재창업(예정)인 기업을 대상으로 한다. 또한 금융기관 등으로부터 채무 불이행으로 규제 중이지만 신용회복위원회의 '채무조정'이 확정되었거나 법원의 개인회생제도에서 변제계획 인가를 받거나 파산면책을 선고받아야 지원할 수 있는 사업이다.

성실한 실패 경험과 유망한 창업 아이템을 보유한 (예비) 재창업자의 성공적인 재창업을 지원하기 위한 사업으로, 창업 이후 다양한 이유로 창업에 실패하는 경우가 많은데, 한 번의 실패로 모든 기회를 잃어버리는 것이 아니라 성실한 기업활동을 한 사람을 대상으로 재도전의 기회를 제공한다.

▲ 그림 328 재도전 성공패키지 포스터(출처 : 중소벤처기업부)

메이커 스페이스를 이용하는 중장년층 이용자 중 재도전을 계획하는 경우가 있다. 이런 이용자를 위하여 메이커 스페이스의 장비를 이용하여 시제품 제작을 지원하고 재도전 성공패키지 프로그램에 지원할 수 있도록 제안하는 것도 좋다.

④ 초기창업패키지

[표 29] 2022년 초기 창업패키지(출처 : 중소벤처기업부)

사업명	지원 내용	지원 대상	예산 (억 원)	공고일	소관 부처	전담 기관
초기 창업 패키지	① 사업화 자금 ② 특화 프로그램 (아이템 검증, 투자유치 등)	업력 3년 이내 창업기업	925.4	2월 말	중기부	창업 진흥원

유망 창업 아이템 및 고급기술을 보유한 초기 창업기업을 지원하는 사업으로 사업 안정화와 성장을 목표로 한다. 예비창업패키지와 다르게 초기창업패키지 지원 대상은 '3년 이내 창업기업'이어야 한다. 또한 전체 사업비의 70%를 지원하고 나머지 30%는 기업에서 부담해야 한다. 30%의 자부담금에서 현금(최소 10%)과 현물(최대 20%)의 비율이 있기 때문에 자금 조달도 준비해야 한다.

초기창업패키지 사업을 통해 선정된 기업을 대상으로 아이템 검증, 투자유치 등 창업 사업화 지원 프로그램을 교육한다. 초기 창업자가 잘 모르는 마케팅, 회계, 지식재산권 등 다양한 교육 프로그램을 지원하기 때문에 창업자라면 꼭 도전해야 하는 프로그램이다.

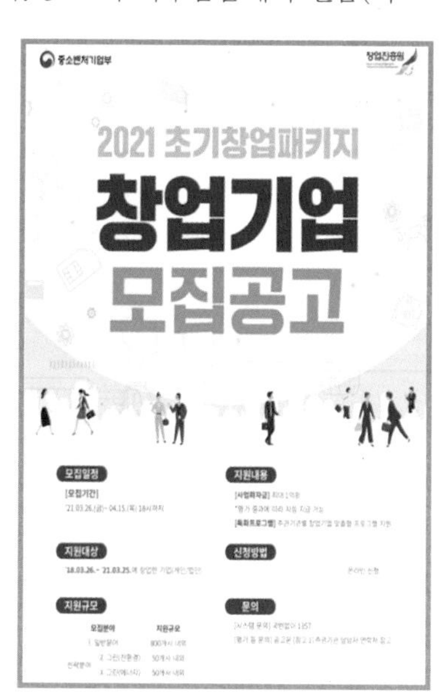

▲ 그림 329 초기창업패키지 포스터
(출처 : 중소벤처기업부)

⑤ 청년창업사관학교

[표 30] 2022년 청년창업사관학교(출처 : 중소벤처기업부)

사업명	지원 내용	지원 대상	예산 (억 원)	공고일	소관 부처	전담 기관
청년창업 사관학교	① One-Stop 패키지 지원시스템 운영(자금, 교육, 코칭, 공간, 판로 등 패키지 지원)	만 39세 이하, 창업 3년 이내 기업	844.5	1월	중기부	창업 진흥원

청년창업자 사이에서 필수 코스로 인식되는 지원 사업으로, 청년창업사관학교에 선정된다는 것은 사업 아이템에 대한 가능성을 어느 정도 인정받았다고 평가할 수 있다. 선정 시 최대 1억 원의 사업비를 지원받을 수 있고 창업공간과 전문가 멘토 등 다양한 지원을 받을 수 있다. 또한 수료 후 5년간 정책자금 융자, 마케팅 · 판로, 기술개발자금, 투자유치 등 후속 연계 지원 사업을 추가로 받을 수 있다.

▲ 그림 330 청년창업사관학교(출처 : 중소벤처기업부)

⑥ 비대면 스타트업 육성

[표 31] 2022년 비대면 스타트업 육성(출처 : 중소벤처기업부)

사업명	지원 내용	지원 대상	예산 (억 원)	공고일	소관 부처	전담 기관
비대면 스타트업 육성	① 사업화 자금 ② 특화 프로그램(인증, 기술평가 등)	비대면 분야 예비 창업자 및 7년 이내 창업기업	450.2	1월 말	중기부	창업 진흥원

비대면 스타트업 육성사업은 비대면 분야(의료, 교육, 생활 · 소비, 콘텐츠, 기반 기술 등) 유망 창업기업을 발굴하여 창업 사업화 지원을 통해 글로벌 디지털 경쟁을 선도할 혁신적인 기업 육성을 목표로 하고 있다. COVID-19로 인한 집합 제한, 교육 환경 등 이러한 변화를 맞이한 분야를 위한 사업이라고 할 수 있다. 또한 디지털 메이커를 위한 창업 지원 사업일 수 있으며 라이브 커머스, 1인 미디어 등 콘텐츠 분야의 예비 창업자에게 적합할 수 있다.

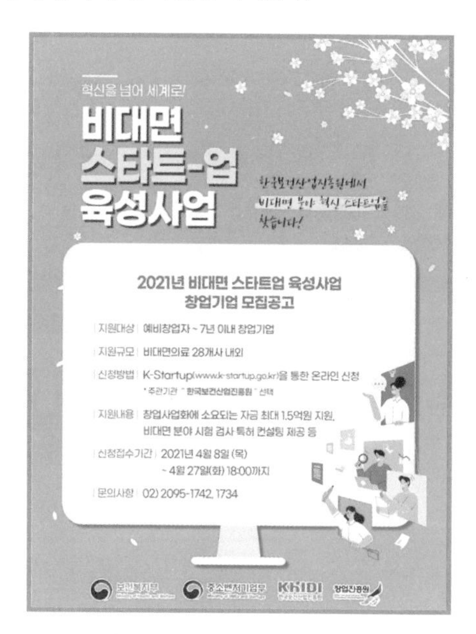

▲ 그림 331 비대면 스타트업육성사업(출처 : khidi.or.kr)

⑦ 장애인 창업 사업화 지원

[표 32] 2022년 장애인 창업 사업화 지원(출처 : 중소벤처기업부)

사업명	지원 내용	지원 대상	예산(억 원)	공고일	소관 부처	전담 기관
장애인 창업 사업화 지원	① 사업화 자금 ② 시설 개 · 보수 비용	장애인 예비 창업자 및 업종 전환 희망자, 장애인기업	16.15	4월	중기부	(재)장애인기업종합지원센터

메이크 스페이스가 지원할 수 있는 것 중 하나가 장애인 창업 사업화 지원이다. 장비 사용법에서 아이템 발굴, 제품화 등 장애인 자활시설과 연계하여 지원할 수 있고, 장애인 창업 사업화 지원 기관에 참여기관으로 등록하여 지역 장애인을 위한 메이커 장비 교육 및 창업교육을 지원할 수 있다. (재)장애인기업종합지원센터를 통해 창업 및 지원 정보를 얻을 수 있다.

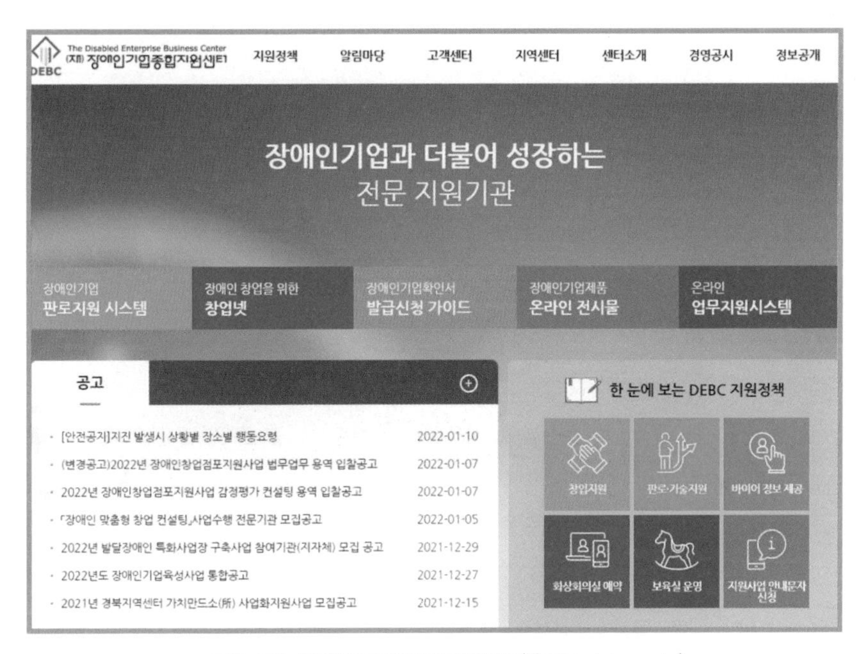

▲ 그림 332 장애인기업종합지원센터(출처 : debc.or.kr)

⑧ 1인 창조기업 활성화

[표 33] 2022년 1인 창조기업 활성화(출처 : 중소벤처기업부)

사업명	지원 내용	지원 대상	예산 (억 원)	공고일	소관 부처	전담 기관
1인 창조 기업 활성화	① 사업공간 ② 마케팅 · 판로 지원 등	「1인 창조기업 육성에 관한 법률」 제2조의(예비) 1인 창조기업	63.2	수시 (사업화) '22.3월	중기부	창업 진흥원

메이커 활동을 통해서 창업하는 경우 하이테크, 적정 기술 관련 창업보다는 공예나 아이디어 제품이 많다. 오픈마켓을 대상으로 하는 메이커나 디지털 콘텐츠를 판매할 1인 창업자에게 필요한 지원으로, 1인 창업자의 경우 큰 사무실이 필요 없는 경우 공유 오피스를 이용하기도 하지만, 이 사업에서는 사업공간 및 복사기, 팩스 등 공용장비를 쓸 수 있기 때문에 좋다.

▲ 그림 333 천안 1인 창조기업 지원센터(출처 : http://1biz.ctp.or.kr/)

3 메이커 활동 관련(사업)

(예비) 창업자 대상 프로그램들이 많지만 창조경제혁신센터, 과학관 등에서 진행하는 메이커 활동 지원 사업들이 있다. 개인, 기업, 학교(동아리) 등이 참여할 수 있으

며 계획서를 제출하여 선정되면 일정 금액을 지원받아 메이커 활동에 사용할 수 있다. 또한 다양한 경진대회가 있어서 메이커 활동을 통하여 자신의 실력을 확인할 수도 있고 창업의 기회로 만들 수 있다.

① 메이커 프로젝트 지원

[표 34] 2021년 메이커 프로젝트 지원(출처 : 경기콘텐츠진흥원)

사업명	지원 내용	지원 대상	예산(억 원)	공고일	소관 부처	전담 기관
메이커 프로젝터 지원	① 개발자금 ② 멘토링	우수한 제작 프로젝트를 보유한 개인/단체	–	–	–	–

메이커 프로젝트 지원 사업은 다양한 곳에서 지원하고 있으며, 주관하는 기관에 따라서 참여자의 지역 제한, 프로젝트 중복 지원 제한 등이 있을 수 있다. 또한 기관마다 주제 분야가 다르며, 프로젝트 활동비는 분야에 따라서 달라질 수 있다. 해마다 메이커 프로젝트 지원 사업을 하는 기관이 달라질 수 있기 때문에 해당 기관의 공고를 확인해야 한다.

▲ 그림 334 메이커프로젝트 지원
(출처 : 경기콘텐츠진흥원)

▲ 그림 335 성인 창작 커뮤니티 지원
(출처 : 국립부산과학관)

② 행사 및 네트워킹

정부기관에서 진행하는 창업대회가 많으며 지자체, 대학에서 주관하는 대회도 있다. 메이커 활동을 창업하려는 경우 자신의 아이템과 연관 있는 대회에 참가하는 것도 좋다. 이는 제품을 개발하여 만들어도 판매를 위한 홍보는 어렵기 때문에 관련 있는 대회에 참가하여 수상 경력을 홍보에 활용할 수 있고, 또한 대회를 주관한 기관에서 대회를 알리기 위해 홍보에 도움을 줄 수 있기 때문이다. 대회에서 수상 이후 창업 지원 프로그램을 통해 창업하는 것도 좋은데, 정부기관에서 주관한 대회에서의 수상 실적은 '가점'을 받을 수 있기 때문이다.

[표 35] 2022년 행사일정(출처 : 중소벤처기업부)

사업명	지원 내용	지원 대상	예산 (억 원)	공고일	소관 부처	전담 기관
농식품 창업 콘테스트	① 입상자 시상 및 상금 수여 ② 입상자 후속 지원 등	예비 창업자 및 농식품 분야 창업기업 (창업 7년 이내)	6.0	5월	농림부	한국농업기술진흥원
환경 창업대전	① 입상자 시상 및 상금 수여 ② 연구단지 입주 ② 투자유치 등 추가 지원	환경분야 예비 창업자 및 창업 기업(업력 7년 미만)을 포함한 전국민	45	4월	환경부	한국환경산업기술원
해양수산 창업 콘테스트	① 창업캠프를 통한 교육 및 멘토링 ② 입상팀 정부 시상 및 상금 수여 ③ 해양수산 창업 투자 지원 사업 신청 가점 부여 등 후속 지원	해양수산분야 예비 창업자 및 창업 7년 이내 기업	2.5	6~7월	해수부	해양수산과학기술진흥원

사업명	지원 내용	지원 대상	예산 (억 원)	공고일	소관 부처	전담 기관
대 · 스타 해결사 플랫폼	① 사업화 자금 및 R&D정책자금 등 연계 지원	예비창업자(팀) 또는 공고일 기준 업력 7년 이내 창업기업	75.6	2~6월	중기부	창업 진흥원
도전! K-스타트업	① 상장 · 상금 ② 창업 지원 사업 후속 연계 지원	예비 창업자(팀) 또는 7년 이내 창업기업	21.2	1월 말	중기부	창업 진흥원
스타트업 해외 전시회 지원	① 부스 임차, 전시회 참가비, 사전 교육, 비즈니스 매칭 지원 등	7년 이내 창업기업 중 각 전시회별 지원요건을 충족하는 자	12	–	중기부	창업 진흥원
장애인 창업 아이템 경진대회	① 시상 및 상금	장애인 예비 창업자 및 창업 7년 미만의 장애인기업	0.55	2월	중기부	(재)장애인기업종합지원센터
여성창업 경진대회	① 시상 및 상금 ② 투자유치 연계 등	여성 예비 창업자 및 창업 후 5년 미만의 여성기업	1.5	1~4월	중기부	(재)여성기업종합지원센터
K-스타트업 그랜드 챌린지	① 액셀러레이팅 등 ② 비자 발급 지원 ③ 정착지원금	외국 국적을 보유한 예비 창업자 및 7년 이내 창업기업	60	2월 말	중기부	정보통신 산업 진흥원
산림분야 청년창업경진대회	① 창업캠프, 멘토링 ② 홍보 지원 등	산림분야 창업에 관심 있는 청년 및 대학생	2	3~4월	산림청	–

메이커 행사는 별도의 운영사에서 진행하는 행사와 메이커 스페이스에서 자체적으로 운영하는 행사가 있다. '메이커 페어 서울', '헬로 메이커'가 국내에서 가장 유명하며, 그 외에는 지역단위 행사라고 할 수 있다. 이러한 행사들은 사전에 참가자를 모집하며, 메이커로서 자신의 작품을 소개하는 경우가 많다. 국내에서는 아직 없지만 해외 메이커 페어의 사례를 보면, 참가자의 좋은 작품들이 사업 아이템으로 변화하는 경우가 종종 있다. 이런 행사에 참여하여 메이커 활동을 홍보하기도 하고 자신이 만든 상품을 팔기도 하며, 플리마켓과 같은 기능도 가지고 있다. 전국적인 행사의 경우 주관기관이 많이 참여하여 행사의 양적, 질적 수준이 높지만, 지역 메이커 스페이스가 주관하는 행사의 경우 지역 커뮤니티 성격이 강하다. 그렇다고 출품되는 작품의 수준이 떨어지는 것은 아니며, 지역 밀착형 행사이기에 지역 주민이 참여할 수 있어서 메이커 문화 확산 부분에서는 전국적인 행사보다 훨씬 효과적이다.

▲ 그림 336 메이커페어 서울
(출처 : bloter.net)

▲ 그림 337 온라인 메이커 페스티벌
(출처 : 김천녹색미래과학관)

행사 및 교육은 메이커올(makeall.com)에서 확인할 수 있으며, 메이커 스페이스로 등록하고 프로젝트나 행사, 교육을 소개할 수 있다.

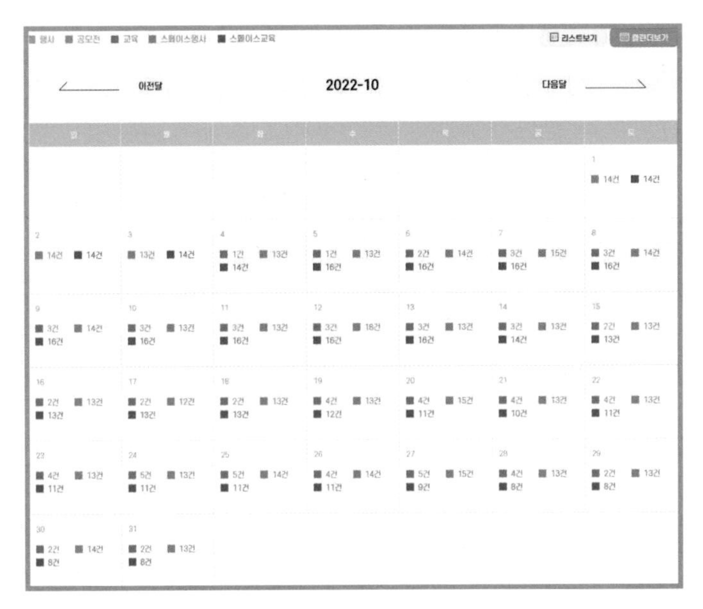

▲ 그림 338 메이커올 캘린더(출처 : makeall.com)

메이커 행사가 메이커들의 작품을 소개하고 교류하는 행사라고 한다면 헤커톤, 메이커톤 등의 행사는 제시된 주제를 가지고 정해진 일정, 예를 들어서 1박 2일 등 주최 측의 규정에 따라 현장에 모여 직접 만들어서 경쟁하는 대회이다. ICT 디바이스랩에서 하는 행사가 대표적으로, 이 행사에는 지역의 ICT디바이스랩을 거점으로 활동하는 동호회의 참여가 높다. 메이커톤 행사 중에서 포스텍 나노융합기술원 무한상상실에서 진행하던 '무한상상 챌린지'는 학생들의 참여가 높았으며 경남, 경북, 부산, 울산 지역 학생들이 고르게 참가하는 대회였다. 이 대회의 경우 디지털 공작기계나 전기 · 전자에 대한 지식이 없더라도 대회 1주일간 전문 멘토의 1대1 교육을 받아서 제작할 수 있는 국내 유일의 대회였다. 실제로 참가 신청을 할 당시 3D프린터, 전자부품 등에 대해 아무것도 모르고 참가한 여학생 팀의 경우 자신들이 손으로 그려서 제출한 계획서를 구현하기 위해서 대회 기간 동안 전문 멘토의 교육을 받아서 수상하기도 했다. 지금은 없어졌지만 이 대회가 가지는 의미는 설계, 구조, 디자인, 해석, 전자, 전기 등 각 분야의 전문 메이커가 1주일간 합숙하면서 참가자들에게 맞춤 교육을 해주는 것이다. 또한 이들 전문 메이커들이 제작을 지원하는 것이 아니라 교육적인 면을 도와주면서 각 팀의 활동을 체크하여 평가에 반영하는 것이다. 어떤 대회를 보면 팀 단위로 참가하여 1명만 제작 활동을 하고 나머지 팀원은 아무것도 하지 않는 경우도 있고, 참가자 명단에만 있고 출석하지 않는 경우도 있었다. 이런 부분들을 해결하고 진짜 메이커 활동을 하는 팀에게만 상을 주는 유일한 대회였다(※저자 개인의 의견이다).

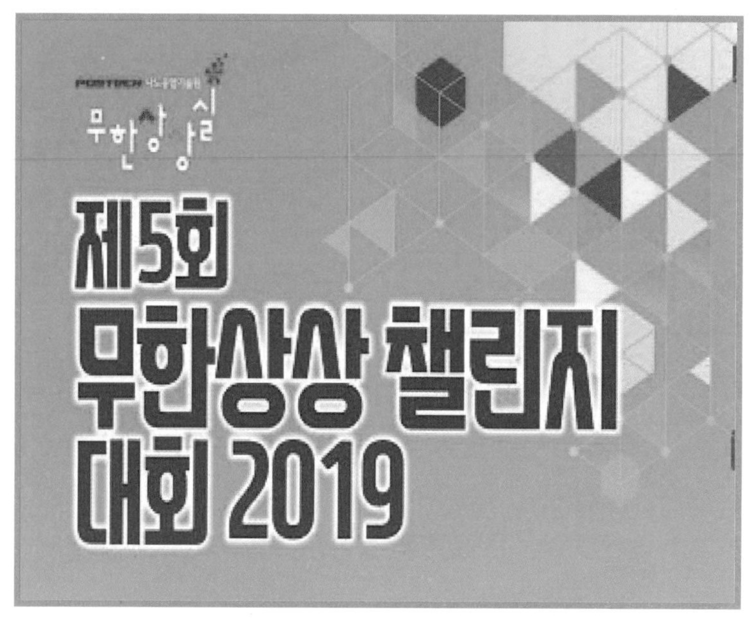

▲ 그림 339 무한상상 챌린지 포스터(출처 : postech.ac.kr)

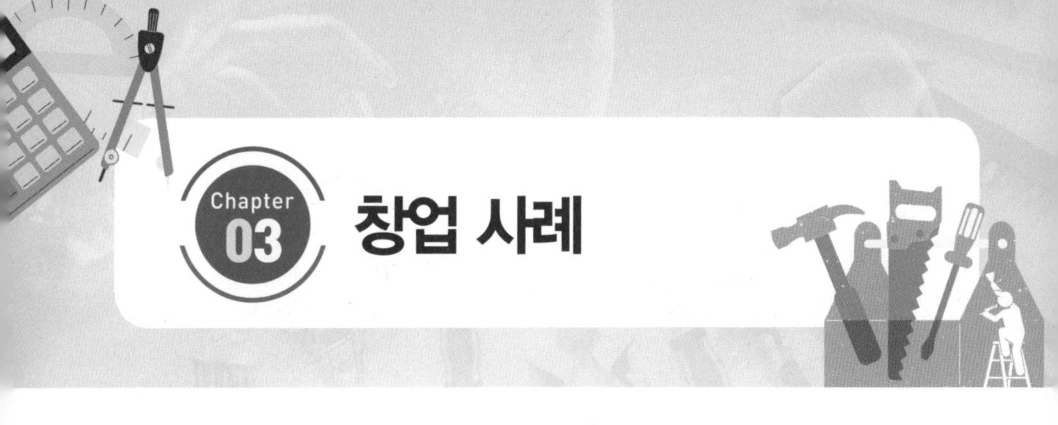

창업 사례

① ㈜하이브리드에듀

㈜하이브리드에듀는 여성 창업기업으로 2020년 예비창업패키지 비대면 분야 지원 사업을 통해서 창업하였다. 프리랜서 메이커 전문강사로 활동하던 김은영(대표), 김현주(교육본부장)가 창업하였다. 10년 이상을 가정주부로 사회생활과 단절되어 있다가 경제활동을 위하여 여러 가지 일을 하던 중 메이커 전문강사 교육을 받고 메이커 교육 프리랜서로 활동하면서 코딩교육에서 불편한 부분을 해결할 수 있는 허니보드를 기획, 개발하여 창업하였다.

▲ 그림 340 ㈜하이브리드에듀

창업 전 3D 펜, 3D프린터, 가상현실 등의 교육 콘텐츠를 개발하여 지역 초·중·고등학교 및 다수의 대학에서 수업하는 프리랜서였다. 주부로서 다년간 시간을 보내면서 낮아진 자존감이 메이커 활동 및 프리랜서 강사활동을 하면서 높아졌고, 본인들이 진행하는 교육과정에서 교육적 효과를 높이기 위한 제품을 기획, 개발하게 되었다. '허니보드'의 기획은 ㈜하이브리드에듀에서 했지만, 전자 관련 지식이 부족하여 어려움을 겪을 때 포항 나노융합기술원의 메이커 스페이스의 도움을 받아서 완성하였다.

▲ 그림 341 허니보드

마이크로비트와 할로코드를 사용할 수 있는 확장보드로, 코딩교육에서 회로 구성에 많은 어려움을 겪는 학생과 교사를 위해서 '사물인터넷', '인공지능+사물인터넷' 리터러시 교육용으로 만들어졌다. 학교의 집체교육용으로 짧은 수업 시간에 효과적으로 수업을 할 수 있다는 장점이 있으며, 기존에 학교에서 보유하고 있는 아두이노용 센서, 보드를 사용할 수 있다. 그 외 다양한 창의·융합교육 체험 키트를 메이커 스페이스를 이용하여 개발하였다. 그중에서 '자동차 스키점프'와 '빨대 롤러코스터'는 지식재산권 출원 후 등록까지 마친 상태이다.

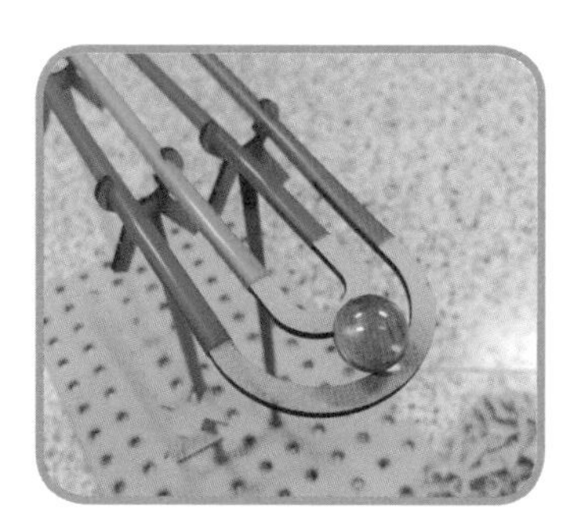

▲ 그림 342 빨대 롤러코스터(출처 : 하이브리드에듀)

체험 프로그램 교구 개발 단계에서도 메이커 스페이스를 이용하였다. 디자인 후 시제품을 만들고 조립 및 평가 단계에서 문제점이 발견되면 메이커 스페이스에서 직접 수정할 수 있었기에 시간 및 비용을 줄일 수 있었다. 또한 대량판매 제품이 아니라서 주문을 받을 때마다 메이커 스페이스를 이용하여 소량 생산하여 판매하고 있다. 교육 콘텐츠와 함께 판매하고 있는 제품이라서 재고가 필요 없고 메이커 스페이스를 이용하여 바로 만들 수 있도록 제작 과정을 최대한 단순화하였다.

COVID-19로 창업과 동시에 어려움을 겪고 있지만 여성기업 특유의 섬세함을 장점으로 대학 및 영재원을 통해 완만하지만 지속적으로 성장하고 있다. 또한 기본적인 메이커 활동을 위한 정보를 공개하고 있는데 블로그, 유튜브를 통해서 자신들의 영업에도 활용하고 있지만, 초보 메이커를 위해 공개하고 있다. 제품을 개발하고 유통하는 기업은 아니지만 자신들이 잘 할 수 있는 분야를 선택하고 메이커 스페이스를 잘 이용하여 창업한 기업으로, 많은 비용을 들이지 않고 메이커 스페이스의 다양한 지원 사업을 이용하여 제품을 개발하고 창업 지원 사업 선정을 통하여 예비 창업자로서 부족한 부분을 교육을 통해서 조금이라도 채운 후 창업했다.

㈜하이브리드에듀의 창업 사례에서 보듯이 제품 기획, 개발, 창업을 모두 지원받을 수 있도록 메이커 스페이스에 문의하여 진행하였다. ㈜하이브리드에듀의 창업과정에서 한 곳의 메이커 스페이스를 이용한 것이 아니라 여러 곳을 이용하였다. 지역적으로 메이커 스페이스가 없을 수 있지만, 선택의 여지가 있는 지역이라면 여러 곳을 이용하여 자신에게 맞는 곳을 찾는 것도 중요하다.

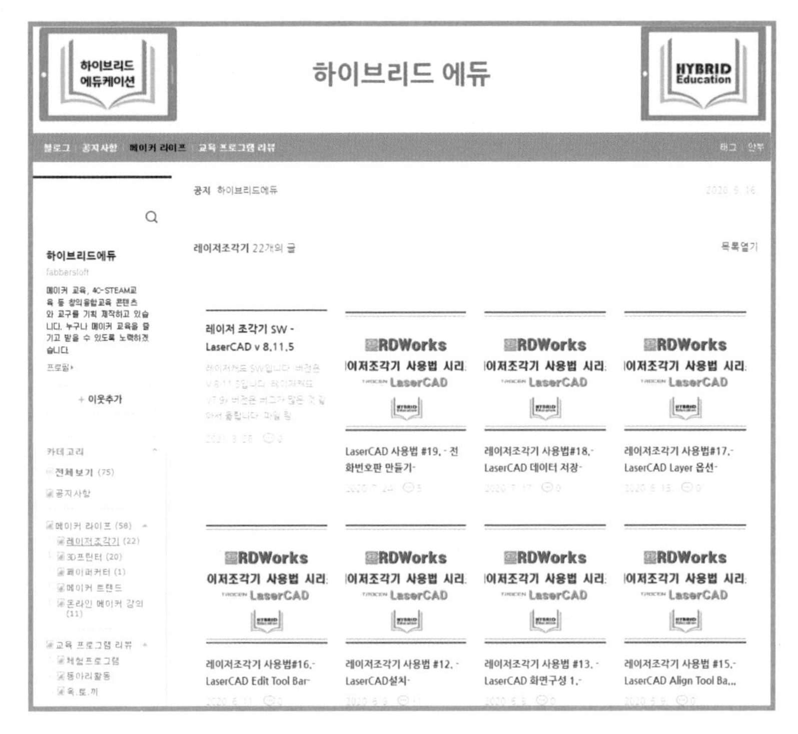

▲ 그림 343 ㈜하이브리드에듀 블로그

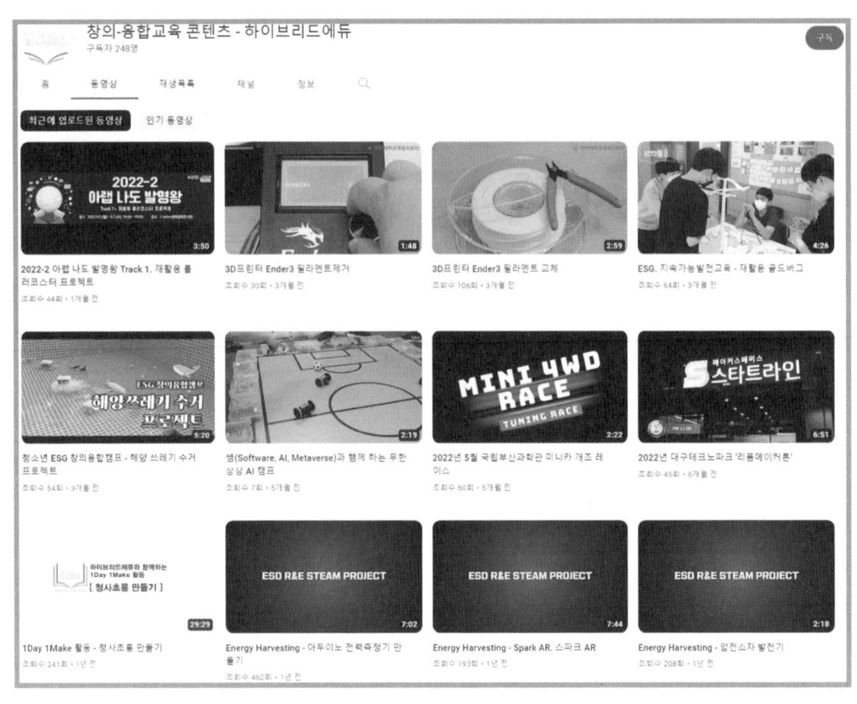

▲ 그림 344 하이브리드에듀 유튜브

② 틴메이커

포항공대 나노융합기술원에서 운영하는 무한상상실에서 메이커 교육을 받고 창업한 경우로, 포항을 포함한 경북지역에서 메이커 교육 및 디자인 제품을 개발하고 판매하고 있다.

▲ 그림 345 팀메이커스

3D프린터를 활용한 제품, 페이퍼 커터, 레이저 커터를 이용한 상품을 제작·판매하면서 팀메이커스가 가지고 있는 노하우를 교육으로도 제공하고 있다. 대량생산 제품이 아닌 개인 맞춤형 제품 판매를 통한 메이커 창업의 새로운 모델이라고 할 수 있다.

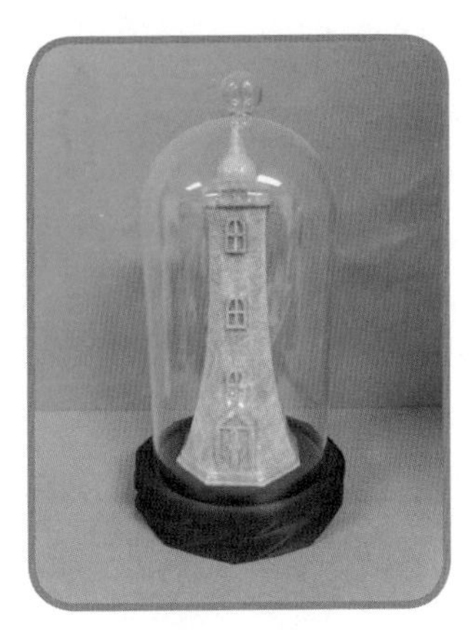

▲ 그림 346 등대향초(출처 : Timakers)

디자이너와 설계전문가로 이루어진 팀메이커스는 지역 소상공인 및 기업의 시제품 제작을 수행하고 성장하면서 메이커로서, 지역 교육기관 및 전문기관과 연계한 다양한 활동을 하고 있다.

③ 올메이커

올메이커는 일본의 팹카페를 모델로 팹카페 형태의 메이커 스페이스를 운영하고 있다. 카페 형태이지만 COVID-19 이후 커피 등의 식음료 판매 및 이용자는 거의 전무하다. 그러나 올메이커 구성원들이 전자공학을 전공한 석사 및 교육공학 전공자로 이루어져 전문성이 높은 기업으로 전기·전자 회로설계 및 개발을 전문으로 하면서 교육, 시제품 제작을 통해 수익을 창출하고 있다.

▲ 그림 347 올메이커

고객의 의뢰를 받아서 다양한 제품을 키트화하여 판매하고 있다. 특히 교육기관 고객이 많은데, 획일화된 교구가 아니라 교육기획자의 의도에 맞게 제품을 개발 또는 구성하여 판매하고 있기에 고객의 만족도가 높다. 주 고객사는 포스텍 나노융합기술원 무한상상실, 영재진흥원 등이 있다. 교육학 석사과정의 대표가 올메이커에서 제공하는 제품의 교육목표를 달성할 수 있도록 제품 구성을 자체 감수하기 때문에 교육기관에서 많이 찾고 있다고 볼 수 있다. 회로설계 및 검증, 인증시험 신청 대행이 가능해서 예비창업패키지, 초기창업패키지 수행 업체들이 전자회로 설계 및 시제품 제작을 의뢰하기도 한다.

▲ 그림 348 올메이커 내부

④ 디지털코디

디지털코디는 컴퓨터 유통을 하던 회사가 메이커 활동을 통해서 디지털 공작기계 유통으로 발전한 경우로, 레이저 조각기 튜닝을 하는 과정에서 메이커 활동이 시작되었다. 디지털코디에서 판매하는 제품은 자체적으로 수개월 이상 사용하여 문제점을 발견하고 사용자 입장에서 해결하고 업그레이드하여 판매하고 있다. 3D프린터, 레이저 조각기, 레이저 마킹기, UV 프린터, 흄 제거기 등 본인이 사용해본 장비에 대하여 판매하고 있는 메이커 장비 전문기업이다. 또한 수도권을 제외하고 전국의 많은 교육기관 및 메이커 스페이스의 장비 구축 컨설팅 및 장비 도입을 지원하여 이용자 중심의 제품을 소개하고 있다.

▲ 그림 349 디지털코디

장비 판매 외 3D프린터 후가공을 전문으로 하여 3D 프린팅 노하우와 다양한 피규어 도색에 대한 교육을 하고 있다. 디지털 코디의 후가공 도색 방법은 스프레이 방식이 아닌 붓을 이용한 방식을 주로 사용하고 있는데, 출력 후 도색한 제품이 기성 제품보다 퀄리티가 매우 높기 때문에 후가공 교육에 대한 문의를 많이 받고 있다.

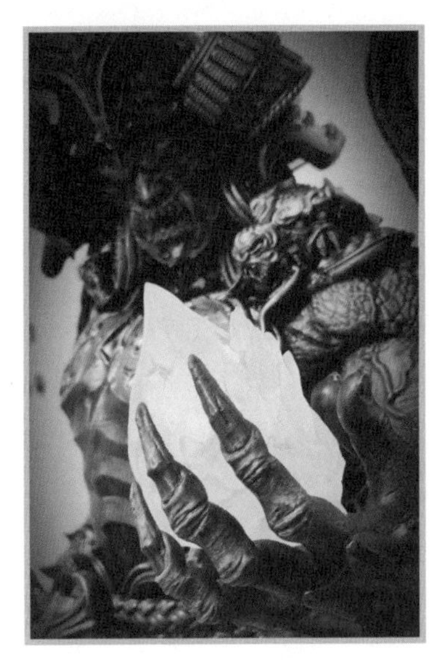

▲ 그림 350 3D프린터 출력 후 도색(출처 : 디지털코디)

⑤ 제우기술

제우기술은 2014년 한국법인과 2017년 미국법인을 설립하면서 B2B아이템으로는 리니어모터 및 5축 치아 가공기, B2C 아이템으로는 클라우드 펀딩에 성공한 DCARE라는 저주파 안마기를 개발하였으며, COVID19 소독기, 이거(YIGER) 소독수 등을 개발하여 판매하고 있다. 이 회사는 제품 디자인이나 목업 등을 3D프린터를 이용하여 디자인하고 만들기에 제품 가공비를 절약할 수 있다고 한다. 또한 3D프린터나 아두이노를 활용하여 창의적인 생각을 시제품이나 제품으로 만들 수 있도록 교육 프로그램도 운영하였으며, 이를 바탕으로 '창의적 공학설계 및 이론과 실제(성안당)'라는 책을 통해서 교육이 필요한 학생이나 사업가들에게 도움을 주고 있다.

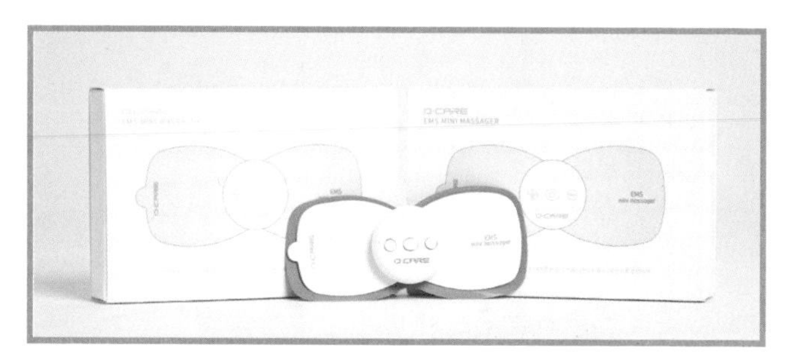

▲ 그림 351 제우기술 저주파 안마기(출처 : 제우기술)

⑥ 상원

상원은 주로 화장품 개발 및 유통을 사업화하였으며, 최근에는 의료기기 및 관련 제품들을 개발하고 있다. 3D프린터를 이용하여 화장품 케이스를 개발하였으며 최근 의료기기 휠체어를 개발하였고, 제품 디자인 및 프레임에 필요한 액세서리를 개발하고 목업을 3D프린터를 이용하여 직접 제작함으로써 목업에 소요되는 시간과 비용을 절약할 수 있었으며, 동시에 장비 도입을 통해서 제품을 직접 디자인하고 개발하고 있다.

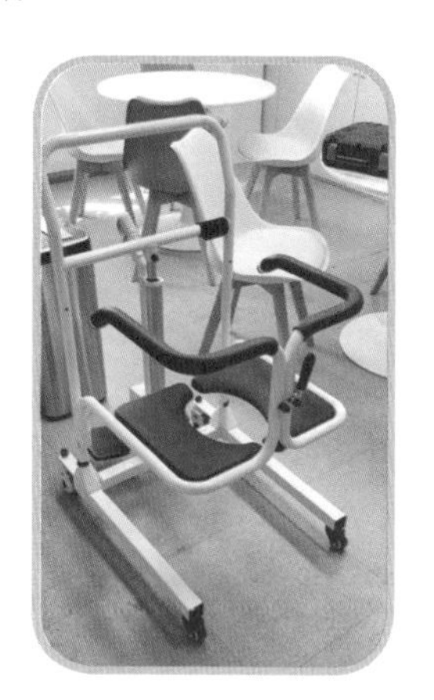

▲ 그림 352 전동 휠체어 기기(상원)

⑦ 너나다

현 개발 제품은 기존 제품과 달리 웨어러블 디바이스가 부착되는 스마트 언더웨어 형태의 제품으로 간단한 착용을 통해 주파수 간섭에 의한 저주파 자극으로 골반저 근육을 강화시켜 주는 기능을 제공하는 차별성을 갖고 있다. 개발 기술 및 제품은 착용형 언더웨어 타입으로 기존 제품의 한계였던 사용 장소의 제한, 사용 방법 및 절차의 번거로움 등의 사용성 부분을 획기적으로 개선하였고, 개인적 프라이버시 문제도 해결하였다.

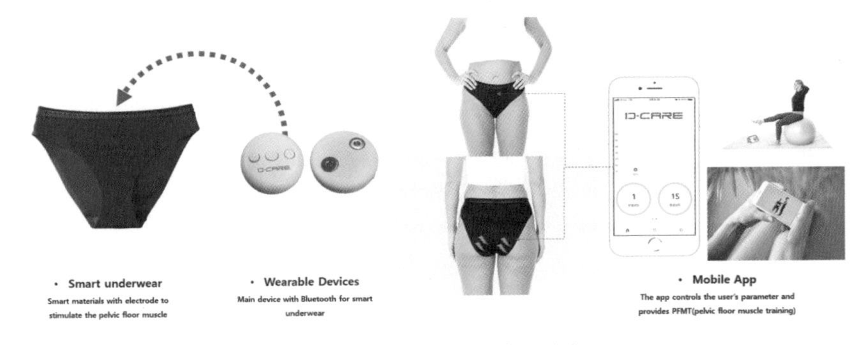

▲ 그림 353 너나다 요실금 팬티

애플리케이션을 통해 운동 요법과 훈련 요법을 병행하여 사용할 수 있고 일정 시간마다 알람을 통해서 자연스럽게 운동을 지속할 수 있도록 유도할 수 있다. 블루투스를 통해 스마트폰과 연동되며, 스마트 웨어러블 디바이스의 제어를 통해 PFMT(Pelvic Floor Muscle Training) 운동 콘텐츠와 연동하여 운동의 효과를 극대화 할 수 있다.

기존 저주파 자극 제품이나 EMS 제품은 저주파 영역대 신호로 바로 자극하기 때문에 피부 저항으로 인해서 하이드로 젤이나 마사지 젤을 이용해야 하는 불편함이 있었지만, 단순 EMS 신호를 이용하는 것이 아니라 중주파 대역의 주파수 간섭에 의한 저주파 자극을 통해서 골반 심부까지 자극할 수 있고, 중주파 대역을 사용하기 때문에 피부 자극이 적어 거부감 없이 편안하게 사용할 수 있고 하이드로 젤 등이 필요하지 않다.

기술 및 제품 개발 단계에서 제품에 대한 사용성 평가와 (전) 임상적 테스트를 염두에 두어 기술 개발을 수행하고, 이를 통해서 실제 사용자에게 효과성을 검증하고 향후 의료기기 인허가를 통해서 요실금 치료 기기로서의 제품 차별성을 강화할 예정이다. 하드웨어에 필요한 디자인을 3D 캐드를 이용하여 디자인하였고, 3D프린터를 이용하여 출력하였으며, 시사출 전까지 3D 프린팅을 통해서 디자인과 사이즈를 확인하였다. 이렇게 3D프린터를 이용하여 기구 디자인을 설계 및 출력하였으며 제품을 만들어 볼 수 있었다.

- 부록
- 참고 문헌

메이커를 위한 3D 프린팅 가이드, 박준홍(2016. 12.)
메이커 스페이스 구축·운영사업 성과조사. 중소벤처기업부, 창업진흥원(2020. 6.)
Make 기반 창의융합인재 4C-STEAM 교육 프로그램 개발 및 적용. 박준홍(2020. 8.)

- 참고 사이트

http://www.fabcross.jp
http://www.all3dp.com
http://www.makeall.com
http://www.k-startup.go.kr
http://akiba.dmm.com
http://makers-base.com
http://www.nanolab.jp
http://www.happyprinters.jp